金商道

The positive thinker sees the invisible, feels the intangible, and achieves the impossible.

惟正向思考者，能察於未見，感於無形，達於人所不能。 —— 佚名

48位CEO集體傳承經營智慧
唯一實戰教科書

管理相對論

湯明哲／李吉仁／黃崇興 編撰

從經營的兩難，見識卓越CEO的決策邏輯

CEO

作者介紹

湯明哲

美國麻省理工學院（MIT）管理學博士，專攻策略管理，於一九八五到一九九五年間任教於美國伊利諾大學香檳校區，獲終身教職並曾受聘於香港科技大學。

一九九五年返國擔任長庚大學管理學院工商管理學系主任，一九九六年轉赴台灣大學國際企業系任教，並擔任台大管理學院EMBA第一任執行長。目前為台灣大學管理學院國際企業學系教授兼副校長、趨勢科技基金會董事，並曾任聯發科技外部董事十二年。

曾兩度獲選為伊利諾大學最佳教師（excellent teacher），在教授高階主管課程（executive programs）及擔任企業顧問上，有十分豐富的經驗。研究專長為產業分析，尤見長於科技創新、進入國際市場之競爭策略、科技與策略之互動、以及高階管理團隊的組織及管理。著有《策略精論》（天下文化）一書。

李吉仁

美國伊利諾大學香檳校區策略管理博士，返國後任職台灣大學國際企業學系專任教職近二十年，目前並兼任台大創意與創業學程主任；曾擔任台大EMBA執行長、台大管理學院教學與資源發展副院長，主導推動討論式個案教學、本土及兩岸企業個案之開發，並發展與企業合作之高層管理教育方案。研究興趣聚焦於以能力為基礎之企業成長模式、策略創新與轉型成長、人才發展與領導傳承等議題，曾獲台大教學傑出獎、多次教學優良獎與傅爾布萊特（Fulbright）訪問學者。

黃崇興

美國奧斯汀德州大學企業管理博士。現任台灣大學商學研究所專任副教授，專研服務業管理與企業決策。曾擔任台灣大學進修推廣部主任（二〇〇七至二〇〇八年）、管理學院副院長（二〇一〇至二〇一三年），兩任半的台大EMBA執行長：分別為一九九九至二〇〇〇年、二〇〇六至二〇〇七年（代理八個月）、二〇一〇至二〇一三年。累積六年EMBA執行長任內，集眾人之智與眾人之力，完成目前台大EMBA logo的設計；積極倡導台大EMBA運動風氣，花十年把慢速壘球賽變成EMBA年度盛事；更把從只有五個人開始的鐵人社，發展至今有體適能課、門外社、自行車環島、泳渡日月潭以及戈友會。曾三度獲得全校教學優良獎、兩次管院教學優良獎、一次EMBA教學優良獎。

※本書版稅全數捐贈財團法人台灣大學學術發展基金會

目錄 Contents

管理相對論

第二章　組織與經營效能

第三章　人才發展與傳承　201

第四章 企業成長與策略決策 283

第五章 創新與轉型變革 407

※每章各篇依《商業周刊》專欄文章見刊時間排列

【作者序一】

管理邏輯和魔術子彈

湯明哲

個人進入企業管理領域將近三十五年，當初念MBA時雄心萬丈，認為企業只要照教科書所教的原則去做，財源即可源源而來。後來去MIT念博士，主修策略、副修產業經濟，才了解市場效率下，企業要賺錢很難。畢業後，到伊利諾大學教書，只能將研究結果教給學生，告訴學生不要多角化、不要垂直整合、不要國際化、不要進行購併，因為研究告訴我，成功機率低於四分之一。

再不然，尋找一套有系統的思維架構來解決管理上的問題，例如解決策略的形成有SWOT分析（強弱危機分析），多角化的問題有BCG（成長占有率矩陣）分析模式，《哈佛管理評論》（*Harvard Business Review*）充滿了二乘二矩陣，管理書籍紛紛介紹新的思維模式，流程再造三部曲、平衡計分卡、知識管理的七步驟等等，以為這些都是真理，現在回想起來，真是誤美國人子弟。

直到有一天，MBA班上一位醫科學生（MD／MBA）問我有沒有一個機器，投一塊錢進去，可以掉十塊錢出來。我說，管理上沒有這種魔術子彈（magic bullet），他接下來問：「我在實驗室，氫加氧一定產出水，如果管理上沒有發明這種賺錢公式，那，你教什麼？你教的內容可以百試不爽嗎？」

我的答案是：「管理邏輯。」

管理上沒有一成不變的道理，這就成了本書的濫觴。

企業策略問題層出不窮，例如如何應付競爭者？如何轉型？如何再創成長高峰？要不要多角化？垂直整合？購併？如何國際化？有些經營者認為企業像人一樣，有病就一定有對應的藥可治。因此企業要轉型，一定有最佳轉型策略、最好的國際化策略，管理學上一定有最棒的組織設計。換言之，許多高階管理者追求的是一顆魔術子彈，認為找到魔術子彈，企業就可長治久安。

事實上，管理不同於科學，沒有絕對的公式適用於所有管理決策情境。管理上絕對沒有所謂的魔術子彈。筆者碰到許多ＥＭＢＡ學生來學校追求魔術子彈，不免失望而返。

既然追求不到魔術子彈，企業界就去追尋其他成功模式，認為模仿成功企業的做法，也可以打造本身成功契機。所以有名的公司都有作者事後孔明解釋某某公司為何成功：HP way、微軟way、GE way、IBM way、McKinsey way紛紛出爐，但事後孔明猶如瞎子摸象，每個人認為公司成功的祕訣不同。有人說老闆英明、有人說得天獨厚、有人說管理流程優良、策略正確、執行力強，反正企業成功了，可以歸功於任何事，但通通學不來（如果學得來，會公諸於世嗎？）。

我們再退而求其次，用ＳＷＯＴ、ＢＣＧ解決問題，這才是風險最高的做法，因為我們認為有了這些思維模式，就可以解決（所有）管理問題，事實上，每個模式均有其盲點，忘了這些盲點，盲目使用這些模式，通常是失敗的開始。尤其每個公司的情境均不同，這些模式最多只能解決一半企業問題。其他一半要靠想像力和創造力想出新的辦法來解決。因此，有了這些思維模式，反而植入先入為主的概念，阻礙創意的產生。

思維架構也不可靠，唯一可以倚賴的是管理邏輯，不管是瞎子摸象的結果，還是教科書的告誡，企業有一套因果關係緊密相連的經營邏輯，企業策略和組織結構都是在管理邏輯下的產物，而每家公司的經營體質、市場地位、資源結構均大不相同，硬要套用ＳＷＯＴ、ＢＣＧ或其他成功公司的做法，有如削足適履，無法導出最適合本身條件的策略和組織。

本書的貢獻就在於從許多ＣＥＯ的對談中，萃取其精華，彰顯其獨特的管理邏輯，值得讀者好好細讀和反思。我個人的學習是，看起來是管理上兩難的問題，事實上，只有一個答案，例如：「時勢造英雄，還是英雄造時勢？」台積電張董事長明白的說，只有時勢造英雄；再如「團隊重要還是領導重要？」聯發科蔡董事長也說，當然領導重要，團隊還是由領導組成的；「ＥＱ重要還是ＩＱ重要？」聯強杜董事長毫不猶豫的說：ＩＱ重要。這些ＣＥＯ都是深度的思考家（deep thinker），讓我多年的疑惑迎刃而解。

本書得以出版，最要感謝的是參與的CEO們，他們在繁忙公務中還抽空和我們對談，配合的《商業周刊》記者也不辭辛勞將訪問錄音製作成逐字稿，再截取其中精華。當然，也要感謝《商業周刊》總編輯郭奕伶，當初在我辦公室的討論激盪出「管理相對論」專欄名稱。還要感謝當我黔驢技窮時，出手相助的李吉仁和黃崇興教授。

最後，再提醒讀者一聲，管理沒有魔術子彈，只有管理邏輯。

【作者序二】

經營智慧的集體傳承

李吉仁

《商業周刊》自二〇一〇年三月（一一六五期）起，推出由台大湯明哲教授與企業領袖針對諸多兩難的經營管理問題，進行學術與實務對話的「管理相對論」專欄後，引起許多讀者的共鳴，也很快成為企業界朋友聚會時討論的熱門話題。個人則是在當年八月、從企業界借調返校後，方加入主持訪問的行列（一一八八期起）；一年後，專欄再邀請黃崇興教授加入共同主持的行列（一二三三期起）。直到二〇一一年底（一二五七期），經過三人輪番接力兩年後，一共完成近百篇的產學對談實錄。驀然回首，除了佩服最早提出構想的湯教授的創意之外，更感謝《商業周刊》總編輯郭奕伶與前資深撰述李郁怡不懈的努力，才能讓這麼多國內傑出企業家寶貴的經營智慧，透過產學對談的形式流傳下來。

儘管訪談與事後整理花了不少功夫，但整個《管理相對論》的旅程，讓我們對於國內企業的特質，以及創業經營者的管理思維，有相當深刻的學習；這些學習，除了讓我們了解到學理的適用程度與限制外，更讓我們確認經營管理能力（general management capabilities）的重要性。不同於專業功能經理人所需的能力，事業經營者必須具備三個層次的能力。其一，策略（strategy）層次的能力，包括如何進行有效的事業布局、掌握成長的速度、內部發展或購併新能力、扭轉頹勢甚至驅動策略轉型的能力；其二，組織（organization）層次的能力，包括如何建構能讓策略有效落地的組織結構、發揮組織單位間的綜效、導引組織間能力的移轉與成長、建立具有能力發展內涵的績效管理體系、乃至形塑可長可久的價值觀與企業文化等；最後，人才（people）管理層次的能力，包括如何辨識企業所需的成長領導人（growth leaders）、制度化發展領導梯隊、提供能激發人才成長熱情的環境等。加總這三層次的能力，可說是企業經營者的SOP，而這三層次內涵的決策一致性，會對企業的永續發展產生深遠的影響。

《管理相對論》從諸多管理領域常見模稜兩可的議題出發，透過近五十位經營者的經驗分享，逐漸勾勒出經營管理能力的樣貌，而這正是許多企業面臨創業世代交棒、新生代接班之際所需傳承的能力。

因此，為協助這些有價值的經營智慧，成為產學界共同的學習，我們選擇了近六十篇訪談內容，依據經營管理能力的內涵，以「經營管理與領導」、「組織與經營效能」、「人才發展與傳承」、「企業成長與策略決策」、「創新與轉型變革」等五大主題予以歸類，再加上我個人針對這五大主題所歸納出的簡要學理背景說明，彙整成書。

整體而言，《管理相對論》的出版，不僅是我等這趟學習之旅的反思整理，更代表我們對所有接受訪問的創業者、企業家的感謝與回饋，希望這樣有意義的產學合作，能夠開啟未來更多的產學價值共創機會。

【作者序二】

大雁飛行終有序

黃宗興

我是最後一隻加入《管理相對論》團隊的雁。

所以，首先要謝謝領頭的兩隻大雁。

過去，大部分在學校的工作不是一個人自己讀書、寫文章，就是只與學生討論功課，即使偶爾對企業上課演講、做案例，也常常是偏於單向的。

《管理相對論》想探討的是：什麼是普遍存在，大家都會有的問題？什麼是過去有，一直延續到現在、不變的問題？而不是相對存在：正與反、對與錯、黑與白。

在一場一場的訪談中，總結起來，我比較像是扮演舞台燈光師的角色，設法有序的開啟一盞又一盞的聚光燈，讓讀者能在我們一問一答的光束照亮下，看到舞台上這些名角的一舉手一投足。這次整理成冊，驀然回首，更沒想到的收穫竟然是：看到我把自己思維上的盲點也一個個照出來。

一個星期的準備，短短兩個小時面對面的交流與碰撞，反覆與不同產業、不同經歷的企業家對談，對一些管理經營的基本課題，請問他們：你怎麼想？你怎麼看？為什麼會這樣？是這樣如何？是那樣又如何？我們或許會問錯一些問題，但是過程絕對不能讓與你對談的人被誤導，結果的呈現更不能讓讀者被誤導，因此整個參與的過程讓我一直憂喜參半。

憂的是我栽進一陣相當的紛雜中，管理學界的實務與學術真的對立嗎？喜的是許多我對談的企業領袖都提到策略、組織與實踐，倡導不尋常、有創意，甚至革命性的改變，不斷尋找新的商業模式，提升執行力、增加應變力、強化治理等等，但是在這些紛雜與相異中，總有一片藍天好像是不變的。

訪談的歷程讓我體會到，在不再傳統的時代，需要突破傳統管理時，這些傑出的人如何引導組織在新的現實中，勇於面對舊的、可是似乎是不變的問題！許多管理上的決策粗看都是一個樣，日常工作平平凡凡，創新的任務雖是信誓旦旦，但又幾乎是龜步慢行。要忽視這種令人不安卻兩難的事實，真的很困難。

我們正在一個以知識為基礎，腦力勝過物質的經濟中，如果你無法建立一個以人為鏡，以古為鑑的學習態度，就無異於浪費世界上最寶貴的資源，耽誤你自己企業成長的有效速度。

閱讀這一篇篇鮮活的對談紀錄，在讚嘆這些先知型或是革命性領導人的作為時，最後發現，其實他們只是比大多數人更懂得如何有效處理那些平凡無奇的基本動作而已。企業永遠有種「一樣不變」的基本路線，夾雜在未來之路當中，而組織改變的過程就像大自然中峽谷的形成，持續而緩慢，但結果會是深刻的。

「以不變應萬變」乍聽之下是一句老套格言，但是，對今天許多企業來說，變中自有變的道理。讀完這本書，你是否看出那雁群翺翔的秩序？

【前言】

最完整的管理相對論拼圖

三年前，《商業周刊》啟動了「管理相對論」的專欄，希望藉著比較東西方企業在領導與決策思維上的差異，引發讀者的反思並進一步融合觀點。不過因為在這個專欄中受訪的，絕大多數為國內知名企業家，所呈現的管理（經營）觀點多半為東方（台灣）觀點，較缺乏西方經營管理的理論及觀點的探討。

此書的目的，除了將已出刊的相對論內容做進一步整理，將其歸類成若干主題外，再就每個主題內的理論觀點比較東方與西方的異同，希望能夠呈現給讀者最完整的「管理相對論」拼圖。

然事業經營的議題多元而複雜，抉擇時易陷於兩難，黑白立判誠屬不易，更何況事業的決策常因特殊情境而生變化。專欄中，受訪領導人的回應，多半反映個人所經歷的產業特色與事業情境，因此，個別觀點勢難成為放諸四海皆準的規範。讀者宜以較為寬廣的角度，去閱讀檢視專欄中企業家（管理者）的經驗與智慧，再配合學理架構的說明，思考並建立自己的相對管理觀點。

第一章

經營管理與領導

【導讀】

經營者的四大職責

本章將針對企業「經營管理者（General Manager）」的角色與職責（role and responsibilities），從西方企業發展的歷史角度提出說明。由於這個角色的出現與企業功能（corporate functions）的形成息息相關，因此，我們首先說明企業功能的意義與內涵，並就此基礎，界定經營管理者的角色與功能。其次，我們將探討國內企業爲何較易忽略企業功能的建構，再進一步深究企業經理人發展經營管理能力的重要性。

依策略發展調整組織結構

當企業體漸趨多元且複雜時（見左圖），自然產生整體經營管理的新需求，期待藉著適當的管理機制，協調內部有限資源，進行最有利配置，以求企業的長期發展。這樣的管理機制所涵蓋的範圍，勢必跨越多個事業部，很難由單一的事業部來統籌規畫。

哈佛大學的企業歷史學家阿佛列德錢德勒（Alfred D. Chandler, Jr.），應該是最早經由系統性觀察，提出企業功能需求與組織結構演進的學者。他在一九六二年出版的《策略與結構》（*Strategy and Structure*）一書中提到，觀察二十世紀初美國的杜邦（DuPont）、通用汽車（General Motors）、希爾斯百貨（Sears）與紐澤西石油公司（New Jersey Oil）四家大型企業的組織演變時，發現這些公司雖然行業迴異，但他們的組織發展，不約而同都朝著建立企業總部，發展必要企業功能（如整體策略規畫、資源配置方案、組織績效評估等）的方向規畫，各事業部則專責其領域內產品線的策略與執行即可，形成兩個層次（企業層級與事業層級）的專業分工（division of labor），使得組織的運作更具效能。根據觀察結果，錢德勒發展了「組織結構跟隨策略（structure follows strategy）」的規律，亦即組織結構的調整必須跟隨策略發展的方向，否則企業成長將因而受限。

錢德勒認為企業層級的任務屬於經營管理（general management）的工作，其關切的時間軸較長，涉及的活動範圍較廣，故著

建立企業總部管理跨事業部門

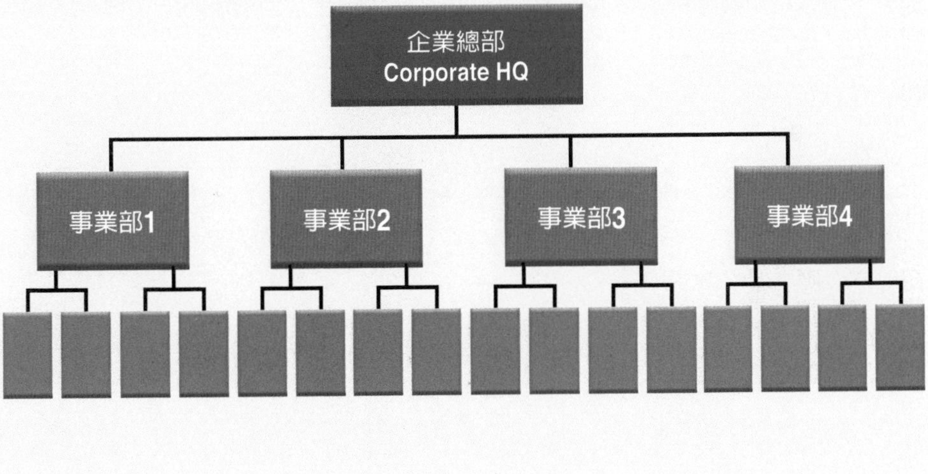

力於因應整體環境變化，建立有利於企業長期目標達成的策略方向與行動方案，並據此調度有限資源、調整組織結構。相對的，事業單位則關切的時間軸較短，涉及的活動範圍較窄，故需與企業整體策略校準（alignment），在短期內完成策略協調後所賦予的績效任務。兩者的任務內涵不同，所需能力自是有別。

除了這四家公司不約而同以專業分工為組織調整方向之外，其後哈佛的多角化研究亦顯示，《財星》五百大企業的組織結構的確也都朝此方向調整，建構所謂的M型組織（M-form organization）或多事業部門組織（multi-divisional organization）。錢德勒所提出「企業層級專業分工，使大型企業得以持續成長」的論點，與亞當．斯密（Adam Smith）所提出「透過經濟活動專業分工得以帶動經濟成長」，同為企業歷史中重要的里程碑。

企業策略與事業策略

錢德勒的研究，不僅成為組織管理的重要命題，也為策略研究界定了事業策略（business strategy）與企業策略（corporate strategy）的兩層架構。

事業策略關切個別事業的策略定位與競爭優勢的形成，而企業策略則專注於三個領域（或謂3S）的企業活動，其一為企業長期的布局規畫（Scope），包括支持成長所需的事業組合（business portfolio），垂直整合、多角化與國際化的策略等決策；其二為組織內部綜效（Synergy）優勢的產生，包括靜態的規模與範疇效益，以及動態的跨部門策略優勢與新能力發展等；其三則為企業永續發展（Sustainability）的活動，包括企業價值與文化的更新延續，以及關鍵人才培育發展與領導傳承（見下圖）。

基於上述的理解，擔負企業經營管理責任者，如執行長、總經理、企業功能單位主管如財務長、資訊長、人資長等職位，其角色必須跨越單一事業單位的考量，而將企業整體的永續發展做為決策依歸，以有效運用有限資源，創造企業整體價值。

具體而言，執行長等經營管理人員的職責可分為四個面向（見下頁圖），其一，形塑並溝通企業整體策略方向（crafting and communicating

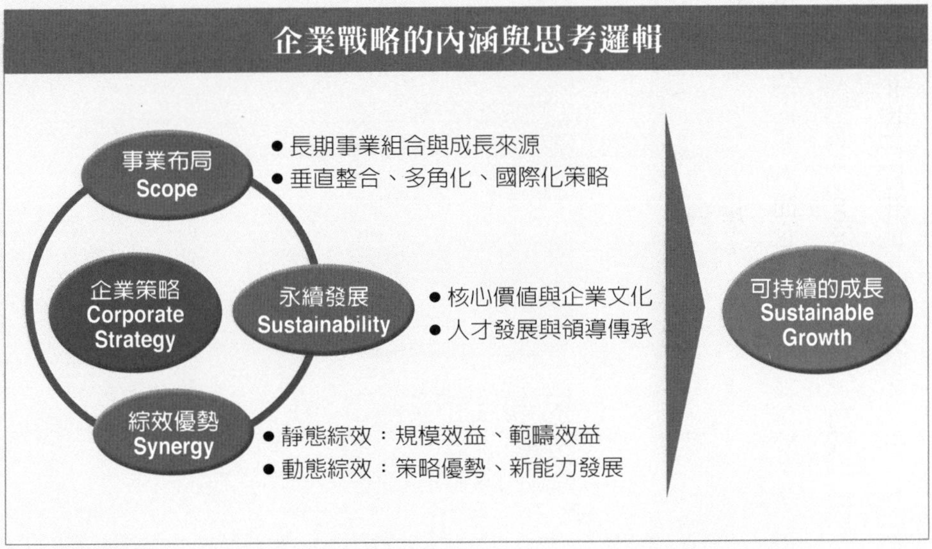

strategy），確保組織內攸關策略執行的成員都能建立策略共識；其二，取得並配置關鍵資源（accessing and allocating critical resources），以確保事業單位發展的優先順序；其三，設計與調整組織架構（designing and shaping organization architecture），以確保組織的綜效優勢得以產生；其四，驅動組織成員達成目標（driving people toward goals），以激勵員工支持企業成長進程。

欲善盡上述職責，執行長或總經理顯然需要具備多元能力，以扮演多重角色。首先，他需要有策略思考能力，方能在不確定的情勢下，逐步釐清方向、建立組織的策略共識，亦即須扮演策略家（strategist）的角色。其次，經營者需要有組織建構

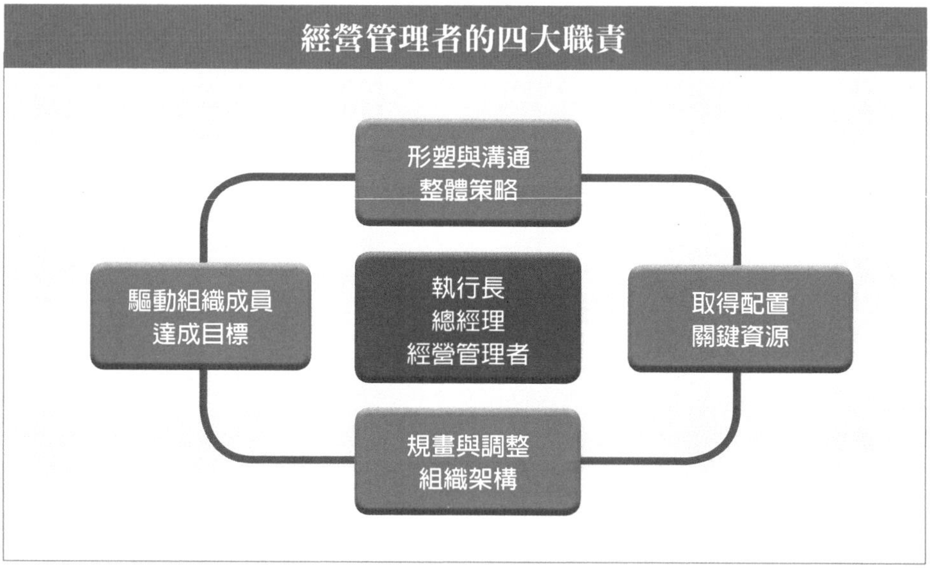

與調整的能力，方能確保策略與組織的校準狀態，亦即扮演組織布建者（organizational builder）的角色；最後，他必須要有人才辨識與發展的能力（talent development），才能讓組織不至於因人才不足而停滯成長；換句話說，經營者必須扮演伯樂與教練（coach）的角色。有別於個別事業單位所需的專才（specialist）角色，經營管理活動所需要的是通才（generalist）角色的經理人。

其實，上述這些能力對單一事業部的經營者而言，也都十分重要，只不過企業更需要具有跨部門建構策略、整合組織與發展人才的領導通才。問題是，這樣的能力何時須要具備？又當如何培養？顯然不能等到升任至企業經營層級時才開始發展，而必須在經理人的生涯發展過程中，即有計畫的透過輪調、外派或專案歷練逐步養成。因此，如何建構一套有效發展經營管理人才的體系（詳見第三章），是讓企業持續成長時不可或缺的競爭優勢。

經營者的當為（Do's）

參照《管理相對論》中所訪談的創業家與跨領域領導人，所提供的管理思維與經營智慧，可以進一步歸結出下列四項經營者所必須具備的「當為」：

一、慎思明辨：針對攸關組織長遠發展的議題，進行方向性的思考、討論、評估與決策。

經營者唯有將思考議題的時間軸面拉長、加寬，決策者方能進入策略性思考的空間；因為時間長，供需條件才有改變的可能性，策略方案的選擇（strategy alternatives）才會有差異化的空間；但時間軸的拉長，也將造成決策變數的模糊與不確定，因此經營者不僅需要苦思機會，心態上更要視未來的不確定性為常態。

「好的CEO是龍舟競賽的打鼓者，決定方向和節奏，不是奮力向前划水，」王品的戴勝益董事長特別以此譬喻，思考力比執行力更重要；此外他更強調董事長與總經理八〇％到九〇％的時間，應當用於思考未來。聯強杜書伍總裁則認為，儘管他人成功或失敗的經驗都不易複製或迴避，但是，成功的經營者仍應仔細探究他人成敗根本原因，予以內化吸收後，再輔以獨立思考判斷，也就是要做到慎思明辨，方能有成；他強調：「我從其他人的失敗中學習如何不失敗，因此很少失敗。」

二、領導團隊：有效領導經營團隊（Top Management Team, TMT）。

儘管沒有嚴格的定義，經營團隊的成員通常包括主要事業單位負責人（business unit head）與功能單位負責人（functional head）。這些成員的整體表現攸關企業經營的良窳，但由於經營團隊成員的資歷與經驗相對豐富，核心成員又各自頂著「一片天」，因此如何讓個體得以盡情發揮，不致扞格，使團體產生豐沛的協同戰力，便成為經營者的關鍵課題。

如果經營者是創業者，其創業功績所帶來的權威，以及因掌控所有權而產生的「老闆」地位，極容易讓經營團隊變成所謂的強人領導。儘管強人領導有其效能，但其下成員易淪為只聽命行事、不敢有異議的附和者，創意的產生恐成為奢求。故強人領導對競逐於環境變化快速的企業而言，往往容易形成集體盲點。

因此，聯發科的蔡明介董事長認為，團隊所提出的綜合意見雖未必是最佳意見，但決策過程中一定要有反對意見，以避免偏見。波士頓顧問公司資深合夥人兼董事總經理麥維德更認為，東方企業習慣的強人領導風格應該修正為方向果決、關係連結的領導（decisive and affiliation building leadership）方式，以鼓勵員工承擔策略性風險（strategic risks）。

不同的企業類型及不同的領導性格，對於經營管理創新的需求也將有所不同。如以防毒軟體的開創而成為全球知名品牌的趨勢科技公司，便有著很不一樣的組織風格；董事長張明正先生表示：「趨勢就像爵士樂團，沒有指揮，但每個人都是那個樂器的頂尖表演者，樂曲一開始，輪到誰的調，誰就站起來秀，完全靠默契。」

愛馬仕（Hermès）前執行副總裁岡薩雷茲，則堅信以信任為基礎的管理，「在擁有好的團隊成員前提下，你必須信任與你共事的人們，你不需要控制，而是要給他們成長的空間，就像花朵需要成長的空間一樣。」

三、承擔風險：勇於為結果不確定的策略風險承擔責任。

策略創新或策略性的作為，通常伴隨著結果的不確定性，儘管重大決策都經過事前再三評估，但策略效益通常憑藉的是最高經營者的主觀判斷，而非全然由財務計算來量化。組織中唯有最高經營者具有最大的風險承受力，因此經營者必須勇於承擔可能的策略性風險。

台積電張忠謀董事長便強調，傑出的領導人必須能夠洞悉未來趨勢，佐以創業家的冒險精神，方有機會成功。他談到：「過去在德州儀器工作時，我每天都被教誨要承擔風險，這是天天必須呼吸的空氣。」而全聯福利中心的林敏雄董事長也認為，為了達到策略目的而必須犧牲利潤時，基本上應由董事長出面做決定並承擔責任。

四、平衡利益：追求利益攸關群體之間的長期平衡。

經營者必須以利益攸關群體（stakeholders）的平衡做為決策評估的核心，尤其須調和股東、顧客與員工三者之間的利益。對此，信義房屋的周俊吉董事長表示：「先想顧客，再思考同仁福利，最後股東利益自然水到渠成。」即使短期或許會造成衝突，只要將時間軸拉長，便可將衝突轉化成雙贏甚至多贏的結局；若可將攸關群體共享價值創造的思維，內化成企業文化的一部分，則企業社會責任與永續經營便可圓滿落實。

經營者的時間結構

了解經營者的角色、職責與當為後，經營者應該回頭檢視自己的時間配置，才能讓工作聚焦、稱職地扮演好自己的角色。奇異（GE）公司歷史上最傑出的總裁傑克・威爾許（Jack Welch）曾提到：「發掘、考核及培養人才所需的時間加總，至少占據了我所有時間的六〇％到七〇％。要想有好的人才品質，至少要投入這樣的時間，這是贏的關鍵。」

而自威爾許手中接下奇異執行長棒子的伊梅特（Jeff Immelt），也讓自己的時間結構反映其階段性的需要：二〇％用於與重要客戶開會，三〇％用於部屬能力發展與指導，一〇％處理董事會與公司治理事宜，其餘時間則是參與營運與專案會議，並利用會議進行潛力人才的發掘。

反觀台灣高階經理人的時間結構樣貌為何？《商業周刊》曾針對台灣大學、政治大學、交通大學的EMBA學生，進行台灣首次〈管理者時間分配調查〉。這群母體代表的是受過正統管理教育訓練的台灣企業中高階經理人，結果顯示，業務管理平均占去四六．八％時間，策略規畫占了一八．八％，人才培育僅分配到一四．四％；若以工作項目的優先性觀之，每百位經理人中，有七十四．四位會將業務管理列為第一要務，而將人才培育列為第一要務的僅有四．四位。

此一結果或許與受訪者的「高階程度」有關，但不可否認的，國內企業的經理人、甚至高階經營團隊，絕大比例的工作能量被要求放在執行層面，以符合短期的績效指標，而非適度的平衡短期績效與長期事業發展需求，尤其是在策略思考與人才培育上。這固然跟創業世代所帶領的創業型領導（entrepreneurial leadership）有關，但對企業未來的創新、轉型與持續成長，或將構成看不見的阻力，不可不慎。

本章精華

★企業歷史學家阿佛列德錢德勒，為策略研究界定了企業策略與事業策略的兩層架構。事業策略關切的時間軸較短，涉及的活動範圍較窄，主要關切個別事業的策略定位與競爭優勢的形成。企業層級的任務則屬於經營管理的工作，其關切的時間軸較長，涉及的活動範圍較廣，需專注於三個領域的企業活動，分別為：

一、**企業長期布局規畫**：包括支持成長所需的事業組合，垂直整合、多角化與國際化的策略等決策。

二、**產生組織內部綜效優勢**：包括靜態的規模與範疇效益，以及跨部門的策略優勢與新能力發展等。

三、**企業永續發展活動**：包括企業價值與文化的更新延續，以及關鍵人才培育與領導傳承。

★經營管理者，如執行長、總經理、企業功能負責人等，角色必須跨越單一事業單位的考量，因此有別於個別事業單位所需的專才角色，經營管理活動所需要的是通才角色。其職責分為四個面向：

一、**形塑並有效溝通企業整體策略方向**：確保組織內攸關策略執行的成員都能建立策略共識。

二、取得並配置組織關鍵資源：確保事業單位的競爭力得以發揮。

三、設計與調整組織架構：確保組織的綜效優勢得以產生。

四、驅動組織成員達成目標：確保組織成員熱情得以支持企業成長需求。

★經營者所必須具備的四項「當為」：

一、慎思明辨：針對攸關組織長遠發展的議題，進行方向性的思考、討論、評估與決策。

二、領導團隊：有效領導經營團隊。

三、承擔風險：勇於為結果不確定的策略風險承擔責任。

四、平衡利益：追求利益攸關群體之間的長期平衡。

一人決策好？還是團隊決策好？

企業制定關鍵決策時，CEO英明重要？還是高階團隊的集體智慧重要？兩個關鍵決策，讓聯發科稱霸全球光儲存業，董事長蔡明介公開決策心法。

湯明哲：聯發科面臨關鍵決策時，CEO或高階團隊的意見，哪個重要？西方管理學認為公司要建立一個五到七個人的高階決策團隊，因為研究顯示共同決策會比一個人決策好。

譬如在「沙漠迷途」（一種管理訓練模擬遊戲，團隊攜帶有限資源穿越沙漠，過程必須做決策排除障礙）的決策中，參與的個人個別判斷分數可能是六十、七十、八十、九十，平均起來分數是七十五分；但若將這四人組成團體共同討論決策，可以得到八十分。

對談CEO **蔡明介**

經歷：聯華電子第二事業群總經理、工研院電子所研發經理
現職：聯發科技董事長

聯發科技董事長蔡明介（以下簡稱蔡）：這個我同意。

湯：不過，因為ＣＥＯ的決策不是普通的決策，團隊決策看起來似乎比較好，但卻忘了團隊決策得到八十分，其中有九十分的人被拉下來了，這個人就可能是ＣＥＯ。為什麼ＣＥＯ會被拉下來？因為團體決策有平均化的傾向。

蔡：這個問題我想得滿久的。結論一定是ＣＥＯ重要啦，你看惠普、ＩＢＭ換個ＣＥＯ就不一樣。ＣＥＯ換了之後，團隊一定會變，這是最重要的差別。

湯：所以你認為ＣＥＯ是主靈魂，他形塑這個組織，他的意見還是最重要？

蔡：對，不管是戰時或是平時，團隊不對了，他當然要調整。

決議前傾聽反對意見

湯：群體決策還有幾個問題，第一是不肯冒風險，第二，有自己的利益、行銷管行銷的利益、研發管研發的利益。有時群體決策，人有私心，所以團隊決策有意無意的，就變成普普通通的策略。

討論的時候，妥協一下，鄉愿一下，不要爭得那麼兇嘛！團體決策對於公司重大決策上來說，不見得是好事情。

蔡：這個道理，湯老師你講得還是太學術化！

我記得看麥肯錫研究提到，當決策討論有關鍵主要意見（dominance factor）時，應該把它列出來，關鍵主要意見優於共識決，這部分是對的；但如果今天高階團隊在談事情時，還在說「我有個人利益」、「我不願冒風險」的話，基本上是公司文化的問題。

湯：是文化問題，但也是人性問題。有意無意會引導到對他、他的部門最有利的決策。

蔡：沒錯。但專業的公司，應該有一個機制把這種東西去除。

湯：或者他不是因為個人利益，而是慣性，他的舒適圈覺得做不到。

蔡：反而這是有可能的。彼得．杜拉克（Peter Drucker）談決策，有些看法滿不錯的。我只提一點，團體決策最重要一點是要聽反對意見。他說：「如果沒有反對意見，不要做決策。」

或是像傑克．威爾許（奇異集團前執行長）談激辯（robust dialogue）——什麼事情，要直截了當，不要說有後面的意圖，如果是團體決策，盡量把事情攤出來談、透明化。該反對就反對。

雖然一個人是比平均好，這數學上是對的，但決策是腦力激盪的過程，並不是一個人或團隊平均的數學問題，我覺得是一個溝通決策機制。

團隊提供想法，CEO做決定。假如團隊是五人，中間討論過程說不定是二對二，那CEO只是基於綜合的意見，做最好的、他認為最負責的判斷，這樣而已。

提出觀點──釐清

湯：可不可以舉例說明聯發科的團隊決策過程？

蔡：如果要舉例子，幾年前我們買ADI（手機晶片設計廠），這案子還滿具挑戰性的。那時討論的是，這樣的購併對我們來講，增加的機會是什麼？風險怎麼樣？因為購併規模不小，四百人，花那麼多錢，最怕的是如果管理不好，會不會把原來的東西都搞亂了，這是最大的風險。

就策略來講，是明顯可以買的，爭議點在於「有沒有辦法管？」這件事是執行的事，這點，卓副董跟謝總（副董事長卓志哲與總經理謝清江）講，執行與他們比較沒有關係，最終的執行是我跟JC（前執行副總經理徐至強），所以，你們看看有沒有辦法管。下決定要看這個事情的本質是怎麼樣。

湯：最後下決定的關鍵因素是什麼？

蔡：我和JC在想，到底有沒有辦法管，也想了很久，最後我想，應該可以管吧！

我們過程中也做一些分析，萬一沒有管好，怎麼縮編……，也做分析。

跟他們談判到最後，時間也很緊迫，那天剛好是颱風天，八月的一個週末，最後做一個決定。我問徐至強在哪裡，他說剛好在新竹、沒有回台北，我說那好，我們到辦公室，好好來苦思一下。外面飄著淒風苦雨，我們兩個抱頭苦思。

湯：所以團隊只是給你一個資訊，提出大概問題出在什麼地方，然後還是CEO拍板定案。

蔡：不管最終怎麼樣、對不對，都是我要負責，我跑不掉。

湯：現在問題來了，個人決策常常有很多偏見，每個人對於過去的成功，有自己的解讀，常常會將過去經驗用在目前的決策，這是偏見的來源，所以CEO決策時如何避免偏見？

蔡：只能盡量避免。照彼得．杜拉克的想法，他並不反對「偏見」。他說，決策之前先要有觀點，但在做決策的過程中，你要針對你的觀點，一個一個去釐清（verified）。

為什麼是共識討論，就是拿出觀點，「你為什麼有這樣的觀點？」「是基於什麼假設？」「對不對？」

湯：這是CEO決策很難的地方，他做的決策要能說服人。美國人都是直接溝通，但中國人溝通大半比較間接，有隱藏的意圖。

蔡：這方面我是完全按照彼得．杜拉克的想法，怎麼樣透明化？把事情端出來，大家取捨。如果每次CEO都照自己的意思去做，高階團隊就會想「那我為什麼要提意見？」

CEO的四大挑戰

湯：但取捨時，有人的利益就可能受到損害，受損害的一方會不高興。你說買ADI，會不會有人覺得如果弄不好，不如不要冒險？

蔡：科技是一直在變，你不承擔風險，現在你忙了半天，可是不去做新的，也會下來。過去二、三十年，高層團隊天天都在吸收這樣的空氣，如果搞不清楚這樣的事，就不可能到這個位置。早就告老了。

對科技業來說，環境在改變，

跟彼得・杜拉克學5個管理習慣

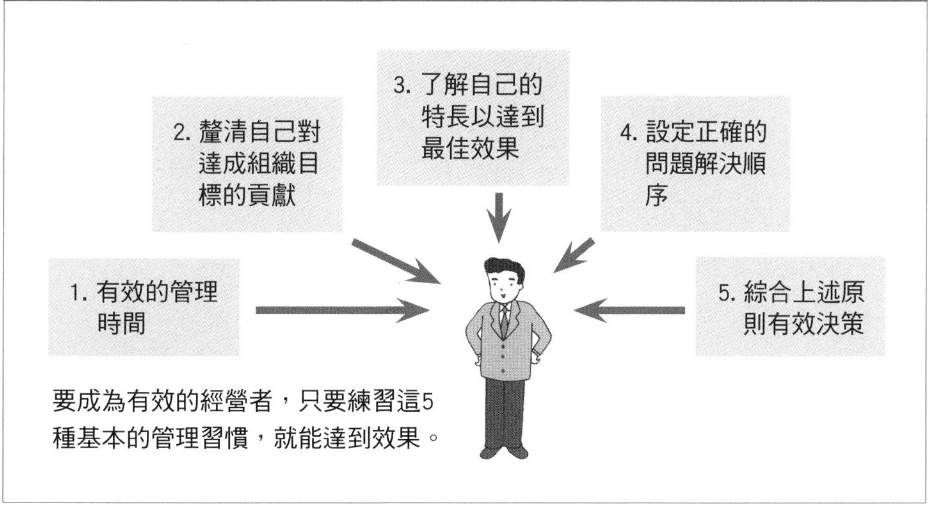

3. 了解自己的特長以達到最佳效果
2. 釐清自己對達成組織目標的貢獻
4. 設定正確的問題解決順序
1. 有效的管理時間
5. 綜合上述原則有效決策
要成為有效的經營者，只要練習這5種基本的管理習慣，就能達到效果。

資料來源：商業周刊

科技在改變，到底怎麼去適應？尤其在重要典範移轉（paradigm shift）的時候。《哈佛商業評論》曾寫了一個ＣＥＯ從彼得．杜拉克得到最重要的幾件事：

第一，如何定義有意義的「外部」。例如科技的改變，什麼是威脅？什麼是機會？

第二，隨時重新定義你的經營範疇（business scope），這是ＩＢＭ或惠普等成功企業一直都在做的事。

第三，長、短期的平衡。

第四，徹底實現公司的價值觀。

就像賣基金的經理人都會說：「過去績效不保證未來收益。」對ＣＥＯ來說，最大的挑戰是，過去成功的方法，不一定保證未來成功。今天你問的都與這四件事有關，而ＣＥＯ就是做這四件事情而已。

時勢造英雄？英雄造時勢？

成功一定要順著潮流，
還是勇敢逆勢、創造新局？
張忠謀五十四歲時，為何敢賭上一生成就，
開創前所未見的晶圓代工模式？

湯明哲：在策略學上，「時勢造英雄、英雄造時勢」是一個經典議題。傳統理論主張要順勢而為，可是我們看到一些偉大的企業，並非順勢而為，它們逆勢而為，像是星巴克（Starbucks）、沃爾瑪（Wal-Mart）、蘋果……。做為一名執行長，公司若順勢而為，很可能變成「我跟別人一樣」，結果是價格競爭。但如果我有能力訂出遊戲規則，逆勢而為，反而能主導時勢。像是Swatch，它訂出一個規則「這不是一只表，不只是time teller」，如果這樣，成功的可能性，或是成功的規模反而會比較大。

星巴克創辦人霍華．休斯（Howard Schultz）在八〇年代健康風吹襲，每人咖啡消耗量減半下，逆勢而為，創立精品咖啡的王國；沃爾瑪創辦人山姆．華頓（Sam Walton）在百貨公司遍布城市的六〇年代，以鄉村包圍城市策略，成為百貨巨擘。這些都是開創時勢的企業英雄。所以，身為一名執行長，什麼時候你要順勢？什麼時候你要逆勢？

策略名師 **湯明哲**

潮流、環境與英雄缺一不可

台積電董事長張忠謀（以下簡稱張）：剛剛湯老師說很多偉大的企業，包括蘋果、星巴克都是逆勢而為，我並不完全同意。「時勢造英雄、英雄造時勢」這句話其實是中文諺語，英文不太常聽到這樣的說法。我覺得成功的機會都是「環境」、「潮流」、「個人」——也就是你所稱的英雄，這三者交集的結果，缺一不可。

我先講蘋果，如果只有賈伯斯（Steve Jobs，蘋果創辦人），而沒有當時的環境條件，是很難成功的，那是什麼樣的環境呢？

一開始蘋果的成功，是一九七五、一九七六年時，當時個人電腦（PC）技術已經有相當成熟度，主要零組件IC（積體電路）及磁碟機技術已經進步到一個程度，使得個人電腦成為可以放在一張桌子上的東西，不像以前電腦的體積大到占據整個房間。這些就是當時所具備的環境。

蘋果的第二個高峰是iPod的誕生，也是因為當時環境條件促成。下載音樂的技術，大概是五、六年前才成熟，如果沒有這

對談CEO **張忠謀**

經歷：美國德州儀器半導體部門副總裁
現職：台灣積體電路製造董事長

些足夠的環境條件，光是一個賈伯斯，起不了太大作用。而他並沒有產生這個環境，這個環境是幾百萬人產生的！

第二個必要條件是潮流，也就是市場需求。因為生活方式的改變，年輕人喜歡戴著耳機、戴著iPod，甚至跟你講話都戴，這是潮流。這個潮流也不是賈伯斯產生的，但他充分利用了這個環境與潮流。

所以，當環境和潮流具備了之後，懂得掌握時勢的英雄適時出現了，就是賈伯斯。

所以與其說是「英雄造時勢，還是時勢造英雄？」我倒覺得，不如說環境、潮流和英雄都是必須具備的條件。

湯：您的意思是，潮流加上環境是「必要條件」，英雄則是「充分條件」？沒有必要條件，英雄是出不來的？但是所謂的英雄，就是讓所有的事發生（make the whole thing happen）？

張：當環境、潮流和英雄這三者同時具備，才會讓所有的事發生。星巴克也是利用了潮流。喝咖啡變成不只是喝咖啡而已，咖啡要講究了，還要有地方上網聊天，這是生活方式的改變。在這個潮流下，霍華．休斯出現了，所以星巴克的成功，又是一個潮流、環境與英雄的交集。霍華．休斯絕不是逆流，而是順勢。

湯：那台積電呢？

率先看到ＩＣ產業契機

張：台積電，也是環境、潮流與我個人的交集。環境與潮流是什麼？不是我產生的，我沒有造成時勢。

當時的環境有兩個條件，第一個是在一九七五年，孫運璿先生決定建立一個大型的積體電路專案。他不只是講講而已，而是真的花了許多錢投資，找了一批人到美國ＲＣＡ（美國無線電公司）取經，還擴大規模繼續研發。所以從一九七五年到一九八五年台積電醞釀成立時，這個計畫已經進行十年了，這是第一個條件。

第二個條件是當時ＩＣ產業已經漸趨複雜，蓋晶圓廠變得困難許多。因為摩爾定律，每十八至二十四個月，積體電路的密度要增加一倍，因此，到了一九八五年時，積體電路已複雜到相當的程度，蓋廠需要相當多資本，要一億美元，龐大的資金並非一般人能夠募得，創投基金也無法提供那麼多，在當時的環境下，創業就變得相當困難。

湯：但是環境、潮流每個人都會碰到，為什麼只有您可以看到？美國、日本都沒有人？

張：在一九八五年看到所有條件具備，我是全世界第一人。

我是怎麼看到的呢？就像王國維說的，人生視野有三個階段，第一階段是「獨上高樓，望盡天涯路」。一九八五年我到台灣時，是第一階段；那時我在這個行業已經三十年，當全球ＩＣ產業的最高主管也已經十三年了。

那時候，德州儀器是全球最大半導體公司，它的確是高樓，我不敢說我獨上高樓，那時半導體業的其他最高主管也在高樓上，但他們沒能看到我所看到的第一個條件「環境」，也就是台灣的機會。

第二個條件，是市場需求，也就是潮流，大家都能看到，美國人也能看到，可是他們沒有去思考跟掌握。

我講個故事，一九八四年，我在通用器材（General Instrument Corporation）的時候，朋友想創辦一個半導體公司，找我募資，開口要五千萬美元，我很有興趣，等他的商業提案計畫，可是等了兩、三週都沒有消息，於是我主動打電話給他。

結果他說，「我現在不需要五千萬，我只要五百萬美金，這個錢我自己可以找到，所以沒有再去找你。」我吃驚的問他：「所以你放棄蓋晶圓廠了？」他答：「對，因為現在日本公司可以代工。」

他是第一個提醒我，原來創辦ＩＣ公司所需資本，已經高到不太可能自己創業的程度，如果想創業，就要像他一樣，必須找人代工。

這就是專做代工的機會出現的時候。我後來就研究了一下，日本公司幫忙代工，要求什麼回饋？代工對它來說，其實是不太歡迎的生意，所以它要求銷售權，「給我產品銷售權，讓我用自己的牌子銷售」。可是後來發現，市場上都是日本代工廠的品牌，這與無晶圓廠的ＩＣ設計客戶利益衝突。

要看到上述這種代工模式可不可行，也就是要「上高樓，望盡天涯路。」

湯：等於說，英雄少了前面的經驗，幾乎是不可能集合所有成功條件的。那麼如果沒有您，台灣會有晶圓代工業嗎？會有台積電嗎？

張：我在這二十年當中，也想過這個問題。假使我還在德州儀器，沒有回到台灣，我覺得很有可能台灣發展晶圓代工會比一九八五年晚，而我可能會為德州儀器設立一個晶圓代工公司。可是德儀董事會會不會通過，那又是另外一個問題。

湯：不會的。我曾說笑，如果在一九八五年，拿台積電的營運計畫去敲ＩＢＭ大門，ＩＢＭ會說，Come on, get out here. 我自己有我的產品，幹嘛做這麼小的生意！大公司不會去做這麼創新的生意。

我看如果沒有您的話，台灣要產生晶圓代工，至少要晚十年。因為您認識全球半導體的主管，您也知道製程、知道成本，知道用什麼價格您可以拿到生意，當時台灣沒有人有這樣的經驗。

張：我剛講了兩個條件，還有第三個條件，或許您可以說是因為我的緣故，所以出現了肯出資本的人。那時李國鼎先生對我有信心，飛利浦（Philips，台積電原始股東之一）對我也相當有信心。這是台積電的開始，但要成功，路還相當長……。但如果我當年沒有回到台灣，我絕不會創台積電，也就不會有台積電今天的成功。

湯：您的意思是，沒有您，台灣可能還是會有晶圓代工業，只是會落後好幾年？

張：也許台灣不會是頭一個有專業晶圓代工的地方，也許會是其他地方、其他國家。

湯：如果落後的話，台灣半導體業不可能在全世界取得這麼重要的地位？

張：對，我認為台積電的確有這樣的影響力。

湯：的確，從台積電的例子看，環境、潮流與個人要有交集，但這三個到底哪個比例會比較重？

張：我想那個環境還是必要的，假使我們沒有一個積體電路的專案，沒有一個肯出資本的單位，我不能夠……。

湯：英雄無用武之地？

張：對，英雄無用武之地。就像蘋果的發展，假使在使用真空管的時代，賈伯斯也不可能成為英雄。而星巴克的例子則是，如果我們仍在一個傳統世代，大家都穿西裝工作，休閒有休閒的活動，喝咖啡就喝咖啡，這些元素沒有混合起來，霍華．休斯也不可能創造出星巴克。

敢選擇沒人走過的路

湯：看起來，企業創新，還是要時勢加一個英雄才可能發生；沒有時勢，只有英雄要造時勢……，歷史上的企業很少。所以接下來的問題是，如何從您身上學到掌握機會？掌握時勢？讓企業創新發生？

環境，每個人都會碰到的，賈伯斯碰到的，其他人其實也有碰到，但為什麼是他，而不是其他人成就了事業呢？我們在學校教學生，成功CEO的要件，是要成為具有評斷力的思想者（being a critical thinker），這已經很難了……。

張：對，還要有一點勇氣。就台積電來說，我當時的勇氣是滿高的。怎麼說呢？當時這個任務，至少有三個選擇，其中一個是，做一個非常小規模的自主晶圓廠；另外一個，是做IC設計公司；當時別人已經在走的，就是這兩條路。但我選擇去走一條專業代工的路，那是沒有人走過的路。

湯：通常，很難走一條與過去完全不同的路？

張：這也許就是你所謂的英雄，賈伯斯是這樣，霍華．休斯也是，他們沒有看過過去的成功，霍華．休斯沒有去開一家普通咖啡店，他是去開了一間星巴克。

湯：選擇沒人走過的路，您需要多大的勇氣？

張：把我的過去聲譽，都放在賭桌上了。我想過，如果台積電做不成功，我只能抑鬱退休，我人生的最後一頁就是不成功。當然，做這場賭注的時候，我也評估過，當時我至少有五成的把握。

湯：但您過去所經歷的，不需要冒這麼大的險？

張：這我不同意。承擔風險（risk taking）是美國文化的公司衡量經理人最重要的

上市18年，台積電營收成長17倍

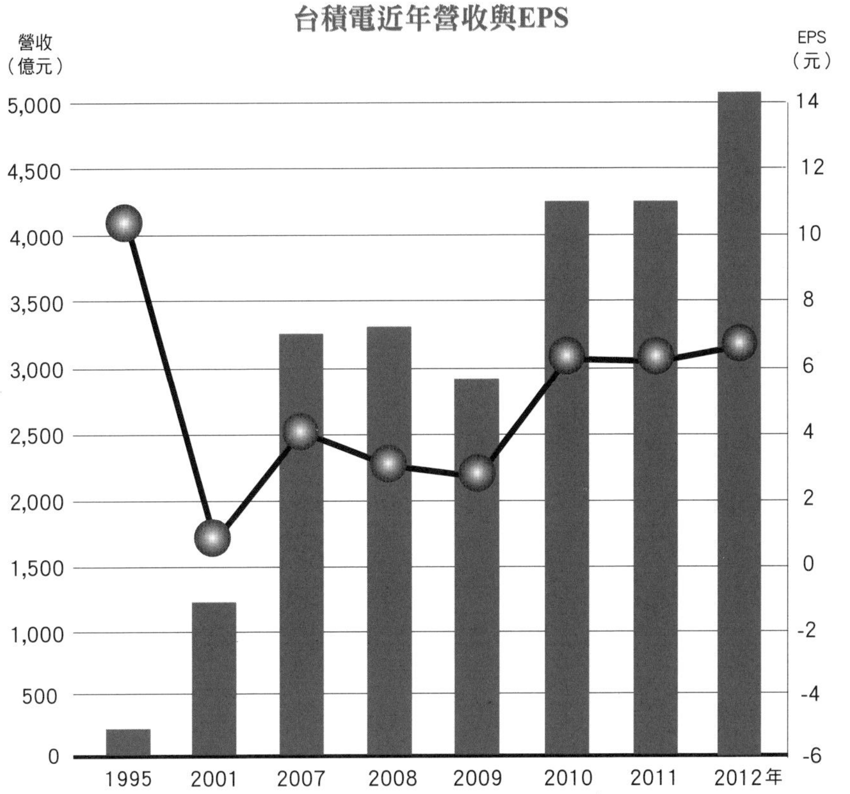

說明：台積電上市18年，營收成長17倍（1995年288億元，2012年5,062.49億元），稅後淨利成長10倍（1995年151億元，2012年1,661.6億元）；共生產超過1萬1千多種晶片種類，產能達到1,322萬片8吋約當晶圓。在台灣有3座12吋超大型晶圓廠、4座8吋晶圓廠、1座6吋晶圓廠；2家海外子公司分別是美國WaferTech、台積電中國。

註：截至2012年　資料來源：台積電、公開資訊觀測站

標準之一。事實上我在德儀，幾乎是每天都被教誨要承擔風險，這是天天必須呼吸的空氣。

湯：您鼓勵年輕人也像您一樣嗎？

張：年輕人沒有什麼既有的名譽可以損失呀！他們年紀輕，輸了可以再爬起來，沒什麼可損失的，人生就可以賭得多一點。但一九八五年，我已經是五十四歲了！

CEO可以**不做決策**嗎？

面對全球化競爭、滿足不同消費者需求，
CEO可以有不同做法，
趨勢科技創辦人張明正不做決策、不講績效評估，
師法爵士樂團，帶領趨勢走上致勝之路。

湯明哲：像趨勢科技這樣一家跨國軟體公司，四千多名員工，散布在全球五十多個國家，面對全世界各地的消費者（end user），CEO的角色和製造業的CEO有什麼不同？

趨勢科技創辦人暨董事長張明正（以下簡稱張）：如果將企業管理比喻成演奏音樂，有兩種典型：交響樂團是一種，全場注視焦點就是指揮，樂團裡每個人講求的是精準演出；另一種形式就是爵士樂團，沒有指揮，但每個人都是那個樂器的頂尖表演者，「三、二、一」喊下去，樂曲開始，輪到誰的調，誰就站起來秀，完全靠默契。

製造業比較像交響樂團，需要一位扮演指揮角色的CEO。但我們是做末端消費者的生意，選擇爵士樂團的管理方式，CEO基本上不做決策，重大決策由公司八到十五位高階管理者進行集體決策。

策略名師 湯明哲

湯：但每個人的想法都不同，誰負責整合大家的想法？況且，每個部門主管一定會帶著職務上的偏見（bias），或各自部門的利益，CEO難道不是最後拍板的那個人嗎？

張：對，問題來了。我舉個例子，消費者需要怎樣的防毒軟體？不外乎安全、好用、速度快、抓到很多病毒。但當每個功能都做到最極大，就完蛋了，病毒要抓很多，速度就變很慢。微軟Vista不就是最好的例子？功能很多，但消費者卻未必接受。因為，客戶沒有講出來的需求是，他不要你給的掃毒功能太強，造成作業系統不斷出現偵測到病毒的假警報。

創造協同合作環境

這個決策的困境是，每個人都有心讓公司變好，但「部分之和不等於全部」。誰最後拍板呢？我的頭腦告訴我，沒有一個CEO能做出最完美的決策，因此，我只能創造一個讓大家協同合作的環境。而要達到這個目標，經理人的自覺就很重要，懂得彼此協調。就像爵士樂團，我吹薩克斯風，但也要知道貝斯手狀況如何，在趨勢，沒有自覺的人，我一定一腳踢

對談CEO 張明正

經歷：台灣惠普業務工程師
現職：趨勢科技創辦人暨董事長

開！

湯：我同意爵士樂團默契很重要，但問題是，外面人才加入時，如何融入這樣的文化？

張：管理功力就在這裡。進來趨勢的高階主管，每個人都有兩把刷子，愈優秀的人，過去的成功慣性愈難改變，要這群人認同我們的爵士樂團文化，一定要落實由下而上決策的企業文化，這個過程非常繁複且花時間，不是嘴巴喊就可以。

之前，趨勢要改公司文化，一般公司是執行長開個會就拍板，我們是讓全世界四千二百名員工，把對公司未來發展的想法放在網路上討論，最後選出類似參議院的十五位代表進行討論，整整半年，全球員工花了上萬小時才做成決議。這過程，也等於形成企業中長期策略，這段時間被提出來的各種行動方案，會透過趨勢內部的投票機器確定下來。所以我才說，趨勢CEO不必做決策。

湯：但企業經營經常遭遇的狀況是，大家都往上看，等老闆做決策？

張：當CEO開始不做第一個決策，下面的人就不會往上看了。往上看的動作意味，第一，老闆比所有人更厲害；第二，我要想辦法讓老闆高興。談到這層問題，公司文化就要上場了。在趨勢，想取悅老闆是最「low咖」（差勁）的員工。

員工績效＝潛力－干擾因素

湯：你的假設是，人性本善，但有些人就不是這樣，你不擔心有人會偷懶？真是如此，趨勢似乎不需要經理階層？

張：偷懶一定有，但由上而下控制，不也會有偷懶的員工？我這樣做，和趨勢本身的business model（商業模式）相關，因為我無法一直監控全世界員工，更無法預測明天病毒會從俄羅斯還是中國攻過來，怎樣的病毒要抓，也不是靠CEO決定。CEO任務是enlighten（啟發）客戶需求成為員工熱情來源，並協助提供適當的解決技巧，一切不就都搞定！

趨勢主管對員工能力的假設公式是P＝P－I（績效＝「潛力」減去「干擾因素」）。意思是，提升一個人的表現，不是透過增加控制，而是降低干擾因素，讓每個員工無後顧之憂、做想做的事，這就是經理人最重要工作。而我的經驗是，影響工作表現最大的干擾因素，往往是員工心裡不敢講真話的fear（恐懼）。

湯：但台灣很多企業的老闆，喜歡當一個令員工敬畏的CEO，很多公司是manage by fear（恐懼管理）？

張：我同意，尤其在製造業，恐懼領導最有效，因為你不必面對消費者嘛！恐懼領導最有效的就是軍隊，明明會死還得攻！但我們管的是知識工作者，不是勞工。極端來講，我沒有別的路，因為對我來說，人最重要，如果趨勢沒抓到下一隻病毒，但所有競爭者都抓到，我不就死了，Google也是這樣管理員工，一流的人才才願意進來。

CEO的任務就是創造一個無懼的環境，讓不同聲音都能出來，但又不是靠彼此妥協來決策，這時候，創新（innovation）就成為最大公約數。

湯：這樣的做法其實是違反傳統管理理論，因為，管理民主是大忌，東歐共產國家過去曾實行企業票選總經理，但每個人都希望領高薪、做容易的事，選出來的總經理一定是和善、不要求員工，結果企業下場都死得很慘。趨勢不一樣，原因之一是它毛利高達九五％，可以花得起由下而上決策的時間成本，但這個邏輯在製造業是行不通的。

最重要的是，趨勢和Google、蘋果一樣，一年只要有一、兩個大創新就賺到了，對CEO來說，與其花時間做嚴密的績效管理，十個員工可能大家都六十分，不如不管，雖然有三個人只拿三十分，但另外七個若是九十分，這個結果更棒。

張：對，趨勢需要靠九十分的人才創造價值。CEO要不要決策、有沒有必要做嚴密的績效管理，要看企業價值為何？趨勢的企業價值是滿足全球消費者，消費者行為影響所有的決策和管理邏輯，所有經營和消費者行為有關的企業，都應該這樣做。

靠願景驅動工作熱情

湯：台灣的老闆很喜歡天天做決策，把自己搞得又忙又累，而且不願意放手，他們告訴我，這是教育體制使然，多數員工都寧願當追隨者。

張：他們說對台灣教育沒信心，我的看法是他不敢放手，其實是對自己領導信心不足。就像那些不願放手的父母，說到底是對自己小孩沒信心。一個CEO天天做決策，不只代表中長期的策略形成過程有問題，也顯示領導人對自己的組織文化信心不足。

湯：但是要做到無私的決策，不只為自己部門，這就要靠文化，這確實很難。

張：MBA教的多是從結果面，精確衡量員工表現，但趨勢更重視結果背後的行為動機和價值觀，靠願景驅動工作熱情

張明正看現代CEO的主要工作

1. 找到一個能夠在特定商機下實現致勝策略、看得到機會的人才。
2. 找到對的、好的人才加入團隊。
3. 建立一些衡量業績的工具、方式、交叉審核。

只要目標清楚，聰明的、有潛力的人就能夠在對的環境，利用對的工具，被激勵並開發出潛在能力，毋須告訴他們如何做，就能夠自己發揮。

整理：商業周刊

（driven by vision），不談SOP、平衡計分卡這一套。全世界平衡計分卡做最好的，就是雷曼兄弟、花旗銀行和通用汽車；還有套用傑克・威爾許六個標準差的摩托羅拉，現在他們不都bye bye了，還要學他們嗎？

CEO要先界定，你帶領的是交響樂團還是爵士樂團，因為這和策略形成、決策模式、組織文化息息相關，然後還要想清楚，未來世界是不是你所能預測的？你的公司要的是人才還是奴才？

湯：趨勢科技是台灣極少數真正的跨國公司，這是一套走遍全球都能運作的管理模式，對所有想經營國際業務的企業，是反思對照的理想個案。

策略名師 湯明哲

股東、員工如何利益平衡？

有別於股東第一的美式企業，
信義房屋透過人才培訓、獎金制度，
以及鼓勵同仁參與志願服務等配套措施，
找到平衡股東利益和其他利害關係人利益的支點。

湯明哲：傳統的企管教育中，就是創造股東最大利益，但金融海嘯之後，管理學界開始省思，除股東之外，企業還應照顧和企業有關的利益團體，因為如果沒去顧慮這些團體，他們遲早會反撲，對企業發展有所限制。而就算只談員工、股東和顧客，日本企業覺得顧客最重要，員工第二，股東最不重要；美式企業完全不一樣，股東第一，顧客第二，員工根本不重要。你怎麼認為？

信義房屋董事長周俊吉（以下簡稱周）：這牽涉到企業存在的目的為何。如果企業只是賺錢的載體，當然股東最重要；但如果企業存在的價值，是環境可持續發展和永續經營，誰比

對談CEO **周俊吉**

經歷：信義房屋總經理
現職：信義房屋董事長

較重要，很容易就有答案。

湯：那你認為企業存在的價值是什麼？

周：多數人還是期待企業在社會上扮演正面的角色。把利益的定義看廣，用內外兩圈比喻，內圈是顧客、同仁、股東，外圈是社區、自然環境和國家，一般會認為照顧到內圈就夠了，但企業發展要永續，還要兼顧外圈的利益，你可以看成它是「義」和「利」的衝突。

高底薪低獎金制度

湯：先談第一圈，股東和員工利益的衝突。如果員工薪水高，股東利益就受損，你如何調和？

周：如果事先遊戲規則訂好，應不致有嚴重的衝突。像信義房屋的制度是，稅後三分之一的利潤，稅前就給員工，所以股東看到的是真實的每股盈餘（EPS）。提早這樣做就不會有事後的衝突，而不是用稅後再分紅利的方式處理。

我入行時，就有人勸我說：「房仲業是騙人的行業，」因為交易頻率低，又有資訊不對稱的情形，如果每筆交易都給很高獎金，到月底一定會發生業務同仁因為衝業績，隱藏明知的屋況等交易問題，也要想辦法把房子賣掉的情形，對顧客造成傷害。

在信義房屋，房仲經紀人實施高底薪、低獎金制度，成交後的第一筆業務獎金遠比同業低。相較美國經紀人分得仲介費用八至九成，台灣房仲同業也有五至六成，但我們只給八%，看起來少，似乎對員工不公平，為鼓勵團隊共好，強調合作分工的觀念，另提供四%團體獎金，年度又有公司淨利三分之一，費用化配給同仁的分紅，任職滿三年後，還有幾十萬到上百萬元的留任獎金。

這樣設計，無非鼓勵業務同仁看長期績效，並調和股東、顧客的三方利益。看起來不積極促成交易，賺不到佣金，股東利益因而受損，但最終卻可建立公司長期信譽，維護股東利益。

善待顧客最終讓股東受益

湯：聽起來是透過獎金機制，避免業務人員因為成就個人交易，可能去傷害公司名譽？

周：對，公司名譽受傷害，短期對股東報酬不明顯，但對長期影響極大。信義房屋在民國七十五年就設定這樣的獎金結構，初期許多人都認為不可思議，以為做業務一定是重賞之下必有勇夫。甚至，基於買賣雙方都是客人，為達交易公平起見，信義房屋拒接投資客的買賣，因為這類顧客經驗豐富，不管買或賣較容易有超額利潤，對另一方的顧客就產生不公平。

事後證明，這樣同仁較能善待顧客，欺騙的情況少，顧客也願意回饋，公司就能建立名譽，反映在獲利和股價。從二〇〇〇至二〇〇九年連續十年，名列最能替股東賺錢的前三十名，股價報酬達十四倍。

湯：買房子幾乎是一個人一輩子除結婚之外，最重大的決策，半數顧客都是第一次買房，回頭客特別少，你要如何經營客戶？

周：短時間回頭客少，但因為客戶對服務人員滿意，透過顧客介紹顧客的比例很高，我們現在賣方半數，就是靠老客戶介紹來的。

至於如何做到顧客滿意，信義房屋一開始就只找大專以上，沒有房仲經驗的新鮮人，起薪也給很高。目前大學畢業生前半年保障薪水五到六萬元，他們沒有帶進人脈、也不會做業務，薪水給這麼高，教育訓練完也可能被對手挖角。然而，一旦這些人培養起來，因為有正確理念，認同公司價值觀，欺騙客戶的機率大大減少，這些成本初期看起來似乎對股東不公平，但最終還是股東受益。

湯：那第二圈呢？信義房屋參與很多社會公益活動，更鼓勵員工做社區志工，背後的動機是什麼？

周：剛剛談股東、員工和客戶利益，都只是長短期利益衝突，但信義房屋三千名同仁，至二〇一三年信義志工累計時數為六萬九千小時，我發現企業得到先前沒想到的利益，同仁不只從服務別人得到感動，當他們更願意服務別人，內部在管理這件事也變得相對容易，久而久之，同仁則會認為自己是在一家好公司任職，上班不單只是為了金錢報酬。

湯：你的意思是說，願意做志工的人，比較適合成為信義房屋同仁，心態和性格也更適合服務業？

周：服務業不是只看業績服務，我們給業務同仁較低的業務獎金，用意也是鼓勵服務精神，讓年輕業務同仁不要只看獎金做事，而是因為靠個人努力，讓買賣雙方客戶都滿意。做志工也是，讓同仁找到工作意義，就不會因為對手給高獎金就被挖角。二〇一三年信義房屋在台灣有四百一十七位店長，二〇〇九年離職率一％至二％之間；兩年以上的資深業務同仁，離職率平均也在一〇％以下，這都和認同組織文化有關。

同仁用心服務客戶，企業自然就會賺錢，這在一開始的創業宗旨就要想清楚，先想顧客，再思考同仁福利，最後股東利益自然水到渠成。就像我們做社區服務，從來沒有營利與公關考量。公益純度越高，感動人心的力量越大，對整個社會也會帶來正面的效果。

湯：你個人股權占這家公司多少比率？

周：我股權較大，超過六成。

湯：就是嘛，如果你還是專業經理人，你也會這樣做嗎？

周：當然這樣做。信義房屋內部從店長、區主管到總經理，考評內容依序是人才培

信義房屋標榜社會責任

信義房屋堅信，企業追求利益（內圈），也要追求公益（外圈），才能永續發展。

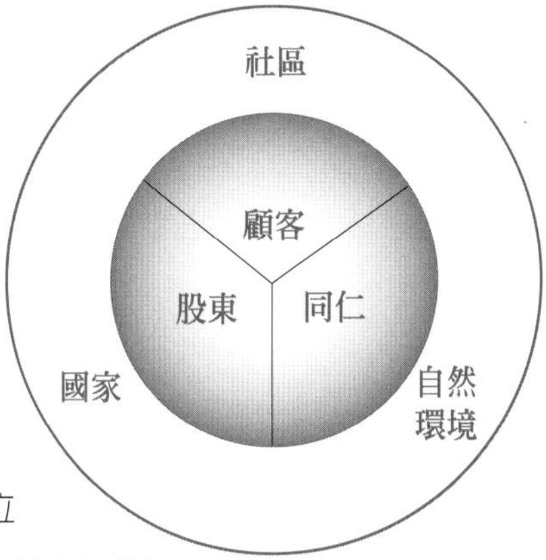

1981年	公司成立
1987年	信義房屋總公司成立
1992年	信義文化基金會正式成立
2000年	設立信義至善獎助學金，資助921震災南投縣信義鄉學子的生活與就學
2001年	信義之子安學計畫資助南投縣信義鄉桃芝風災學童，至高中畢業
2003年	「環保心．兒福情公益活動」，募集近萬本童書，送至南投信義鄉8所國小
2004年	宣布「社區一家」贊助計畫，5年投入1億元贊助社區活動
2005年	南亞海嘯賑災，捐款1,696萬元
2009年	啓動「社區一家幸福行動」計畫，再投入5年1億元持續贊助社區活動 莫拉克颱風賑災，捐款1,147萬元，提出「社區陪伴計畫」協助社區重建
2012年	創台灣產業之先設立倫理長，立下「誠信倫理」標竿 與政大商學院合作成立「信義書院」，致力推動企業倫理

資料來源：信義房屋網站

養、服務品質，最後才是營收績效，人才一定擺第一，因為，如果沒有培養好的人才，就無法讓顧客滿意，長期也不會帶來績效。在信義房屋，經理人可能因人才流失和風紀問題被記過，不會因為業績沒達到被記過。

湯：信義房屋有怎樣的道德天條？

周：有，如果業務同仁靠買賣房子賺價差，輕者大過，嚴重的一定去職，這是誠信問題。有人或許會質疑，在證券公司上班都可以投資股票致富，為何房仲業務員就不能買房？我們明文的規定是，除自住需求之外，同仁自己或父母、子女、配偶購屋，需向公司提出申報，由公司建檔管理。

CEO該花多少時間思考？

王品集團旗下有十四個連鎖餐飲品牌，但董事長戴勝益一週只開一次會。他認為，CEO應花九成時間思考，絕非執行者角色，因為通常做愈多，組織滅亡的速度愈快。

湯明哲：管理學有一派認為CEO是傑出的執行家，能將公司策略從總部到個人溝通清楚、執行到位。因此，常見一位CEO每年花一週想公司願景、兩週構思策略，其他時間均在執行策略。但另一派主張，優秀CEO最重要就是具備創新的思考力，無時無刻不在蒐集新資訊，構想突破之道，才能見眾人所未見，執行面留給其他高階主管就好。

前者的CEO扮演執行者（doer）的角色，後者則扮演思考者（thinker），你是哪一種？

王品集團董事長戴勝益（以下簡稱戴）：好的CEO是龍舟競賽的打鼓者，決定方向和節奏，不是奮力向前划水。我當然把自己定位為思考者，除了出席每週五王品集團的高階主管會議之外，我幾乎都在登山。

策略名師 **湯明哲**

常思考企業文化與願景

奇美集團創辦人許文龍也是，他一週只有兩個早上進公司，原因就是他的工作九〇%以上都是在用頭腦，待在辦公室有各種干擾，所以只好包一條船去海上用頭腦。一般人以為他釣魚是打發時間，其實相反，我認為他是在尋找真正的辦公環境。去爬百岳一趟回來，我也是寫滿兩大張紙，三、四十條的新點子，所以我對公司最大貢獻就是爬百岳。如果每天只是應付秘書安排的行程，那CEO只是一個繁忙角色，不會有好點子，保持頭腦清楚才是我應該做的。

湯：那CEO該想什麼，想什麼事情把你的時間占據掉？

戴：企業文化、公平正義和策略擬定。尤其企業文化，是組織追求獲利時通常不會想的。

湯：王品的企業文化不是早就決定了嗎？還需要想什麼？

戴：之前我推一個企業文化，以前王品人規定上班不能嚼檳榔，我想了半年，改成王品人不管上下班都不能嚼檳榔，這不是管理，是企業文化；沒有罰則，只有勸退。第二是公平正義，包括同仁在公司內有無受到歧視、偏見以及福利，如果等

對談CEO **戴勝益**

經歷：三勝製帽副總經理
現職：王品集團董事長

員工來要福利，就太遲了。第三，策略擬定也很重要，像是哪些品牌該不該留，或該派哪位主管去開發新市場。

湯：那建立管理的規章制度呢？

戴：王品有各事業體主管所組成的「中常會」，規章制度都從這裡出來。時間是相互排擠的，我若涉入太多執行，思考就會減少，沒辦法想得遠。

CEO要看三十年趨勢

湯：CEO最難的就是該如何想事情，五年後的趨勢變化，現在就要開始因應。你看多遠？五、十、十五年？

戴：一般企業都有三年、一年、一季計畫，我把它拉到三十年、十年、五年、一年、一季。所有員工都知道三十年後王品要開一萬家店，不管相不相信，人人琅琅上口，我還把它列入制度。夢要出來，大家才認為這裡有前途！不只我想，所有主管每年都要花好幾天想，這樣十年發展的雛形也出來了，但一般公司只談手上未來三年工作。想得遠，要花很多時間，所以我更不能做執行者。

湯：危機事件發生，很多CEO經常是到第一線救火，你難道也不救火？

戴：就算救火，CEO也是組織救火團隊，一定是站在幕後指揮。是鼓手，就絕對不是划手。

湯：你划都不會划，怎當鼓手、舵手呢？

戴：教授，你不是說過，經驗是創新的敵人？CEO有兩種，一種有豐富實務經驗，但我剛好相反，我從沒想進廚房練習，甚至連開水都不會燒，我甚至主張，高階主管是通才，也要一無所能，才能尊重人才。

湯：威爾許擔任奇異執行長時，有一套「深度潛水（deep diving）」管理方法，哪座工廠經營不好，他就自己跳下去當廠長，親自調度資源，告訴下面的人怎麼做，你都不會做，怎麼深度潛水？

戴：教授，我反駁你一句話：威爾許本身就是什麼都不會的人，我不認為他深度潛水。我什麼都不會，但知道方向。比如說這家店經營有問題，我一定找對的人來救，但我不會自己去救。

湯：那你沒有戰功，怎當CEO？

戴：我不需要戰功啊，我只要鼓舞大家，後面的人才願意繼續努力，不會做一半最後都變成董事長的功勞。事情做好是他們功勞，擺對人是我的功勞，我要的是最後的總功勞。

湯：但郭台銘也說，魔鬼藏在細節裡，你不執行，怎麼知道處理細節？

戴：所有做西裝的裁縫師傅，自己開西裝店沒有成功的，因為他很挑，請來的師傅每個都挑、都嫌，這和餐廳主廚出去開店也很少成功的道理相同。像我們做連鎖餐飲的黃茂雄（東元集團董事長）、李明元（麥當勞亞洲區前副總裁，現任頂新集團餐飲事業群副總裁）都不會做菜。所謂細節，是尊重人才，讓那些人去處理細節。

不同職級，思考與執行工作比重不同

湯：你意思是說，CEO當執行者，反而影響當思考者的中立性？

戴：對！就像贏得戰爭的指揮官，是靠作戰計畫、沙盤推演和精神講話，麥克阿瑟贏得戰爭，就是在幕後做這三件事，絕不是衝鋒陷陣、身先士卒的。

涉入太多的CEO，會讓各階層的下屬，因怕侵犯到萬能上司無孔不入的努力，而處處縮手。我每次訪店，一定到廚房和同仁一一握手，讓他們感覺到我是來「打氣」，不是「打分數」的，因為我去管任何事情，對店的管理指揮系統都是一種破壞。

湯：在王品不同職級，思考和執行有不同的工作比重，以店長為例，你要求思考和執行各半，你要店長想什麼？

戴：訂這個比例表（見下頁表），就是希望店長敢閒閒在那邊，不會有罪惡感，但一般老闆不這樣想，總希望看到店長忙得像花蝴蝶一樣。

店長要想的，包括總部下達的規範如何貫徹到日常運作，提出改善建議，以及單店行銷方案。別人店長一個月二十六天看店，王品店長只看店十五天，其他時間月休九天之外，還要參加總部教育訓練，人事成本雖較高、但流動率極低。

湯：CEO如果做太多，屬下就不敢做，那思考太多，會不會也讓屬下不敢思考？

戴：我自己很節制，想很多但說得少，我推十件事若五件不成功，失敗比例高，員工認同度就低，在公司也待不下去。我若想一百件事，只敢說十件，十件只允許兩件不成功。

董事長還是要保留一〇%的執行，例如我還是親自看客訴，這樣知、行才能合一，不然，執行和思考會變成兩條沒有交集的平行線。

王品集團職級愈高，愈重思考（單位：%）

	董事長	總經理	協理	經理	店長	主廚	主任	組長	組員
思考比重	90	80	70	60	50	40	30	20	10
執行比重	10	20	30	40	50	60	70	80	90

資料來源：戴勝益

失敗為企業成功之母？

企業常將決策錯誤的損失視為學費，希望從錯誤中學習，然而避免失敗，並不保證就能成功。聯強國際集團總裁杜書伍透過訪談，提出企業從失敗與成功經驗中學習要注意的事。

湯明哲：我們過去都說，「失敗為成功之母」，但事實上這犯了邏輯上的謬誤。去問每個成功的人，「是不是失敗過？」答案一定肯定，所以就有人做錯誤的結論：「失敗是成功之母！」

聯強國際總裁杜書伍（以下簡稱杜）：這是過於簡單的邏輯。失敗最多只能記取經驗防止再失敗，但不失敗，不等於成功呀！

湯：對。就像《從A到A+》（*From A to A*+），問卓越企業你過去做了什麼？它講，「喔，我做了這五件事」，但並不表示做這五件事，你就會成功。王永慶小學畢業能成就大事業，並不表示其他人小學畢業也能成大事業。

杜：我先從幾個面向來談，孔子說「三人行必有我師」，也就是表示，你從好的事學到東西，從壞的事也可以有所收穫。再來談的是，人的學習可以分為三種：第一等

策略名師 **湯明哲**

人是，不必付出代價就能學會；二等人是付出代價後學習；第三等人是，就算付出代價後也學不會。如果你的觀察力很好，從外界新聞報導等種種訊息中，就可以吸收到別人的成功與失敗，整理出自己的心得與方法。

拆解成與敗的內涵

然而，拿別人的經驗來用，要拿捏得準，因為時空與搭配因素不一樣。你必須要拆解別人成功或失敗的內涵：到底決策（Decision making）源頭的思維是什麼？他到底有沒有盲點？要不斷對應自己的判斷力，不是看到一個故事就完了。很重要的是，要培養獨立思考的能力。

失敗的經驗會告訴你，「喔！這個地方原來我沒想到！」多了就變成你的資料庫。可是若一再失敗，都沒學到東西，失敗一千次也等於是零。

湯：您失敗過嗎？

杜：很少。

湯：為什麼？

對談CEO **杜書伍**

經歷：聯通電子總經理、神通集團副總經理
現職：聯強國際總裁

杜：我從其他人的失敗中學習如何不失敗。

湯：所以你不停分析其他公司成功或失敗的個案，然後得出你自己的結論。

成功會產生後遺症

杜：所謂的成功會有後遺症，是在後面幾年會出現的。成功最大的幾個問題：第一是員工就沉迷在成功裡，沉浸舒適圈，過分自信自大，於是能力逐步退化。像是業績千萬級的業務員，賣得很好，那是他的能力還是公司的能力？企業成功的力量很大，但有的人不知道，就以為，我真的很行喔。

尤其，成功企業會一直擴張，它要找更多人進來，但很多人進來尋求安逸，所以就變質了。好，當你知道成功可能有這個後遺症，就要趕快研擬配套，更嚴格的考核。

湯：避不了呀！有人調查過歷年美國《財星》雜誌五百大企業平均壽命只有四十年左右，微軟（Microsoft）或英特爾（Intel）多角化都不能算是成功，柯達（Kodak）明明知道技術從軟片轉成數位，也還是無法轉運。這些大企業，人沒有問題，錢也沒有問題，為什麼避不了失敗的命運？

杜：中國人講「物極必反」，當成功愈大，後遺症就愈明顯。

湯：不一定是這樣，物極不一定必反，這其中有其他因素！我的觀察是這樣的。上市公司講究股東報酬率，當企業很成功，每股可以賺二十塊，股價高漲，評估多角化機會時，會以現在的獲利率做為標準，但哪裡去找一股賺二十塊錢的新事業？沒有！只好堅持本業，等到本業和公司一起走入歷史，問題就出來了。

杜：往往一個上市公司，一個專業經理人，當他每年要賺一個資本額，形成他的股價掛在那裡的原因，沒有一個CEO敢講：「很抱歉，明年我只能賺〇・八個資本額。」這個就是泡沫化，就是大家一直撐，一直撐，撐到泡沫崩壞……。

湯：所以為何說「成功是失敗之母」，因為你成功了，忘記控制你的後遺症，當它慢慢發酵時，你死了都不曉得。

杜：所以我說，不能夠太大、太成功。其實你身為CEO，有時候知道，這次成功裡有一些東西可能是機遇，有些東西還是脆弱的，所以，你會擔心，但是你的員工不見得知道。

例如，企業成功，當然要分享員工，所以員工收入增加，每個人都分好多錢。這一來，有人就認為我要享受財富，就放鬆了；第二，期望值愈來愈高，你下一次要餵更多給他，他才認為是激勵。當你太爽的時候，就很容易產生太不爽。剛開始，就應該適當的給獎勵。

湯：你建議，CEO怎樣從成功或失敗中累積實力？

不要讓失敗傷到筋骨

杜：這要回到我一開始談到的「三人行必有我師」，要從他人的經驗中去累積你的判斷力，未來在做策略規畫時，就可以減少盲點；相對的，成功率就高。其次，每件事都沒有完全的成功或全部失敗的情況，絕大部分都是有一些失敗摻雜一點成功，你一定要從小失敗去記取教訓。因為失敗的過程，不只是能力問題，也有心理層面的考量，就像從沒生病過的人，只要感冒一次就會非常非常難受。從失敗跌倒中，才能磨練出面對挫折的承受力，這也是一種學習。

我的決策，不會讓失敗傷到我的筋骨。只要不傷筋骨，我就可以繼續走下去。以前我可能弄一個東西，虧損一千萬，我就完蛋了。但是現在，可能我做了一個決策，虧個三億、五億，我還沒事。是這樣累積上來的。如果太超出自己的能力，那就是賭博性質，如果不是一躍成功，那就是從此掰掰了。

湯：我記得您說過，一件事情如果有七〇％成功機率，那三〇％的風險，不會危及企業根本，你就覺得可以試；但如果有九〇％可能成功，但那一〇％的失敗機率，會傷到筋骨，就不會去試……。

杜：但是呢，今天假使說反過來，可能有八〇％、九〇％失敗的機率，只有一〇％

的成功機率，但這個失敗也不會傷到我的筋骨，我就做！

有些時候你得賭，不過，這有個條件是，你想要在這個領域突破。相對的，某一些領域，你已經很不錯了，有八○％成功機率我也可能不做啊。要不要承受風險，要根據策略跟承受能力。

杜：其實最恐怖的是破壞性的創新。有些不見得是企業成功帶來的失敗，而是另有一個平行的產業、新的工具出來，漸漸從它的位置擴張，餅重新形成了，你原來是第一，原來是獨占，現在變成了老二。我不認為任何領導人可以克服這種情況，這是產業的替代，這種情況只能另起爐灶！

湯：很難，很難，只有很少的企業，像ＩＢＭ可以做到自殘再造。

杜：如果站在資本家角度，他也不會容許把金牛事業（cash cow）斬掉，他根本不希望多角化。你現在能賺錢，最好持續堅持下去，所以會要公司專注本業，由股東自己去投資多角化機會。

嚴格來說，你要跨另外的領域，真的愈來愈難。ＣＥＯ怎麼樣去找到那個領域中好的人？接下來，你要不要管？能不能管？企業就像人一樣，是有壽命（life cycle）的。這個不叫作失敗。

湯：但我們學管理的，都希望企業能再造生命曲線。回到結論，到底是成功為失敗之母？還是失敗為成功之母？

杜：這兩個都對，也都不對。不管是自己的失敗，別人的失敗，卻可能是你的成功之母，但回過頭來，你自己的成功，或是別人的成功，很可能是你的失敗之母。因為你照抄別人的成功，結果水土不服，沒有抓到關鍵。

聯強靠3大核心打造品牌價值

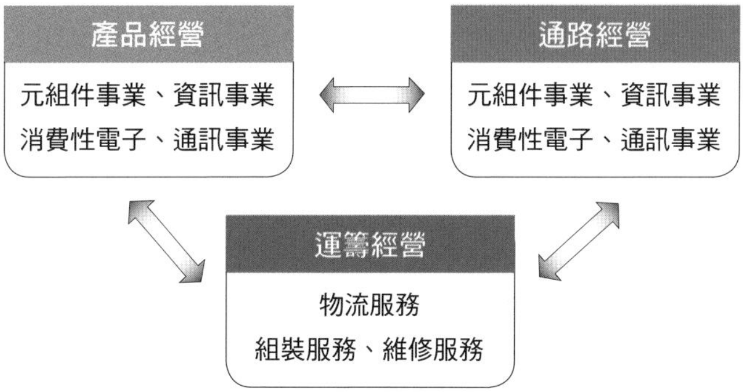

說明：2013年，聯強連續6年獲Interbrand評鑑為「台灣最有價值品牌」前9大，品牌價值達3.45億美元，全靠3大核心經營機制相輔相成。

資料來源：聯強網站

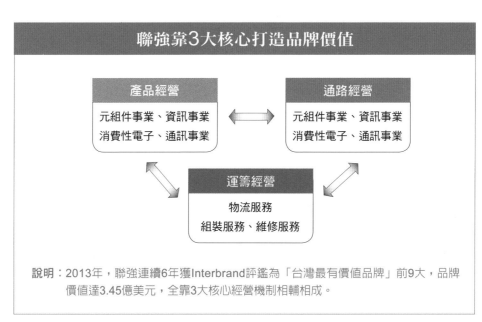

策略名師 **湯明哲**

管理該先**管人**還是**管心**？

佛光山創辦人星雲大師弘法七十年，
除了發展醫療與媒體等非營利事業，
創辦四間大學、在全球建立兩百多個道場，
其成長秘訣是先講隨緣，而後進行積極的目標管理。

湯明哲：佛門講隨緣，認為事業發展靠等待資源、機會的到來，而非積極爭取，但如此一來，經營策略端視主事者企圖心，也可能成為消極的不管理，事業不易成長。

相反的，企業講究積極管理，經理人被要求具備財務紀律、成本觀念，以追求持續成長與利潤極大化，兩者管理思維天南地北。但佛光山過去四十多年發展，成長不輸民間積極管理的企業，究竟，在管理上，隨緣好，還是有必要積極管理？

國際佛光會世界總會會長星雲大師（以下簡稱星雲）：管理，有管理事務的規矩，有管理錢財的規矩，世間上的企業管錢、管人，佛門管理的重點是管心。不過，心要管好是很難

對談CEO **星雲大師**

現職：國際佛光會世界總會會長，
西來、南華、佛光、南天大學創辦人

的，許多人經常怨怪對方不聽話，但回過頭想：自己的心又何嘗聽自己的話呢？

心要先管好，才能隨遇而安，隨緣自在，好比到了一個地方，有沙發就坐沙發，有水就喝水，這是很自然的，不必妄動念頭或過分地想要超越。如果面對任何境界都能安然自在，自然就可以立定腳跟，往前邁進。

透過選舉、輪調制度管理

湯：心要如何管，你如何掌握其他人的心怎麼想？如何傳承管心的管理經驗？

星雲：管理，不一定是高高在上、發號司令，最好的管理，是和對方交心，建立生死與共的精神，因此必須深入群眾，和他們同甘共苦，才能帶動整體的團隊精神。我認為一切都必須先從自己做起。領導者隨時觀照自己的心，才能在組織中蘊釀潛移默化的作用，達到無為而治的效果。

此外，佛光山也用章法制度來傳承心的管理經驗。以住持為例，佛光山的住持是民選產生，以前是六年一任，為了促進人才快速晉升，現在是四年一任，可以連任一次，目前已經傳到第九任。

但選舉有資格的限定，因為如果對這裡的宗風、規矩都不懂，亂選反而壞事。我們一共有一千三百位出家眾，每年考核學業、道業和事業，從清淨士升級到學士，再到修士、開士、大士，共有五個級別。

一般要十年以上才有選舉權，這裡面有選舉權的大概只有八百多人，升到修士以上才有被選舉權。

要成為住持繼承人，不能有個人主義，要有供養心和平等心，也要讓大眾能接受你。一個人在僧團中還要偽裝自己是很困難的，我們出家人天天都在一起，你的點滴我都看得很清楚。在養成期間，身為住持候選人往往已經調任過很多職務，如果以軍隊來譬喻，就好比海、陸、空三軍都已經參與過了。

湯：修行是無私無我，佛光山要成長，一定還要積極進取，你如何無私無我，又維持積極性？

星雲：我在佛光山沒有個人的辦公室、辦公桌，也沒有自己的鑰匙，我寫文章都是在汽車、火車完成的，我的開示、致辭都是在散步、休息時想出來的，佛光山的草圖是在路邊用一塊小石子畫出來的，佛陀紀念館的藍圖也是在桌子上用瓶子堆疊、擺設而成。

所以世間上，「有」不一定能夠成功。因為「有」是有限、有量，「無」才能無限、無量。茶杯能放水，因為裡面是空的；鼻子能呼吸，因為鼻腔是空的；乃至一只袋子、一口皮箱如果是空的，隨你放什麼東西都可以。「空」的妙用，真是無有窮盡！

佛門有一句話說：「虛空無相，無所不相。」我從出家以來，就自許要做到心胸有如虛空般的廣大，因此我識人、容人、用人、信人，我用「給」來建設佛門的事業：給你信心、給你希望、給你歡喜、給你方便。「人之性，在有所得。」肯給人，別人才願意跟我們合作。

佛教也講求「要」，也講求「有」。我們要的是眾生的幸福、要的是大家的共有，無私無我和積極進取是一件事的兩個面，不是兩件不同的事。

湯：但佛門和一般企業不同，企業不能想做才做，兩者有沒有衝突？

星雲：不會衝突，而且也沒有想做或不想做的問題，因為佛法裡還有另外一個重要的力量稱為「發心」：每個人的心像一畝肥沃的田地，透過開發才能夠成長萬物。我教眾、養眾，非常重視心地的開發，我設法讓他們開發自覺、自愛之心，並不是單純的隨緣。

隨緣之前要先結緣

湯：你在發展佛光山的事業是否曾面臨兩難抉擇？例如選擇先到非洲，還是南美洲弘法，你如何權衡？

星雲：沒有抉擇的問題。為什麼？隨緣。美國條件比較好，就去；後來澳洲好，也去。去哪裡弘法都不是我要的，都是隨緣，當地的因緣有條件，我就去。

撇開台灣的弘法事業不談，自一九八八年美國西來寺落成後，佛光山在海外的弘法工作不但從未間斷，而且往往同時進行。「兩難」源自於慣性的二元思維，當我們被狹隘的視野所局限時，自然就顯出「難」的事相來。如果能站在一體的角度，把握當下，盡其在我，一旦因緣成熟，自然水到渠成，一切現前，何難之有呢？

湯：聽起來，隨緣是隨時勢和條件走，對企業來說，可說是事業機會的掌握，你如何判斷因緣成熟？

星雲：「橫遍十方，豎窮三際」。宇宙是由時間與空間交織而成，就豎的時間而言，從過去、現在到未來，就是所謂的「三際」；就橫的空間來說，東、南、西、北、東南、西南、東北、西北、上、下的「十方」世界無處不在。如果我們想辦事成功，就必須把時間從過去、現在、未來都算一算，把你、我、他的各種關係也要搞好。

我辦事向來講究「橫遍十方，豎窮三際」，力求周全普遍、沒有遺漏。因此，我教育徒眾的時候，也非常重視他們對時間、空間的安排是否得當、人際之間是否相處融洽。

為了增進彼此共識、減少做事阻力、磨練溝通的藝術，我們大小事務都用民主方式開會決議。在佛光山，我們有員工會議、徒眾會議、各單位職事會議、各單位主管會議、各院院務會議、宗務委員會會議等，甚至，我鼓勵佛學院的學生參加這些會議，讓他們能夠及早了解寺務運作，並學習提出意見。

湯：面面俱到的意思嗎？就是企業說的三百六十度管理？

星雲：稍微有些不同，最重要的是要有悟性。一般人重視「知」，佛門則強調「悟」。「知」是知識、知解，容易落入既有的窠臼來審視世間、解決問題；佛門的「悟」，講究不分別、不著力，是用一種超然物外的心態來待人處事，則事業自然有、工作自然成的意思。

就像學騎腳踏車，如果你在騎上去前，先分析車子的構成、手腳的動作；騎上去後，又緊張兮兮地緊抓扶手，就學得很慢，而且容易出差錯，因為你有心，而且太著力。如果你在騎中學，反而一下子就能上手，因為你無心、無分別，與車子合為一體，所以還能單手騎、倒著騎，隨心所欲地駕馭車身。

湯：隨緣未必會有大成就，你卻能創造如今佛光山的規模，秘訣何在？

星雲：佛光山的規模不是我一個人創造的。佛光山的一桌一瓦、一草一木，都是順應眾生需求，和大家一起開闢出來的。實際上，十方資源會進到佛光山來，是看到我們講信用、有交待。所以，後來不管建寺、救災、辦校，我都儘快做出來，讓大家都看得到，因為我了解：眾生的苦難不能等待，信者的布施也必須讓它趕快有所收成。

湯：有緣是事業成功的前提，但因緣到了要講執行力，進行積極的目標管理，是這樣解釋嗎？

星雲：是的。快速執行目標，才能讓信眾看到他的奉獻開花結果。我一生重然諾，永不退票。我不計較、不比較，隨喜、隨緣、隨分，但不隨便。這樣的執行力除了共事者要有「為大事也，何惜身命」的使命感之外，還必須有「即使千辛萬苦，也要實踐承諾」的擔當。

湯：很多辦企業的人，認為開發市場、持續成長很難，你給他們什麼建議？

星雲：成功的人，很多機遇會找上他，可見得「緣」是多麼重要。福德因緣要靠自己培養，沒有播種，怎麼會有收成？不過，培養因緣，不是以一時的利益來取捨，而是你要真心誠意地幫助別人、成就別人。我舉個例子：

多年前，有位七十歲左右的老太太，來佛光山禮佛，我見她行動不便，要下山還要走一百多階，我正好經過，所以主動照顧她走旁邊的斜坡。兩年之後，我到馬來西亞講經，有位老太太要來拜訪，一看，原來她就是兩年前在朝山會館前遇到的那位老太太。她自稱黎姑，要捐獻六百萬元給佛光山。有人問她為什麼其他法師向她化緣都不能如願，我沒向她化緣，反倒獨鍾於我，她說：「因為星雲大師不會嫌棄一個窮酸模樣的老太婆。」

回想七十年來的弘法生涯，我沒有積極地為自己爭取過什麼，但我也從來沒有錯過任何因緣。因緣能成就一切，即使一個微小的因緣也不能忽視，這是我興辦佛教事業最深刻的感受。

該集體決策 還是老闆說了算？

大中華區企業，強人威權式領導是管理主流；
然而，長期提供中國企業諮詢服務的麥維德觀察，
在培養接班、人才與公司治理等壓力下，
混合東西方領導風格的新型跨國企業，已快速登上全球舞台。

李吉仁：本篇要談的主題，簡單說就是，以老闆為中心的強人管理模式（dictator leadership）較有效，還是西方主流的以團隊參與為主（democracy leadership）的民主管理較好？這是許多台灣與中國企業正在面臨的領導議題，也是東、西方企業在領導統御上很大的差異處。

多數的中國、台灣企業，執行長都還是最初的創業者，他們本來就喜歡跳脫現有框架、保有決策彈性以及靈活的做事方法，這種領導，部屬很自然會揣摩上意，或跟隨老闆的最後決定。但隨著愈來愈多企業家與經理人學習西方民主式的領導風格，以你多年提供中國企業諮詢服務的經驗，你認為西方民主式的管理會是這些企業的選擇嗎？

波士頓顧問公司資深合夥人兼董事總經理麥維德（David C. Michael，**以下簡稱麥**）：如你所說，許多中國企業仍然由創辦人所領導，他們擁有強烈的定見。然而，這

策略名師 李吉仁

類企業常只在某些特定條件下生存：第一，它所在的市場仍有很多空白地帶（white space or open opportunities）；第二，它以特定的商業模式，掌握這些市場空白地帶，成功關鍵是快速執行特定的商業模式，強人或威權式的領導風格，很容易在這種環境下取得成功。

強人領導會遇「撞牆期」

問題在於，當環境改變時，這樣的企業最終會「撞牆」（hit the wall），可能是市場縮小，或者新的競爭模式出現，亟需新的商業模式；或者創辦人面臨退休，接班卻後繼無人。

李：我同意你的觀點，但對這些強人領導的企業來說，「撞牆期」其實還沒有真正發生，許多企業仍認為它們享有市場空間。它們非要改變不可嗎？

麥：沒錯，改變很難，但今天這些領導人面臨的改變壓力已愈來愈大。第一個壓力來自於公司治理，如果公司要上市，從資本市場獲得再成長力量，投資人與獨立董事會要求企業的治理更為現代化；第二，市場競爭會帶來管理變革的壓力；第

對談CEO　**麥維德**

經歷：波士頓顧問公司（BCG）前大中華區負責人
現職：波士頓顧問公司資深合夥人兼董事總經理

三種改變的力道則來自於人才市場（talent market）。在中國，年輕人才雖然敬佩有決斷力的領導人，但更渴望具有彈性的領導方式。

我的建議是，在你迫切需要更進階的管理能力前，先逐步建立它，讓自己有能力建立一個多元能力的團隊、能從不同的市場吸收菁英、能在多語環境下執行管理工作，否則，即使機會來了，可能也沒辦法駕馭。

李：但大中華區，許多頂尖人才到跨國企業工作，人才市場的改變壓力，也許沒那麼大？

中國人才將要求更民主的領導風格

麥：我不完全同意你的觀點。事實上，歐美跨國企業正面臨人才荒，過去它們提供人才最具吸引力的生涯發展計畫與品牌，但目前許多中國領導人正在建立跨國企業，在成功的IPO（首次公開發行）之後，也在管理制度上有了變革。最好的人才會選擇對公司的未來發展擁有發言權？或者成為機器中的一部分？我認為，中國頂尖人才將要求更具參與式與民主式的領導風格。

李：我不知道有多少人真的想要參與民主式管理。他們或者想要分享權力，但他們也知道，一旦是由強人來下決定，他們也降低了下決定的風險。

麥：有一點要說明的是，即使是強人領導，也有不同的風格。有一種是非常負面的懲罰威脅式領導（corrosive style of leadership）。「我所說的，你要百分百執行到底。」這會殺掉主動性，創造表面功夫及決策的盲點。

第二種是比較正面的，我稱之為堅定結盟式的領導（decisive and affiliation building leadership），領導人有明確願景，儘管強勢，他仍會花時間創造一種像是家庭般感受的團隊氣氛，並鼓勵員工的主動性。這仍不是民主式管理，因組織成員的待遇並不公平，只是人們覺得自己較被授權（編按：民主式領導是領導人高度授權，鼓勵部屬擔負決策責任，強調集體參與，成員權力距離較低，組織有高度適應環境變化彈性）。

一個好的領導人，有較強的自我察覺力，他們確實了解這兩種風格之間的差別。強人領導的好處是願景清楚、決策過程清楚，但同時，頂尖人才願意參與並貢獻己長，才不會因回饋機制斷絕而造成盲點。

李：許多中國領導人的領導與管理方式，來自於創業與人生經驗，他們年輕時根本沒有受過ＭＢＡ（管理碩士）的訓練，也未必認為西方的管理方式可行。

麥：我的意思是，對於這裡（台灣／中國）領導人的真正挑戰，在於管理方式是否能夠進化，並且具有適應環境的彈性。你看，賈伯斯所創辦的蘋果與皮克斯（Pixar

Studios），領導風格大不相同，但兩者都很成功。皮克斯的成功是給予創意專業人才舞台，蘋果的供應鏈則擁有像軍隊般的紀律，如果賈伯斯的管理方式不與時俱進，不會有今日的成功。

李：我最近常聽到不斷增強的聲音在說，我們（台灣／中國）應該建立一套符合中華文化特色的管理風格，你如何看待這樣的想法？

麥：單以西方與東方來區別管理方式，可能太過簡化。許多中國企業放眼全球市場，成為新跨國企業。其中有些已在香港上市，像利豐、德昌電機、敏實集團等，他們是發展新形態中國跨國企業最佳案例。這些企業多有跨文化團隊，有明確願景及果斷領導風格，又有跨國管理能力，能吸引不同背景人才。

管理方式要禁得起環境挑戰

李：許多企業認為管理愈簡單愈好，因為建立制度很麻煩，不如因應環境而變？

麥：簡單是好的，但我們要的是適當的簡化，保持簡單的前提，是你了解你要採用的管理方式是適合環境挑戰的。有個好例子是肯德基（KFC）中國，現在肯德基超過三○%全球營收來自中國。他們成功，是因找到適合中國的模式，並快速把這套模式擴張出去。

李：你知道他們管理團隊許多來自台灣麥當勞？

麥：是的，這也反映肯德基全球總部經營彈性，他們願意聆聽並接受台灣團隊，擁抱人才就是擁抱市場機會。

李：不過，你如果要分權給人才，必須想清楚，如何能信任他們，建立制度化的信任基礎。

麥：有個字眼我們還沒有提到——風險。假使領導人只與共事數年、已信任的人工作，覺得這樣較沒風險，但事實上，環境改變快速，只仰賴那一小群人是不足以應付變化的。肯德基沒找美國團隊打中國市場，而讓台灣團隊去找新的營運模式，這種模式其實是風險更小一些。

肯德基找到中國展店模式

肯德基是最早進入中國的速食連鎖品牌。自1987年在北京前門開出第一家餐廳之後，到2012年3月，已在650多個城市和鄉鎮開設3,200多家連鎖餐廳。

★2年時間展店達千家

第1個1,000家店花了逾16年，第2,000家及第3,000家店，都只花了2年多，就達成目標。肯德基成為中國規模最大、發展最快的速食連鎖企業。

★中國肯德基營收占比逾4成

百勝集團（肯德基母公司）2011年中國稅後淨利9億美元，占總稅後淨利69%；中國肯德基營收占肯德基總營收逾4成。

資料來源：中國肯德基、百勝集團網站、維基百科

培養創造力　該**柔性**或**剛性**管理？

精品品牌愛馬仕（Hermès），以金字塔頂端客戶定位，即使面對全球金融海嘯的不景氣，二〇〇九年表現仍勝於同業，營業額逆勢成長一七%。它如何用柔性管理兼顧品牌價值與成長？

湯明哲：管理經常沒有標準答案，舉例來說，美式管理非常制度化，總是有規則與計畫，重視文件與標準化；而在東方社會，管理是基於社會人脈網絡而運作。愛馬仕在二〇〇九年不僅成功度過金融海嘯，更創下逆勢成長的成績。通常品牌要同時兼顧品牌價值與成長是很具挑戰性的，你們的管理比較偏西式還是東方式管理？

愛馬仕前執行副總裁岡薩雷茲．克里斯多柏（Beatriz González-Cristóbal，**以下簡稱岡**）：管理的前提是「信任」，我稱之為「氧（氣）性管理」，在擁有好的團隊成員前提下，你必須信任與你共事的人，你不需要控制，而是要給他們成長的空間，就像花朵需要成長的空間一樣。

當然，你還是需要一套管理制度，假使你在技術面與人性面之間發現正確的平衡，就能夠讓團隊有好的表現，並展現效率。一旦決定信任，你會遇到問題，但你必須承擔

策略名師 **湯明哲**

風險，給他們犯錯機會，一次、兩次，不能再多。這套方法，我在歐洲從銀行做到奢侈品，數十年來，不管在哪裡都是奏效的。

找到專業與有熱情的人

湯：總是奏效？這與所在產業有關？你們處於精品業，用高薪聘用人才且找方法激勵他們？

岡：這與行業無關，我們在精品業中利潤表現很好，關鍵在於對服務與品質的執著，這兩者都以「完美」做為目標。然而，不管是做手術的醫生，還是經營餐廳，一樣要追求完美。

不管什麼行業，人們要在工作上有表現，前提是他們能在工作中感受到快樂。品質，仰賴工匠技能，但技藝最終還是靠熱情支撐。不管員工背景如何，他們在你面前先是個「人」。

湯：不，別告訴我，只要信任，人們就會自動自發了。這跟經濟理論教我們的不一樣！

岡：前提是，你要找到非常好的人。他們必須專業，並且對於「犧牲」有所自覺。努力工作，付出犧牲與勇於接受挑

對談CEO **岡薩雷茲**

經歷：寶格麗管理總監、愛馬仕執行副總裁

戰。

湯：你不可能同時兼得這些！

岡：我們可以。

湯：你們實施員工終身雇用制嗎？你一定要有很高的誘因讓人們願意這樣做？

岡：不是的。答案就是熱情！不是靠工作手冊去做到，而是靠熱情！

湯：那麼，你監不監督下屬？多久一次？

岡：信任不代表你可以放手不管。我監督每季的結果，如果表現很好，那就是他們做的事很正確。信任意味著，你要有好的團隊工作模式、好的資訊流，你信任人們會做好分內的事，組織自然運轉。然而，如果你不能夠信任，那意味著你必須檢查每一環節，組織很快就會出現功能障礙。

讓團隊成員有自信和自尊

湯：能這麼做的前提，你一定要在很短時間內，就能辨別這個人是不是夠好？

岡：在組織裡，每個人都不同，就像是拼圖，每一片都有獨特的形狀，拼在一起就是美麗的圖像；也像交響樂團，每個樂手演奏不同樂器，好的指揮要讓他們和諧，如果有問題，他會很快找到是誰出錯了。組織裡人們各司其職，各有特色，你需要他們。

這不是高調。你知道我怎麼做？每當有新專案提出，組織內有人喜歡，有人不喜歡，我選擇兩種人一起工作，一種是最適合、最有熱情的；另一種是反對最力的，最終後者會受到感染而認同目標，並展現效率。

湯：聽來很有趣。然而，組織裡你們做績效評估嗎？根據績效評估做獎懲？獎懲是重金錢報酬還是個人內在成就感？

岡：有兩件事必須先說明：第一，你必須做目標管理，因管理不是一場花園派對，企業要營利，這是原則。管理制度就像是身體的骨幹，財務指標、物流體系、供應鏈，都要是健全的。用量化指標去衡量績效表現，人們知道他們該做些什麼，然後用質化指標：建立團隊、讓團隊成長，更為快樂、更有知識、更有尊嚴。

你知道，讓團隊成員尊重自己、覺得自信，有多重要嗎？這往往是成長潛力所在，就是金錢（亦即商機）。即使你有最佳執行長，繼承豐富品牌資產，企業運作非常有效率，可是客戶進門時，看不到開心的員工，你說會怎麼樣呢？

湯：你可以訓練他們微笑……。

岡：那是訓練不來的，你可要求他們笑，但如果他們不為自己所做的工作自豪，那後果……，你知道的呀！

湯：你的意思是，有內在的獎賞會導致員工賣力，而造成公司財務的成功。那麼，要如何讓團隊成員長期保持機動力？用來衡量績效的指標，質化與量化各占多少比率？

信任關係減低了官僚作業

岡：一般說來是五十比五十，不過，比率會因職務而不同。有些人個性較追求自由，不適合當領導人而更適合技術職，那質化指標會較多。然而，如果我們希望這些人成長，成為團隊一員，甚至領導團隊，量化指標就會增加。

湯：談「信任」，最大的問題在於，你長期相信某個人，偶然間，他卻表現不佳，你會說，啊！這只是暫時性的失誤，還是切斷這種信任關係？

岡：我們在組織裡建立員工的機動力（mobility），不讓人們總是做同件事。

湯：你調動他們？

岡：不一定是具體調換職務，重點是要給他們新挑戰。太習於例行公事，團隊會失去創意。愛馬仕有五萬個產品品項，夠一個人學一輩子。當我們放一個人到新職務時，就像教人學游泳，直接將他丟進水池，他如果很快適應水溫，體會游泳樂趣，就能在組織待下來，因他不僅學會工作、更享受工作。在這樣的文化下，即使在公司二、三十年，他們仍會很有創意。

湯：所以，你不認為，大組織就必然面臨官僚化問題？

岡：二〇〇九年對精品業是非常艱困的一年，但愛馬仕的表現勝於其他同業，零售通路營業額有一七%的成長，二〇一〇年前九月的成長也到二五%，為什麼？我想因為

愛馬仕獲利近年增1倍

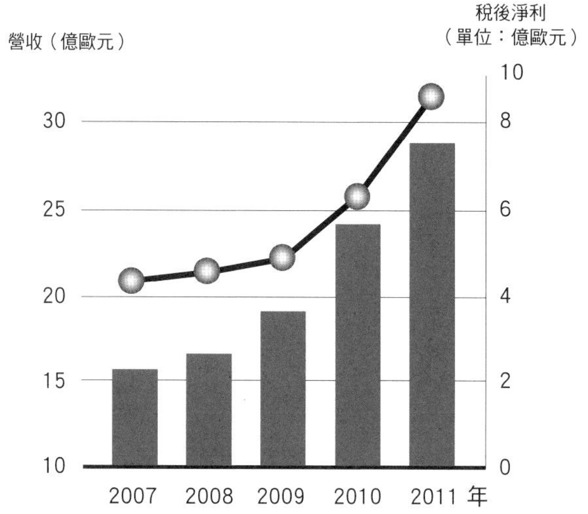

說明：氧性管理和扁平化的組織，讓愛馬仕在全球奢侈品牌不景氣中，逆勢上漲！
近5年營收成長7成，稅後淨利增加1.1倍。

資料來源：愛馬仕網站

我們的信任關係，將官僚作業減至最低，保持組織最大的應變彈性。

另外，愛馬仕有非常扁平化的組織（從總裁到門市銷售人員約七千六百多位，大概只有四個層級）；而各國主管一年有兩次回總部採購，每次在巴黎碰面，就像家庭成員碰面一樣，彼此互動非常高。

策略名師 **湯明哲**

供應商關係和利潤誰重要？

金士頓是全球最大獨立DRAM模組製造商，DRAM價格常隨景氣波動，如何把挑戰變競爭門檻？總裁杜紀川說，建立和供應商長期關係，反能維持供需穩定，殺掉所有人，你也會黯淡無光。

湯明哲：金士頓的成功如果可歸因三要素，是哪三個？

金士頓總裁杜紀川（以下簡稱杜）：對的時機、對的地點，如果選三要素，夥伴關係一定是其中之一。

湯：在你所謂的夥伴哲學之下，有哪些價值或原則是你要遵守的？

杜：第一原則，我想，錢不是最重要的考量。剛創業時有一個經銷商，他提議只拿一〇%的佣金，為什麼不呢？他先賣出一萬美元商品，金士頓給他一千美元；下一次，他賣出一百萬美元，我們再給他十萬美元。但有人說NO，他賺得太容易，你應該重新協商，如果你只付他五萬美元，他也會很高

對談CEO **杜紀川**

經歷：創辦Camintonn Corporation
現職：金士頓科技總裁

興，你就開始思考要不要降低他的佣金成數。

湯：那你怎麼想？

杜：對，他每幾個星期就賺十萬美元，但金士頓賺九十萬美元，所以我說，「你是不是只想他的口袋裡有多少錢？卻忘了我們的口袋裡賺了多少錢？」錢從來不是關鍵。我們不數豆子，結果裝滿豆子的袋子會自動出現在門外（We don't count beans, bean bags will show up.）。

你有這樣的思維，別人會很喜歡你。但有些人就是要從你身上搾出每一分錢，這是另一種價值觀。

水平整合利潤分享

湯：關係和信任讓你的企業能到更高的水準，但不見得能搾出利潤，這和股東利益最大化的想法是違背的，而你自己就是股東（金士頓未上市，兩個創辦人就是大股東），你應該關心股東利益。

杜：沒錯，我了解你的意思，按西方價值，你會替股東爭取最大價值，但西方這種思維不是闖了大禍（意指金融風暴）？我們從來不想上市，我們沒有需要。如果你上市，你就必須追求獲利最大化，錢就變成最重要的考慮，獲利變成唯一的問題。像ＩＢＭ、ＡＴ＆Ｔ，你還記得嗎？

湯：嗯，ＩＢＭ垂直整合的方法……。

杜：是的，這些公司發生了什麼事？以前他們垂直整合得多徹底，他們是那時候的老大，不跟其他人合作，極大化來保護自己利益，盡力爭取自己的機會，那會發生什麼事？

從一九四〇年到七〇年代，ＩＢＭ自己設計所有東西，即使軟體或任何微小的東西，每樣事情都是如此。但七〇年代微軟和英特爾崛起，提供水平式的商業模式，當時ＩＢＭ不把ＰＣ當一回事，他們把ＰＣ當成玩具，他們還是走垂直整合那一套，當微軟突然大成長，ＩＢＭ就麻煩了。

今天的企業和這有點像，你無法垂直整合，你必須水平整合，這是指你必須既競爭又合作，每一個在這個平台裡的人，都要能從中得到好處，如果只有你得利，你會殺掉所有人。

全世界沒有一樣東西，特別是現在，你能全由自己控制，說除我之外，沒人能做這個，沒這回事！每個人都可以做，也許你有幾年利基，但最終每個人都可做得比你好，所以你必須從長期思考。

不能把供應商搾乾

湯：但有另一種角度看這件事，你有供應商和客戶，假設你要最大化利潤，你低買高賣，讓市場決定你跟誰做生意，為什麼需要經營長期夥伴關係？

杜：如果你專注在殺掉其他敵人、把供應商搾乾，而不把公司變得更有創意，也不會拓展新市場，你是在浪費自己的時間。

你不想讓你的競爭對手有機會變大，但當你們兩、三家公司湊在一起，市場會變得大得多，市場發展得好，當經濟好時，你會成長得更快；如果你殺掉所有人，你也會黯淡無光，因為你會認為我是唯一的老大，所以你也不再有創業精神，你會有ＩＢＭ心態：「我是城裡唯一的老大」。

湯：可是，如果你不跟供應商計較價格，你的對手、競爭者就會說，給我最低價，金士頓怎麼跟我競爭？

杜：我們所處的是一個大眾物資市場，就像米或麥，今天你可能擁有太多，明天可能不夠，米跟ＤＲＡＭ是一個很相稱的比喻，因為……。

湯：都靠天吃飯！

杜：天氣！有時運氣不好，收不到米，你能在一週內做出米來嗎？不行，你需要三或六個月，因為需要等晶圓製造出來，生產ＤＲＡＭ顆粒也需要約幾個月，這是很長、很貴的過程。所以你該依靠誰？靠賣米的農夫（指供應商，像美光等ＤＲＡＭ顆粒製造商）。如果你逼農夫逼太過頭，等你需要他們時該怎麼辦？

湯：這些供應商依賴金士頓嗎？

杜：絕對是。

湯：市場好，我可用更好的價格賣，為何要找金士頓？

有市占率就能公平交易

杜：對，但在這產業，這就是為什麼市占率重要的原因，只要你有市占率，你就能跟他們公平交易，如果對他們不好或比較小的合作夥伴，景氣好時他們會說，「我記得你曾想占我便宜，以前我會給你十個，但這次我給你四個。」

這就是這個產業的方式，供應商必須想到壞日子也會來，而且隨時會來，到時這種注重長期關係的做法，沒人會因為壞日子而關門。但景氣好時，當價格真正是關鍵的時候，他會給其他人一、兩個，但他會給我八、九個。

湯：金士頓小規模時，也這樣做？還是規模大了，才能對供應商有所幫助？

杜：這是個非常好的問題。現在，對的時間、對的地點（指運氣），就很重要了。這就是一九八〇年代晚期發生的事，那時半導體產業完全被日本人占據，日本人曾是產業的主角，產品非常可靠，但是價格昂貴、很難打交道。所以三星決定要進入這個市場，但三星在當時，被認為是品質不好的，這就是我們在對的時間、對的地點。

當時我們在車庫創業、沒有錢，製造一些裝在蘋果二號（Apple II）上的記憶體，沒人把這些小東西當真，所以量很小，直到三星突然發現金士頓。三星非常積極，所以金士頓開始用三星的記憶體。

湯：三星給你信用額度？

杜：對，沒有錢，三星給你錢。三星也很滿意，這段關係變得很愉快。後來其他供應商，像三菱來拜訪，說為什麼你們不跟我買，我是日本公司，產品不錯，其他品牌像三星並不好。結果我們拒絕。幾個星期後，三菱又來拜訪，他們說，我可以給你這個價錢，那是個非常好的價錢。

湯：他們要打敗三星？

杜：對，我說不，我們就是不需要。這下日本人不高興了，他們打電話給區域經理、給更高階主管，他們說，如果你們要在這個產業做生意，就要把這當一回事，然後各式各樣的壓力來，最後他們說：「告訴我，到底要什麼價格你才會跟我買？」

湯：他們要消滅跟他們競爭的對手？

杜：所以，我告訴日本人不需要生氣，現在我們從三星這邊買，我們相信，我們會變大得多，然後三星就無法再像過去一樣支援我們，那時候我們就會需要你（日本供應商）。

然後我說，你（日本供應商）不可能永遠都是第一，因為如果我們每個月需要十片，我通常會向三星買六片，你會永遠都是老二，這讓三星非常高興，讓他們銷售更高，這段關係更穩固，因為他們不需要擔心我會去跟他們議價，或是流血殺價，（跟供應商的關係）這就像我的大老婆跟二老婆。

湯：三星後來跟你們在DRAM模組市場競爭嗎？

杜：對，三星覺得他們需要進入這個市場，希望水平整合。如果我擔心三星或其他的主要供應商，我會說，我是你們的大買家，為什麼要跟我競爭，沒完沒了。

他們擅長的是服務第一級客戶，但還有第二級客戶、第三級客戶、DIY市場，因為這不是他們擅長的地方，這裡需要彈性、速度，所以我們可以生存，三星需要我們，我們也需要他們。

靠夥伴關係化解存貨風險

湯：那你怎麼處理風險？

杜：永遠不變的是，你不是有太多貨，就是貨不夠，如果你有多年的執行經驗，你可以極大化「夥伴關係」帶來的好處。市場壞時，只要你很快拋售，損失會很小，這時要依靠朋友、通路，這些人有辦法。重點是你多快說「我要拋售」，這樣你只會損失一點，如果晚一點處理，損失就大了，關鍵在你什麼時候做。

如果你可以拉長賺錢的時間，縮短賠的時間，這就是供應商和客戶關係的兩面，你兩邊都要想到，這都和「關係」有關，必須要是雙贏的狀況，這都和信任有關。當景氣不好，每個人都怕吃虧，你還有辦法說，我有很多貨，但我能在很短時間內很快出清，所以你雖然看起來虧了，卻其實幾乎沒虧，等到買家回流，你又有本錢賺更多了，這就靠供應商關係，賠少、賺多，這就是我要說的。

金士頓不逐利才能做大

1987年	金士頓（Kingston）在美國加州創立
1989年	實行百分之百測試，穩定品質，拉開與競爭者的距離，躍居領導地位
1996年	日本Softbank以15億美元收購金士頓80%股份；創辦人杜紀川與孫大衛提撥1億美元做為員工紅利
1998年	《財星》（*Fortune*）雜誌評定為「美國100大最佳僱主」第2名
1999年	杜紀川與孫大衛　以4.5億美元買回Softbank擁有的80%股份
2002年	連續5年榮登《財星》「100大最佳僱主」排行榜
2004年	將快閃記憶卡保固期限延長為終生保固
2007年	《Inc.》雜誌根據營收，將金士頓評定為「最快速成長私人公司」第1名
2010年	營收65億美元創新高
2011年	穩居全球最大的記憶體產品獨立製造商
2012年	被Gartner列為全球USB製造商之首

資料來源：金士頓網站

湯：但DRAM市場價格波動大？如何應付財務風險？

杜：所以二十五年來，我們從不負債。

湯：不負債？

杜：因為如果你依賴銀行，事情又會變得不一樣了。

湯：雖然你的事業有高產業風險，你卻不承擔財務風險？

杜：正是。

湯：你對供應商、對客戶、對員工好，這對股東好嗎？

杜：我想這是不錯的，如果大家都知道你對所有人好、對員工好，甚至對競爭者好，所以你不需要……

湯：殺掉任何一個人！

跨業經營 該**主導**或該**授權**？

全聯福利中心董事長林敏雄花費十三年時間，打造台灣第一大超市通路。被視為本土沃爾瑪的他，怎麼看待老闆與部屬之間的權利義務？如何掌握授權分際、創造彈性？

李吉仁：過去我們看到許多事業成功的老闆，都屬於權威英明的類型，尤其是高科技事業，老闆不僅管得很細，對組織紀律的要求也很高。

權威型老闆也有不少優點，如：事權統一、不會令出多門，一旦拍板、屬下只須確保執行力到位，只要老闆夠英明，屬下也樂得不必承擔風險。但是，久而久之，權威型老闆會發現決策權力不易下授，屬下若非因此缺乏能力、便是沒意願承擔責任。

你的領導風格被員工形容像土地公一樣，你怎樣定位老闆在事業中應該扮演的角色？

全聯福利中心董事長林敏雄（以下簡稱林）：做頭家（台語，老闆）最重要的，是要把企業顧好，把員工都顧好。組織一個很強的團隊，大家共同來經營。

以前有個同行跟我很要好，他做每一樣行業都衝來衝去，有時他講，尾牙辦了一百

策略名師 **李吉仁**

多桌，關係企業有多大。我說，你衝這麼快，像用手去抓一把沙，沙在流，你沒有辦法止住啊！因為沒有培養人，就一直衝過去，真的很危險。結果後來還是倒了。

依不同事業調整領導風格

李：你跨足零售、建築與金融等不同領域。不同的事業，你的領導風格是否有所不同？

林：當然不一樣。建築業我已經做了三十年，唯一沒授權就是土地開發，可是八〇%的成敗決定在這點。

零售這行業，開始這些幹部都是我自己帶的，當時我還有一個弟弟（林敏雄胞弟蔡慶祥是全聯福利中心前總經理，二〇〇五年病逝），他給我打下基礎。

我看他執行得不錯，我來開會時都沒有講話，他有時覺得我比較不關心，就跟我太太講說，「你尪（先生）不是遲到就是早退，來這裡開會又在度辜（台語，打瞌睡）。」我跟他說，「你是總經理，我坐在旁邊是給你背書，我沒有講話就是表示你很好。」

對談CEO **林敏雄**

經歷：元利建設董事長、華泰銀行董事長
現職：全聯福利中心董事長

我弟弟帶了一陣子，大概已經有二百五十家分店，已經具規模，剛好損益可以平衡的時候，他離開了。我弟弟不在，我看這些團隊都已經成熟了，就趕快授權出去。當然某些時候，例如購併，他們經營團隊認為對方營運差，又怎麼樣……，那時候我會比較強勢，就是我決定了。但是其他業務，他們都可以自己掌握。其實，我覺得經營事業大方向還是最要緊。

李：老闆如何掌握大方向？

林：我從建築跨入零售通路，摸索了一年才完全領悟，規模沒大到某一個程度，競爭力會愈來愈小。當時我們廠商的東西放在架上毛利率才一〇％，怎麼可能活下去？房租、薪水、還有人員的費用……。

李：一般量販店毛利率起碼要一六％到一八％，不是嗎？

林：可是我必須要經營。為什麼當時全聯合作社能活？整間看起來黑黑臭臭，怎麼還有人想去買？因為就是俗（台語，便宜）啊。所以我有個觀念，就是要做最俗的，如果能提升自己，就是留客不二法門！

其實是誤打誤撞。全聯福利中心本來是中華民國合作社聯合社經營，我算年輕一輩會員，當時三位大老來找我說，「給你（年輕的）來做好嗎？我們當初敢經營，現在相信你也可以經營得起來。」我直覺想說，三位大老加起來二百五十歲耶，我經營也要可以。

當時報紙亂寫，說我去接瀕臨倒閉的全聯合作社。其實，當時量販店跟超市沒有進來很多，全聯社的公積金大概有二、三十億，定存利率是七％，它只是節節敗退，沒賺錢而已，還是可以啊。

規模做大供應商就相挺

李：你做建築的經驗，有多少帶到零售業來？

林：做建築，一塊地三億、五億元都買不到，大出大入，所以我看零售行業，不去看擴一個點要多少錢，比較不會急於求近利。

其實，當初被我合併的同行，在執行方面比我清楚太多了。可是他們都是看眼前怎麼賺錢；我不是，我想的是，只要規模到某一個程度，廠商自然會挺你！當我不夠大的時候，某家供應商談判代表跟我說，「你的業績只有我們水龍頭滴下來一滴水，」後來我查一查，我們已經有他一八％銷售額，我就把他找來說，「我這滴水如果沒有滴下來，你這總經理如果坐得住，我就輸你。」

他在台灣，我以前占他一八％，現在三〇％。他最在意我的「銷貨付款」（供應商供貨上架，但等到商品出售後，通路商才付款。等於通路商與供應商共同承擔存貨與現金流風險）。全世界只有我這一間，我跟他說絕不改。所以做到大了，連世界級的企業都對你很好啦！

我做三年了，差不多三天就新開一間。台灣市場，可以開到八百家。

策略性賠本業務由家族來扛

李：這幾年全聯福利中心的店數成長非常快速。但在台灣這麼密集的地方，你怎麼確保每家店都可賺錢？規模加大難道是唯一勝利配方嗎？

林：我賣的東西一定要比量販店、超商便宜。二〇〇六年，我決定要做生鮮，當時超市競爭對手已有兩、三百家了，我就要比他們便宜二〇％，這穩賠的啊。你說這個決策要叫經理人做，他們怎麼敢做？

李：那你們怎麼打平？

林：賠錢呀，可是我們乾貨是賺錢的，我這邊賠不要緊，我目的是要追求品牌。

李：你就是要變成市場上最低價的指標？

林：對，現在我的品牌實力慢慢上來了。但賠錢的決定，哪個經理人敢做決策？連大主管都卻步。所以我叫兒子來管理，他剛好在做小專員，我讓他去管生鮮。大家當時頭抱著燒（台語，意即棘手而頭痛），沒有後台系統，也沒有經驗，我想說，就先做吧，反正人家打不死你。可是三年後，後勤改善了，電腦POS系統改善了，前端也完善了。

李：你既然做出品牌知名度，價格不調整嗎？還是你在盤算，如果我活不下去，別人也活不下去，我就可接收？

林：我競爭的都是國際大財團，你說我要以大吃小，是辦不到的，我的理念就是要把品牌建立起來。

教授你想想看，量販店也好、超市也好，他們在鄉下幾乎沒有據點。他們的邏輯都只想城市人多、開店才能賺，其實在鄉下，如果配送得到，房租便宜、請人也好請。

李：你這點跟沃爾瑪很像，它當初也是這樣的展店邏輯。

林：外商沒有看到鄉下這個機會。但他現在感覺到了。像是沃爾瑪亞洲區總裁，那些阿兜仔（台語，外國人）一行二十幾個人都來看我，台灣還有我們這個成功個案，我覺得很好呀！

李：就企業經營來講，你現在哪個生意較好賺？

林：建設比較好賺錢。

李：雖然零售賺得不比建設多，在你的事業中，你最喜歡哪個？

林：我覺得零售通路，做起來很有成就感。

李：我猜也是這個答案。能解釋原因嗎？

林：第一個，現在台灣的量販店、超商都是外國人或含有外資，我的對手也有一千多億美元的集團。做零售品牌，我是有一種不服輸的心情，「你們是大財團，但我就算

全聯福利中心品牌成功方程式

鄉村包圍都市，店數4年增300家

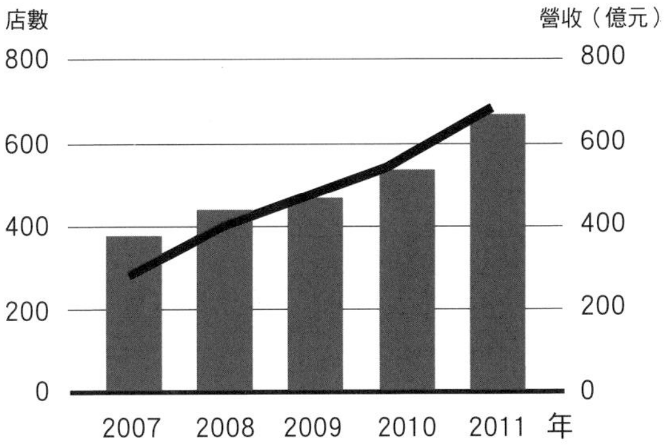

經濟規模是一把雙面刃，一方面，通路商有大採購量，在面對供應商時，談判籌碼大；然而另一方面，一旦銷售價格與成本控管處理得不好，反而可能造成虧損，變成店開得越多，虧損越多的局面。

全聯福利中心要做同業最低價標竿，同時衝店數，毛利率又比同業低，照理說，面臨的兩難更具挑戰；然而，全聯福利中心採3種策略，做低價品牌成功方程式：

1 低價： 定期與競爭通路比價，目標（平均單價）比別人便宜10%到20%，做低價標竿。

2 低利： 淨利率2%，但擴點速度4年增加300家，以經濟規模取得採購談判力。以賺錢的乾貨補貼生鮮虧損。

3 低風險： 採銷後付款，與供應商分擔進銷存成本。

沒賺錢，也要把你擋住。」

就是說好運啦，當這些量販店把一流的人才往中國調，說實在，我天時地利都對了。建設這幾年真的是機會財，但是建設賺錢，它能支撐我大膽去做，沒有這個後盾，還是打不贏外商。

做全聯福利中心，創造一個品牌，比我計較今年要賺三億，明年要賺五億，看長一點不是更值得？而且這個團隊跟我很有革命感情，我個人認為，讚啦！

第二章
組織與經營效能

【導讀】組織設計的ABC原則

在EMBA課堂上常會出現如下的討論：「策略重要，還是執行力重要？」答案儘管見仁見智，金仁寶集團董事長許勝雄倒是一語道破兩者的關係：「策略決定大方向及『潛在』利潤的高低，執行力則決定實際實現的利潤。」簡單的說，一個好策略如同數字最前面的一，若缺乏執行力，便創造不出一後面的○；反之，缺乏好策略導引的執行力，則形同聚集了一堆○，卻少了最前頭數字一，結局是完全沒有利潤可言。

是故，執行力的重要可見一斑，而組織制度與運作效能，正是執行力展現的關鍵。誠如TPK宸鴻執行長孫大明所指出：「即使技術領先的公司，沒有縝密的組織管理制度，絕對無法規模化成長，進而實現價值創造。」

所謂組織，其目的並不在產生一個組織圖即可，而必須要能根據公司所採行的策略，規畫出能夠實現企業策略活動（strategic activities）的流程，甚至是跨功能與跨單位的協作模式。如果用物理學的概念，將組織裡的每個人、每個小單位都視為一個個的力量（vector），當這些力量匯集至同一個方向時，此時總力量便會是最大的。因此，如何將組織內各部門力量在匯總時發生最少損耗，便是發揮組織效能的關鍵。

邏輯上，採行特定策略的目的在扭轉現有劣勢，同時開創未來成長機會。因此，策略要奏效，通常需要伴隨組織的改變（不管是循序漸進或一步到位的調整），若沒能調校出「對的組織」，再強的執行力也會變成事倍功半。因此，若無法掌握正確的組織邏輯，絕對沒有能力領導組織改變，屆時決策者施展策略的空間，肯定會受到嚴重限制。

組織設計有其外顯與內隱的層面；外顯層面通常呈現在正式的組織架構中，包括：組織層級、管理幅度、權力分配、分工協調流程等；內隱部分則指組織文化、決策風格、非正式組織運作，乃至組織內潛規則等。

內隱與外顯元素交互影響，更使得組織的設計與運作，常常被視為藝術，而非科學，甚至充滿政治考量。不少企業的人治色彩偏重，其內隱的運作規則，常凌駕於外顯的結構與制度之上，尤其容易出現在高層決策上。

儘管如此，為求發揮組織效能，組織的設計仍必須依循幾個重要「硬道理」。這些重要的規畫邏輯包括：策略校準（alignment）、平衡制約（balance）以及共榮創新（co-creation）三項，或可統稱為組織設計的ＡＢＣ；雖然很基本，卻是許多組織領導人未能充分顧及的。

策略校準：配合策略，快速調整

組織是實踐策略的工具，因此，組織設計必須與策略內涵充分「校準」。如同一輛車子於更換新的輪胎後，一定得經過四輪校準才能上路；企業一旦於策略上進行調整，組織就必須跟著校準，方有機會產生預期的策略效果。

校準可以從組織設計的兩個主要構面去思考。其一為垂直構面（vertical dimension），關係到組織內權力由上而下的配置，意即該集權或分權；權力配置代表調動資源的權限，資源的配置就是策略規畫的重點。

另一項則為水平構面（horizontal dimension），牽涉到不同類型價值活動的分工與協調，亦即該分工或該整合的決定；不同分工方式將決定組織的樣態，也決定了不同的整合模式。

例如：策略上若決定走向提供解決方案（solutions），而非個別產品的銷售，組織上需要考慮整併現有過度分散的產品線或事業單位，或增加跨事業單位的協調流程，甚至需要改成產業或應用領域別的分工。

又如，企業若欲建立區域化策略（regional strategy），區域與總部間的角色定位與職責分工，必須與策略導向重新校準，否則區域組織將難發揮資源整合的功能。當然，組織校準是可以分段調整的，但愈早到位，策略的內部一致性（internal consistency）將愈高。

平衡制約：多元協調控制流程

組織在垂直與水平構面的校準，通常涉及管理上的取捨，加上組織運作是多維概念，而非如組織圖般的二維結構，因此，設計上必須掌握平衡制約原則。

從垂直面來看，決策權力集中於上層，雖可收事權統一、決策一致的好處，但除非高階主管事必躬親，否則層層上報的結果，便犧牲了組織對市場競爭的反應速度。反之，決策權力較為下放的組織，雖可收快速反應、人員激勵與實戰訓練的效果，但組織失控的機會也可能跟著提高。因此，組織常會有「一抓就死、一放就亂」的兩難。

水平式的設計也有類似的兩難取捨。雖然，組織可以依據策略需要，建立客戶別、產品別或市場別的事業單位，以收專業分工的效益；但共用資源（如研發、製造或後勤）的協調，極容易產生優先順序的衝突與管理困難。反之，若讓事業單位各自「麻雀雖小、五臟俱全」般重複投入資源，則不僅營運成本將提高，組織更可能因而失去整合綜效與學習的效益。

面對這些內部取捨，國內企業通常傾向選擇讓前端事業單位分權運作，明確歸屬績效責任範圍，以驅策個別事業體的成長動能。這種逐漸走向「一條鞭」的方式，看似讓跨部門協調與管理變得簡單，但久而久之會讓組織無法發揮內部靜態綜效，更遑論動態學習與整合。如果績效管理制度也跟著陷入「以控制結果為導向」的迷思，將進一步牽制人才的發展與傳承（詳見第三章）。

王品的組織運作充分反映對平衡制約的要求，尤其是集權與分權的平衡。如同戴勝益董事長所指出：「王品是制度集權，但決策過程卻是高度分權。」具體而言，王品在決定走向多品牌發展後，便透過中常會（由各品牌負責人與功能主管組成）集體決議，建立王品憲法與龜毛家族條款，前者明訂企業的關鍵決策指導原則，後者則界定主管的行為自律公約，董事長僅保留五%的重要決策（否決）權。

這些「硬」性規則雖然會規範住組織裡的每個人，但因為少了許多決策的灰色地帶，反而能提高主管與員工之間的信任度，也能降低管理成本。再配上合理即時的分利制度，因而有效建立了兼具合夥創業與規模效率的經營平台。

大聯大做為台灣第一家產業控股公司，也逐漸琢磨出一套跨公司間的平衡制約管理模式，有效地讓大聯大在六年間，透過購併讓規模成長三倍。誠如黃偉祥董事長所言：「控股模式本身就是一種組織設計，前端讓各個併進來的公司自主拚業務，後端則進行營運系統與資源整合。」再透過每月CEO會議，一方面建立策略攸關、跨公司可比較的績效指標，另一方面則運用標竿學習的邏輯，激勵個別公司跟上腳步。此種做法，不僅可兼取分工與整合效益，更可為共榮創新預作準備。

平衡的組織設計在跨國營運上更為重要。知名跨國企業通常很重視跨產品線、跨地域的整合協作效果，期望透過有效的矩陣式運作，於發揮個別分工的專業效能之外，還能讓關鍵資源有效共用。

例如：飛利浦在一九九〇年之前，各國家子公司（national organization）的權力當道，但各行其是的後果是賠上公司整體的競爭力；其後逐步強化產品事業部的全球指揮權，二〇〇二年推動「邁向整合的飛利浦（Transforming into One Philips, TOP）」的變革，近年來更將全球切成十七個區域別的產品與市場協作體系（Business Market Combinations, BMC），以兼取全球整合與當地創新的利益。

總之，組織設計的平衡制約原則，不僅需要平衡不同活動的決策集中度，更需要在取得專業分工效益的前提下，兼顧重要資源整合的綜效，從而提升組織整體的競爭優勢。換句話說，組織並非為了平衡而平衡，而是在透過多元協調控制流程，產生「兼容並蓄」的管理效益。

正因為多元平衡需要額外的管理能量，組織的平衡設計必須以策略（校準）為前提，也就是以支持競爭優勢的產生為基礎，若整合所需的管理成本過高，那便需要選擇較低成本的協調控制工具，甚至修改現有的分工模式，從而找到淨效益較高的組織運作模式。

共榮創新：避免陷入成功慣性

第三個組織設計原則，牽涉到組織內的共榮創新能量。不同於個體戶，組織是具有共同目標的團隊，一方面需要各部門合力完成組織目標，另一方面又希望各部門具有明確的職責範圍（areas of accountability），好讓組織進行有效的績效管理。

然而，團隊合作過程本來就存在不同程度的績效不可分割性（performance inseparability），分工鏈上的各部門很難完全切割個別績效，尤其兩個專業部門間若存在互惠依賴（reciprocal interdependence）的關係時，組織通常需要透過績效衡量的設計，提高部門間合作共榮的誘因，同時，降低各行其是的本位主義行為。

例如：會計師事務所主要的業務組合，包括審計服務、稅務服務與顧問服務，對應客戶需求而言，這三種服務很自然具有提供完整解決方案的商機。然而，實際上跨部門的營運綜效，卻可能因為獨立性考量、專業內涵差異、定價與分利衝突等，而不易實現。資誠會計師事務所前所長、現任資誠教育基金會董事長薛明玲，以專業服務業的經驗指出：「內部的跨部門合作，不能以明文化的獎勵規定去促成，否則組織會花費過多的時間在計算分利，反而弱化了部門間合作的意願。」

反之，建立團隊合作的文化，與部門間多元績效指標的連結，透過受轉介單位的主動回饋，由組織高階領導人，針對具體綜效成果予以額外獎勵，可以有效達成整體業務成長與服務品質的目標。

提供高績效誘因的組織，特別需要注意跨單位共榮發展動機被弱化的問題。以王品為例，過去為了激勵各品牌、各店的創業與合夥精神，每家店每月扣除必要營運成本後的結餘，將三分之一留在店內當分紅獎金的做法，的確激發同仁的事業雄心。但後來發現，愈來愈不容易找到願意去開疆闢土的員工，甚至面臨虧損危機的分店也不易找到人來協助。經過多次檢討，現在當月分紅已有新制度，增加了全體共享的元素，顯著改善跨單位合作的效果。

除了跨部門合作與學習外，組織的持續成長有賴於各事業單位的持續創新，但不似自負盈虧的獨立企業般，成型組織的事業單位創新或內部興業精神（entrepreneurship）通常相對薄弱；尤其愈是成功的事業單位，愈容易持盈保泰，怯於冒險創新。加上，過去成功的組織，必然存在著無形的認知與行為慣性，使得改變現狀變成異常困難，無法達成創新或轉型的期待。

因此，設計組織時必須思考，如何讓組織具備自我更新（self renewal）的機能，協助企業避免陷入成功的慣性而無法改變。從垂直面來看，CEO可採取由上而下的力量，直接領導新事業發展，或強力影響既有事業單位對新事業發展的力度。從水平面來看，CEO可以建構跨單位創新發展專案，或建立全公司的創新發展流程，再輔以適當的績效管理措施，強化整體創新的效果。

綜合言之，如何在策略校準與平衡制約的組織結構下，同時激發共榮合作與創新成長的能量，是組織設計所肩負的深度挑戰。

組織文化與價值觀，形成信任基礎

除了結構設計外，組織運作的樣貌必然反映企業的價值觀或文化；如果結構是組織的骨架，流程與常規是組織的肌肉與神經傳導，那麼價值觀與文化應該就是組織的大腦與靈魂。

文化泛指一群人共同支持的生活與行為方式，而價值觀則是行為裡層的基本信仰，是組織裡指導個體在沒有明文規定的事情上決策的依據。由於文化是共同的生活與行為模式，當然也就成為組織選才與留才的自我選擇（self selection）機制。經過自我選擇，文化與價值觀成為組織內上與下之間的信任基礎，有了這個無形的基礎，才會有效產生合作與發展，而這正是建構組織效能最重要的元素。

例如，和信治癌中心醫院院長黃達夫便堅信，即使在有限的健保給付條件下，只要有對的人與組織，還是可以提供優質的醫療服務。因此，醫院管理上側重預防措施與正確診斷，配置足夠的醫療人力，以醫療品質為績效衡量指標，從而提高醫療資源週轉率，促使營收增加、產生合理利潤。更重要的是，「只要選對有一樣價值觀的人才，遊戲規則訂得合理，提供發展和自我成長的空間，即使給的金錢誘因並非市場最高，也能吸引一流人才。」

醫療服務業之外，全球電源供應設備領導大廠——台達電子創辦人鄭崇華也提出類似看法：「當公司有好的工作環境，大家彼此信任，才是決定員工表現的要件，所以，企業要將員工的強處用到對的地方。」同時，「金錢絕對不是吸引人才的萬靈丹，在夠好的薪資下，吸引高階人才的重點在於公司文化、舞台和CEO的理念。」

文化與價值觀既是匯聚人才的關鍵，有效地將文化與價值觀落實於組織流程與常規，便成為形塑組織特色的方法。這些獨特的組織運作邏輯若能與策略有效校準，甚至可轉化成獨特競爭優勢的來源。

例如，法藍瓷創辦人陳立恆崇尚儒家「以人為本」的價值觀，以「天地人、真善美」為設計創意的理念，組織上則建構所謂的「圓形管理」模式，強調靈活與彈性。同仁間沒有明確的階級區分，名片上也沒有正式職稱，同仁因公司需求或個人職涯需求而轉換職務時，便相對容易。

此外，法藍瓷的決策所採用的是如圓桌會議的概念，跨部門及各級成員聚集一起，平等表達意見，共同解決議題。在鼓勵創意與責任感的同時，法藍瓷也運用市場夥伴的反饋力量，來協同決定創意方向與產品的選擇，使得創意有效轉換成商業價值。

再如，王品的文化強調「一家人主義」精神，在營運紀律與共創分利之外，更從這個精神發展出許多平衡（熱情）工作與（學習）生活的例規，例如：鼓勵同仁完成三百個社會學分，包括日行萬步、每月讀一書、完成王品鐵人三項、一年嘗百店、一生爬百岳、一生遊百國等學分，讓同仁在完成這些學分的過程中，建立團隊感情，從而改變生活內涵，同時，逐漸提升同仁視野與學習創新能力。王品的戴董事長認為：「王品的文化係融合了儒家（以仁為本）、道家（無為而治）、法家（平等務實）的精神而成。」

導入市場競爭，優化組織資源

組織經濟理論告訴我們，組織與市場是兩種迥異的價值活動運作機制，其所使用的協調機制與激勵誘因，本質上即有差異。組織不僅使用標準化來協調控制流程，也運用組織文化中的理念、原則、共識、互信等社會化機制，進行演化調適，其合作共榮本質應大於自利競爭。反觀，市場則是藉由價格機能與自利心來導引供需行為與資源配置，其中個體的積極性與責任心，遠比合作行為來得強烈。

隨著科技進步與競爭加劇，有競爭力的企業無不希望兼得組織的合作發展性與市場的興業積極性，亦即朝向所謂的「雙元組織（ambidexterous organization）」發展。具體而言，企業可以思考在共同目標下，適量導入市場競爭機制，以優化組織內關鍵資源的配置。例如：企業的技術研發資源可以多元配置（總部、事業單位、功能單位，甚至區域），再定期透過內部篩選機制，聚焦於最有機會產生結果的專案；組織績效評估應該以產業競爭水平為標竿；甚至可以考慮將部分價值活動放到組織外，以市場機制運作。

此外，隨著技術與商務的複雜度與日俱增，組織的複雜度與挑戰性，常常超過經營者的認知，尤其在面對多事業組織的設計與運作時，建構企業總部的組織條件，需要有利於各事業單位發展，從而提高企業的整體競爭力。對大多數國內企業而言，以分權的事業單位為經營架構時，企業總部的角色，多半定位在行政服務與財務控制上，對於導引策略發展、創造組織綜效、驅動創新成長等關鍵使命，常因受限於事業單位的本位立場影響而成效不彰，以致企業總部的價值無從發展，企業也因而失去從「對的組織」中產生經濟效益的機會。

不論是發揮雙元組織效益，或是建構企業總部的價值，在在都考驗著企業的動態能力（dynamic capabilities），而非單純的組織結構設計能力，這一點絕對是現代企業經營者所不可或缺的能力要件。

誠如台灣杜邦公司總裁陳錫安於討論科學化管理精神時指出：「標準作業流程絕不能代表科學化管理的精神，……好的科學化管理應該同時達成組織運作的效率與彈性，」而經營者的責任在「建立這個（具有基本規則的）舞台，讓演員有盡情發揮的自由，才是符合人性的管理！」

TPK宸鴻執行長孫大明的見解，更一語點出CEO建構組織能力的重要性：「CEO的天職就是要讓『廟』比『菩薩』大，……公司要建立制度、舞台，讓A級人才離開公司的制度就無法達到A級的績效。」的確，在動態變化的環境下，企業整合、延伸，與創新既有資源的動態能力，才是支持企業產生競爭優勢、實現價值創造的王道。

註：本章部分內容摘自《哈佛商業評論》繁體中文版「對的組織勝過好的策略」，李吉仁著，二〇一一年八月。

本章精華

★組織設計的ABC包括：策略校準（Alignment）、平衡制約（Balance）以及共榮創新（Co-creation）三項，其內涵如下：

A、策略校準：企業一旦調整策略，組織就必須跟著校準，才有機會產生預期的策略效果。這當中有兩個思考重點——該集權或分權、該分工或整合。

B、平衡制約：組織要平衡不同活動的決策集中度，更需要在取得專業分工效益的前提下，兼顧重要資源整合的綜效，從而提升整體競爭優勢。

C、共榮創新：團隊合作存在不同程度的績效不可分割性，兩個部門間若存在互惠依賴關係時，組織通常需要調整績效衡量設計，提高合作共榮的誘因，降低各行其是的本位主義行為。尤其提供高績效誘因的組織，特別需要注意跨單位共榮發展動機被弱化的問題。

★設計組織時要思考，如何讓組織能夠有自我更新的機能，協助企業避免陷入成功的慣性，可以從垂直面與水平面，兩個面向來切入：

一、垂直面：CEO可採取由上而下的力量，直接領導新事業發展，或強力影響既有事業單位對新事業發展的力度。

二、水平面：CEO可以建構跨單位創新發展專案，或建立全公司的創新發展流程，輔以適當的績效管理措施，強化整體創新效果。

★ 結構是組織的骨架，流程與例規是組織的肌肉與神經傳導，價值觀與文化則是組織的大腦與靈魂。文化是共同的生活與行為模式，當然也就成為組織選才與留才的自我選擇機制。

★ 有競爭力的企業，都會希望兼得組織合作發展性與市場興業積極性，朝向「雙元組織」發展。意即，企業可以思考在共同目標下，適量導入市場競爭機制，以優化組織關鍵資源的配置。

策略名師 **湯明哲**

激勵要用**熱情**還是**金錢**？

從中小企業變身國際企業，
台達電創辦人鄭崇華在三十多年間，
悟出養才如養魚的激勵人心之道，
不斷吸引一流將才在此發揮。

湯明哲：ＩＢＭ前總裁葛斯納（Louis V. Gerstner）認為高階經理人要對工作有熱情，才會發揮超過一百分的努力，但也有另一派管理理論認為，工作熱情會隨時間消退，長久的激勵還是要靠最簡單的手段——金錢。尤其是美國，人才的流動明顯受到薪酬與股票分紅的影響。您認為要獎勵人才，金錢比較重要？還是熱情？

台達電創辦人鄭崇華（以下簡稱鄭）：我是覺得，答案因人而異。每個人期望不同。比如說，一個工程師如果認為他的專長可以發揮，他就不會太在意金錢；也有一些人，他追求很高的薪資。

對談CEO **鄭崇華**

經歷：亞洲航空航太儀器工程師、美商精密電子生產及品管部門主管
現職：台達電創辦人

純粹以金錢來吸引人，他勉強看在錢的面子上願意來，第一，你付的代價特別高，可是一旦公司營運差了一點，或是他有了更好的薪資，他就會走掉。

熱忱，有時候是來自公司有好的環境，還有同事的期望是一致的，也就是大家對「好環境」有一樣的看法，對企業來說，就是要把一個人的強處用到對的地方。我是覺得要給人家合理的待遇，不能說他熱忱很高，不會跑，你就吃定他，沒有必要這樣做。

建立互信，經營永久關係

湯：問題在於，每個人都想「我可以拿得更多！」他所認為的合理，往往比企業認為合理的高很多！

鄭：這要彼此去溝通期望，尤其中國人有時會不好當面講。但人與人，互信是很重要的。如果下一層向我直接報告的主管，或更下一層，他們都覺得「我對這個公司有信心」，公司需要他、被尊重，一層一層下去，由他們所帶的主管就建立跟公司一種「永久的關係」。

湯：您的意思是，金錢只是基本條件，一個好的工作環境，大家彼此信任，才是決定員工表現的要件？

鄭：是的。尤其企業如果真正想要在技術上扎根，必須做到這一點。

湯：但如果有員工沒有熱情，主管沒有辦法，只好用金錢來激發他的熱情呢？

鄭：當然我這樣講比較理想一點，但讓員工覺得你跟他理念一樣，你會欣賞他，會尊重他，他就會拚命、很高興做出成績來。

湯：可是這種熱情可以持久嗎？現在企業高階主管都很辛苦，幾乎離家棄子的工作，十年、二十年，任何事都會倦怠，熱情還能持續？

鄭：你講的也對。有時要給他一個新目標；另外，有時可能要從外部去找有能力完成新目標的人。

可是你把外部人才請進來，有時未必有好效果，因為企業文化不同。這時，我通常會讓既有的主管去面試他，如果是他自己面試來，他接受了，那是他找來的，不是鄭先生找的，他心態會不同。原來的人，如何願意去幫助新人，這是我們在努力的一件事。

如何動用公司資源，讓新人與舊人產生很好的變化，不要說新的一批人來，舊的就跑掉。

用公司理念吸引人才投效

湯：當每個人都是強將，不可能為每個人都畫一個大空間去發揮，這些人升到高位後，就會想要去別的地方找更大的舞台，這時候怎麼辦？

鄭：我是覺得我們找的一些新主管，他們會願意到我們公司，主要還是公司的文化沒有politics（內部鬥爭），你來，沒有人去挖牆腳，甚至會幫他的忙，他們就會覺得自在。

像是我們泰國的主管，他是惠普來的，有其他人也是外商來的。我問，「你為什麼願意來？」他們說，你們沒有politics；另外還有一點，是他在原公司已經從技術變成做行政，真正能發展的是他的副手，在升遷上，這些外部人才會覺得他來應該可以更好。

湯：台達電有很多外商來的戰將；您吸引現任董事長海英俊也是用同樣的誘因？

鄭：我想他應該不在意我講出來。一九九〇年代末期他是在奇異資融（GE Capital），他管的部門比台達電還大得多，掌管的金額也大得多，在全球成績表現很好。

當年新台幣的匯率變動很大，我在這方面沒有經驗，擔心把公司搞砸了，就找朋友問，有誰對這個問題比較有研究？於是他們給我介紹海先生。因此，不只一次，好多次，只要他不排斥，我就一直找他談。但是他來台達電，不是我找他，是他要到台達電來。

反而我說，「我們這個小池子，容不下大魚，你現在做任何一個案子，都比台達電的營收高，台達電的薪資也許跟你現在的薪資沒辦法比，可能你會失望。」海先生說，這些他都不在意；他說，在外商，當你年輕做得好，什麼都對你很好，但是等你年齡到了，就把你踢掉，我認同你的理念，我就希望到這樣一家公司，幫你把事情做起來。

事實上就是很驚喜。海先生一來，解決掉很多問題，我就想，「他假如不來，我的日子怎麼過？」也有人說，鄭先生常常對新主管很器重，講很多好話，這也是我的一個策略。

激勵外籍經理人不只靠薪酬

湯：現在台達電是世界級的企業，經營團隊未來會愈來愈國際化。對外籍經理人來說，他們看的可能就是報酬？

鄭：不盡然。像我們的泰國分公司，已經是聯合國了。當年我為什麼離開美商（TWC）？我就覺得他們是看短期，它的經理人常常拿的是三年、五年的合約，快到期的時候就派一個新的。我常常看得都寒心。

但這些找來的人是「只採果子、不種樹的」，因為他來，五年就要寫五年計畫，三年要寫三年計畫，每個月多少營收、多少利潤，因此每位總經理來，總是上任後就把公司的資源全力發揮，但卻不做研發，完全不為未來著想。他想的是，三年、五年後，我不是在這家公司。但繼任的人來，資源被他挖光了，後續又沒有新產品，經營會很困難。身為員工，會希望自己很努力，很認真，隨著公司前途成長，但這種情況根本沒有前途可言。

我們找人才，薪酬是根據台灣的競爭性，但企業前途是跟杜邦（DuPont）、3M這些永續經營的企業比較。我寧可公司不要現在很紅，像放煙火一樣上上下下，我們盡量把環境弄好。

當然，我們也要注意人家薪資給多少，但我覺得不要只用金錢去引誘人家。我也不知對不對，就像我在家養魚，假使你不把水弄得很乾淨，環境不好，魚就會生病。

我們有個年輕主管，Robert（羅天賜）去投標高雄運動場，拿到了，給我一個大驚喜（編按：指高雄二〇一〇年舉辦世界運動會，台達電拿下全球最大太陽能屋頂工程）。我們之前從未做過工程。我就問他，「你真有把握做到嗎？」他說，「我會很努力的。」結果，這件事真的對公司帶來很好的商譽。我就跟海先生說，除了考評要給他（很好），我就一下子把他拉上來（破格拔擢為事業部主管）。

每個人都說企業永存，那不是那麼容易的事。你得看遠一點，在對的時候做對的事，你就可以賺錢。我們看杜邦，兩百年的歷史，過去做火藥，後來弄化工，它把範圍弄大，讓公司有利潤、永存下來。

台達電靠企業文化磁吸人才

鄭崇華認為，形塑可以不斷學習成長、發揮專長的職場環境，比金錢更能留住好人才

<table>
<tr><th>在職訓練</th><th colspan="2">職外訓練</th></tr>
<tr><td rowspan="5">部門訓練、工作輪調、任務指派</td><td>1.一般員工
通識職能訓練
・新進人員訓練
－新人訓練
－勞工安全相關規範
・個別發展計畫（IDP）</td><td>2.管理階層
管理職能訓練
基層／中階、資深、高階、經營者
－管理才能培訓體系
－內部講師培訓
－關鍵人才培育計畫</td></tr>
<tr><td>3.主題、專案、活動
－春秋論壇
－個案研討
－標竿學習
－外部訓練管理</td><td>4.專業別訓練
－銷售管理　－財務管理
－品質管理　－人力資源管理
－生產管理　－作業流程
－研發管理</td></tr>
<tr><td colspan="2">自我發展訓練</td></tr>
<tr><td colspan="2">數位學習平台技術與公共分享討論區</td></tr>
<tr><td colspan="2">綠色人力資源</td></tr>
</table>

資料來源：台達電網站

策略和執行哪個決定成敗？

二十多年前，帶領仁寶走出一把火燒光的困境，
到二〇〇九年，躍登全球筆電代工一哥，
金仁寶集團董事長許勝雄，
分享他在關鍵時刻的關鍵決策經驗。

湯明哲：企業的成功要靠策略和執行，管理學對於策略與執行力的爭辯在於何者為重？以往認為，只要採取對的策略，執行不佳也是雖不中，亦不遠矣，無損策略的利益；但如果策略不對、而執行力太強，結果會適得其反，因此策略重於執行。近年來，大家則認為策略的差異不大，企業的競爭還是繫於執行力的強弱。您的看法呢？

金仁寶集團董事長許勝雄（以下簡稱許）：所有的電子產品生命週期都很短，價格又每一天都在下跌，那如果你的存貨管理有問題，那根本不用談競爭力。

仁寶二〇〇九年的營收是新台幣六千二百六十二億元，表示一個月的營收大概是五百億元左右。那如果你管理很好，十五天的存貨，那是二百五十億元的存貨；但管理不好的話，如果是六十天好了，那是一千億元的存貨。假設利息三％，那你一年的利息差額是多少？是二十億元的利息差額。

策略名師 湯明哲

第二個，你看很多企業，財務報表到年底時，突然間非營運收支跟成本就拉大了。因成品價格跌價速度很快，所以你愈慢去採購的時候，那麼你年底的存貨會被報廢或早期較高價之零件採購成本的機會就拉小，進而提升了更好的競爭力。

在代工業，執行力當然很重要，但是如果你要問我，到底是策略比較重要？還是執行力重要？那我回答你的方式可能就變成不一樣。

執行力是決定什麼？執行力是決定成敗的一個結果；但是策略是什麼？是決定你成敗的關鍵因素。如果我們在一九七六年時沒有從Green Tube（上一代的電子計算機顯示屏主流技術）轉到LCD，可能就沒有今天的金仁寶集團。

執行力越好邊際利潤越高

湯：策略決定成敗，執行力決定邊際利潤。如果執行力好，會不會多賺一點？

許：執行力愈好的人，你的邊際利潤就會愈高。我常常告訴同仁要創造利潤，不創造利潤就是一種罪過，因為你浪費了資源。

對談CEO **許勝雄**

經歷：金寶電子創辦人
現職：金仁寶集團董事長

為什麼創造利潤那麼重要？第一，你要有四分之一去繳稅，稅二五％嘛；二五％你要給員工；四分之一你要做什麼？拿去給你的股東，股東才願意繼續支持你，對不對？所以你要配股、配息等等；接著四分之一做什麼？做你企業永續發展的資源。怎麼樣透過組織運作，產生效益，這就牽涉到執行力。

好，我們就談回來說，那到底是策略重要？還是執行力比較重要？

策略就好像舌頭，執行力就像牙齒。我們吃東西，把食物放到嘴巴裡，你的舌頭決定要放到前面咬它，還是要放到後面去嚼它。嘴巴塞滿了食物以後，你還是用舌頭去決定它推到哪一邊去，對不對？所以，到底舌頭重要，還是牙齒重要？策略跟執行力這兩者，其實不能夠去說誰不重要。

策略正確不保證一定成功

你注意看，金仁寶所有的關係企業，絕對是分散客戶群。第一大客戶頂多占二五％到三三％之間。其他的就一〇％、一五％等等分散。因為這樣子，客戶成長的時候就帶動我們成長，客戶有風險的時候，才不會把我們陷入在風險的範疇裡。

我們也有策略對了，但執行力有問題的例子——數位相機，我們比普立爾（數位相機製造商）更早，但是後來，這個產品並沒有成功。如果我們成功，搞不好沒有普立爾。搞不好鴻海的合併，就沒有普立爾這麼一個案子。那個產品沒有成功，是執行力有問題。因為設計出來的東西，品質的信賴度有問題。

再舉個例子，仁寶曾經發生火災（編按：一九八七年仁寶大火，改寫電子代工業版圖）。當時發生火災那一剎那，我們的決策是什麼？我們到底要不要繼續？曾經有董事告訴我說，火災了，全部燒光了，你不要做了嘛，為什麼還要去做這個？

我說今天很簡單，如果我是因為我們的經營能力有問題，我就認了、就投降，不然的話，我就要跟麥克阿瑟（Douglas MacArthur，美國名將）一樣，我從哪裡撤退，就從哪裡站起來。多虧那時有姚四川總經理跳出來，很快在兩星期內就開工生產。當時如果我們政策覺得說，我們就不要了，現在就沒有仁寶這個集團，也就沒有什麼所謂的電子一哥。

談到當時對產品策略的選擇，當時有兩個主產品，一個是終端機，一個是電腦螢幕，前者利潤雖然比較好，但零組件有一千多顆，不利於快速復工，災後我們的策略如果出錯，我們若還好高騖遠，還去做一些比較好利潤的終端機，而不做能快速復工，進而建立內、外信心及儘速提升營業收入的電腦螢幕，那可能我們會很辛苦，可能會無力站起來。事後證明我們當時的決策是對的。我們並沒有因火災亂了手腳，我們做了一個對的決策。

執行成敗關鍵在於找對人

湯：所以你看這兩個案子，一個是數位相機，一個是電腦螢幕，有執行力把它做起來了。可是數位相機、組織執行力，為什麼不能夠轉移，是人的關係，還是制度的關係？

許：我覺得是人的關係。電腦螢幕有姚四川。

湯：人移不了？

許：你每一件事情都要人去做，這個人在執行的時候，他可能面臨技術上或經驗上的瓶頸，當時你沒有辦法找到更適當的人來補位，可能就會讓這件事情產生不好的結果。那好，我們看數位相機。它不是只有電子，不是只有機械，還有光學，它有一大堆技術及品質的問題須去面對與解決，真的不容易。

不騙你，現在雖然講得好像很輕鬆，我到現在還很懊惱這件事。我們當時負責這個數位相機的這個人，天天都被我罵臭頭。數位相機那個事業部的主管，是我們calculator（計算機）的一個副主管。他也曾經成功過，所以當我們開始要有新事業部的時候，我們所謂的人才移植，就找一個人過去。

你認為他在產品的設計、規畫能力應該沒有問題，所以你把他派去。結果，他去了以後，他面臨的問題沒有辦法解決，我們又沒有辦法從技術面來幫他的忙，因為對我們來講是一個全新的東西。

他在能量部分，我們事後看他是不足。但在那個時候，我們總認為他應該可以解決，但是一拖，那個 timing（時機）過了以後，就算處理了、解決了，但是別人的營運跟競爭能力、互動的能力，跟客戶的關係比你更好了，你就很難去再把那個市場拿回來。

我常常告訴同仁，你做得比別人好，你就把別人合併，別人做的績效比你好，你就讓別人去經營，所以你會看到我們有併別人的，也有被別人併走的。對不對？如果真的不行，該壯士斷腕的就要壯士斷腕。

所以，其實執行力跟策略，我一直覺得應該同等重要，不過它每一個運作過程、運作的先後，是不一樣的，是有所分別的。

金仁寶科技王國布局

公司名稱	主要業務	研發新商機
金寶	電子計算機、STB代工	LED室內照明
仁寶	筆電、LCD TV代工	LCD TV、車用電子
泰金寶	硬碟、STB代工	硬碟組裝
華寶	手機代工	智慧型手機、機器人
威寶	電信服務	高階行動網路
康舒	電源供應器	LED戶外照明

資料來源：金仁寶網站、財報

集權管理也能民主嗎？

一九九三年王品集團從台中第一家店開始茁壯，迄今已有十四個品牌、逾四百家店，改寫台灣本土餐飲業紀錄，董事長戴勝益走的是集權、分權之外，分權式集權的第三條路。

湯明哲：當產品線和服務漸趨多元化，公司經常面臨的重大決策，是採取中央集權政策好，還是地方分權為佳？

中央集權好處是決策集中，有共同制度和標準作業程序（SOP）。例如台塑集團的總管理處，採購、營建、人事、存貨控制均由中央處理，公司有紀律、效率高；缺點是無法立即反應市場變化，日子一久，紀律變成僵硬的官僚文化，下情無法上達，事事靠上面指示，對於產品多元或環境多變的情境難有創新，反而斲傷企業的創新能力，就應考慮採分權做法。

王品集團是台灣最成功的餐飲集團，迄今全球有十四個餐飲品牌，是用集權還是分權式的管理？

策略名師 湯明哲

各品牌主管互動避免私心

王品集團董事長戴勝益（以下簡稱戴）：王品集團每週五有「中常會」，由各品牌總經理和高階主管組成，所有關於創新品牌以及各品牌重大決策，都在「中常會」進行討論後無記名投票，為讓決策更客觀，這是集權；但是王品集團也分利，把獲利的三分之一與同仁分享，另外三分之一投入展店計畫，最後的三分之一則是分配給股東。

湯：沒有店長會來跟你談，我對這家店的貢獻特別大，應該分更多持股？

戴：有，我建議他自己創業，這樣就可以擁有一〇〇%的股權。在王品，收禮超過一百元就得開除，這個道德天條是沒有討論空間的，股份分配原則也是。因為我自己以身作則，持股除了從五〇%釋出到二五%之外，二五%裡面的八成，我決定捐給基金會，一萬二千張王品股票，我捐一萬張出去，留一千張，兩小孩各給五百張。

湯：時間拉長來看，現在的王品員工早晚退休，股票這一代分完，下一代員工你怎麼辦？

對談CEO **戴勝益**

經歷：三勝製帽副總經理
現職：王品集團董事長

戴：所以我除了股票以外，還要有績效的激勵，保有利潤中心制，每家店賺的錢三分之一，次月二十五日連工讀生在內，依薪資比例分掉，我們沒有因此變成大鍋飯，大家這個月努力，下個月就看到成果。

湯：你的意思是，分權是建立在分利，才會成功。

戴：對。

湯：你各品牌的總經理怎麼產生？

戴：一半一半，外面禮聘一半，內升一半，這樣企業文化才能融合；如果都是外面延攬，內部的人就覺得沒有希望。因此，就算內部的人還不夠格接大位，也要硬把他拉上來。

執行KPI，也要人性管理

湯：但聽起來，你的管理制度還是集權模式？

戴：我有一個集權做法，也一定要有一個分權的做法。為什麼？因為我不能只靠效率化管理把產品做好，我是管人的服務業，如果不能讓員工有安全感，他對客人的笑容就不真，這是我比較困難的。

舉例來說，連我如果拿油票到公司報帳，一百塊就開除，是集權面。分權的一面是，如果客人皺眉頭，覺得今天這塊牛排不好，工讀生就可以幫客人換，一秒鐘就是一千元損耗。

湯：你如何劃分權限，例如牛排醬灑到客人身上，你如何讓不同期待的客人都滿意？

戴：集團的品牌管理部訂有最低標準的ＳＯＰ，幫客人把衣服送洗再親自送到他家，其餘的由現場人員決定，例如這餐免費招待或買禮物到客人家中，成本由該店吸收。因為，門市最擔心客訴，對他們來說，客訴有如青天霹靂，每一通客訴電話都直接影響該店每個人的關鍵績效指標，王品有超過一百個關鍵績效指標，主廚也有，每個月公布排名，每個人都很清楚怎樣會上天堂或下地獄，不用靠我對員工兇。

湯：數字化是非人性管理，你另一面強調一家人，如果最終還是看數字，何必講人性？

戴：如果只講數字，會像秦始皇沒有人性，員工沒有安全感，靠數字這套，公司才能生存下去，也是大家討論出來的。在王品，要處分一個同仁要有四部曲：上司寫簽呈送辦，然後被處分的人寫自白，陳述自己的行為。接下來，被處分的人要赴「中常會」報告，最後再無記名投票。

我的關鍵績效指標則是所有主廚與店長對我的滿意度。我第一次做董事長滿意度調查時，讓他們無記名投票，滿意度幾分當場算出來，投完票計票前我當場宣布，如果平均分數七十分以下馬上打包走人，還好打出來八十六．五一分。有幾個董事長敢這樣被打分數？

你問我，既然看關鍵績效指標何必又要講人性？別人管理是用小小的胡蘿蔔和小小的棍子，我用很大的胡蘿蔔和大大的棍子，王品裡也有人拿千萬年薪，但那根棍子我從來不拿出來嚇他們，因為有關鍵績效指標。

湯：如果預知中常會的結果會不如你意，又不在你五％否決權的範圍，你會如何處理？

戴：溫柔的堅持。

王品獲利超吸睛

（單位：台幣億元）

時間	營收	稅後淨利	EPS（元）
2008年	37.67	2.62	5.52
2009年	42.38	2.66	5.60
2010年	57.53	6.34	11.08
2011年	76.99	7.73	12.71
2012年	123.06	12.07	15.69

說明：2012年，王品集團榮獲《Cheers》「新世代最嚮往企業」第1名，王品不但員工入股分紅，連工讀生都可以領紅利，激勵士氣衝高業績。

資料來源：公開資訊觀測站

策略名師 **湯明哲**

企業經營非得**制度化**嗎？

花旗環球台灣區前董事長杜英宗（現任南山人壽副董事長），過去曾擔任過會計師、財務長等職位，透過購併案，見證過許多國內外知名企業成敗。他相信，法治才是企業永續發展的不二法門。

湯明哲：企業能永續經營的條件在於文化和制度的傳承，因此，已開發國家如歐美日成功的百年企業，均是將公司文化加以制度化，建立管理典章，培養以價值、文化無形的管理加上管理制度的有形管理，將人治的色彩降到最低，才能成就百年企業，不因領導人的更迭而無法傳承。

但在中華文化下，人治是主流，法治是末流，因此，企業經營也是人治，企業的成敗也通常和創辦者個人的領導風格和個人魅力有關，就算建立制度，在人治為本的經營哲學下，也常有例外。

對談CEO **杜英宗**

經歷：美國高盛副總裁、駐台代表、花旗環球台灣區董事長
現職：南山人壽副董事長

而且，國內企業都處在變化極大、無法預測的環境，任何制度都無法長期適用，再加上企業成長率高，制度趕不上計畫，計畫趕不上變化，變化又趕不上客戶的一通電話，因此為了保持應變彈性，還是以人治為最佳，您認為如何？

花旗環球台灣區前董事長杜英宗（以下簡稱杜）：台灣所有的企業都有一個強人，但是這個強人能強多久？這個強人有沒有接班人？

台灣企業有一個環境，變成大家是為強人做事，不是為企業做事，他們真正royalty（忠誠）的是這個領袖。企業如果不能體制化，我相信，這個強人走了之後，企業會出一些問題，也許不會馬上不見，但慢慢的就凋萎了。

湯：有什麼例子？

杜：王安電腦。那時候我們都在美國，王安多厲害，但是，王安就是中國人，他就想要把事業留給兒子。當時它裡面有最好的人，思科（Cisco）現任執行長錢伯斯（John Chambers），他不留給錢伯斯。所以很可惜（王安電腦於一九五一年創立、曾是全世界最大的華商，王安於一九九〇年去世後，就宣布倒閉）。

強人企業更須制衡力量

台灣企業如果真要跟歐美企業競爭，企業的制度化很重要。要怎麼制度化？第一個問題就是，因為我們的強人，絕大部分都是創辦人，那他就有點「家天下」的觀念，企業都是他的。這種強人企業大部分沒有制衡的作用。「制度」就是各司其職嘛，有制衡的作用、有董事會來發揮它的功能、控制執行長，財務長跟執行長也有一些制衡的功能。我們有全球的企業，但是，我們沒有全球放諸久遠的體制。

湯：但還是有很多企業宣稱他們的體制很不錯？

杜：什麼叫體制？體制就是像惠普，它的董事會可以為了兩萬美元的費用申請不當，就把執行長趕走，台灣哪個企業做得到？

譬如王品集團，每年由高階主管匿名給總經理打分數，平均低於七十分，總經理就下台，這也是公司治理的制度，施振榮的交班也很漂亮。

湯：除了董事會之外，成功的體制化還需要哪些要素？

杜：一個企業裡，財務長跟執行長其實也有制衡的作用，因為財務長是管錢，管所有財務的。我們的問題是，財務長是一個 watch dog（看門犬），這個看門犬是執行長找來的，你不聽話，我就把你換掉。

但是美國的話，財務長雖然是執行長找來的，但他可以私下跟董事會要求開會報告，董事會會問他公司的經營狀況，是否有什麼需要注意的事，然後董事會有審計委員會、有各種委員會來監督執行長。

「家天下」對不起股東

湯：可是我問過國內的CEO，他說，我真的很想做制度化，可是我的成長這麼快，我怎麼制度化？然後又說，制度要有彈性，彈性在我腦袋瓜裡去拿捏，就我來拿捏這個彈性？

杜：他要管底下的人時就講，要有制度；但自己常破壞這個制度……。

湯：對對，就他可以破壞制度，因為他是老闆。

杜：這個就是「朕即天下」、「家天下」。

湯：這有什麼不對？

杜：這不對！對不起股東。

湯：但我的決策要很快啊……。

杜：在美國也有很多緊急的事情，幾個巨頭坐下來討論，決定就馬上做，不是他一個人做。台灣的問題就因為他是大老闆，但他做錯了決策，卻不負責任，台灣企業的CEO很少會因為經營不善、做錯決策，因而辭職或被董事會撤換，半導體業就有很多這種例子，還有公司不賺錢，大老闆賺大錢的例子，所以這個彈性求的只是一時的安逸，一時的便利而已。

但長期來講，你這個企業做不大，做不長久，「家天下」沒有辦法找到最好的菁英來跟你做事。

湯：難道人治都沒有好處嗎？

杜：我坦白講，對企業主有好處，對其他人都沒有好處。那個強人在的話，你會假設他是為股東著想，會大公無私。如果這個強人不是大公無私，他是有私心的，那就尾大不掉了。

湯：所以人治跟法治，你是堅決支持法治的？

杜：當然。美國證管會最近通過有三%股權的股東，就可以提名董事人選就是一例，台灣政府應該多努力。

王安電腦因人治走向衰亡

保守的家族觀念、落後的內部管理、錯估PC發展前景，讓王安由盛而衰。

1951 年	在波士頓創辦王安實驗室，由一桌、一椅、一部電話、一個產品、一位推銷員做起
1955年	更名王安電腦有限公司
1964年	推出桌上型電腦
1967年	股票上市
1976年	推出世界上第一台具有編輯、檢索等功能的電子文字處理機
1978年	成為世界最大的文字處理機生產商
1980年	王安電腦達到頂峰，王安成為美籍華人首富，全球排名第5
1984年	年營收21億美元，獲利2.1億美元
1985年	不與IBM的PC機相容，失誤戰略致命，被市場孤立
1986年	長子王列擔任總裁；員工超過3萬人，營業額高達30億美元
1989年	公司年虧損4.24億美元，撤銷王列總裁職務，由米勒接任
1990年	王安逝世；年虧損7.16億美元
1992年	王安公司宣布破產

策略名師 李吉仁

跨部門綜效該**明文獎勵**嗎？

內部客戶轉介，是專業服務組織創造綜效的重要方法。
但如何在制度設計上，獎勵此一做法，
又能兼顧跨部門合作，不導致內部零和競爭，
在會計界經歷逾二十年的薛明玲解答此一難題！

李吉仁：對專業服務業（Professional Services）來說，不同類型、業務單位的客戶轉介，是產生經營綜效（synergy）重要來源。但要產生這樣的綜效，需要克服兩項困難。首先，會計師事務所中的審計、稅務、財務顧問等，都有其獨立性的要求；其次，很多專業服務的價值創造，與提供服務的核心人物有關，內部轉介未必與其利益相符，而且客戶未必願意買單。以你多年在會計師事務所的經驗，專業服務組織中跨部門綜效如何管理？

對談CEO **薛明玲**

經歷：資誠會計師事務所執行長、所長
現職：資誠教育基金會董事長

員工轉介業務可獲獎勵

資誠教育基金會董事長、資誠聯合會計師事務所前所長薛明玲（以下簡稱薛）：外界一直誤以為，我們提供給客戶審計服務，其他服務就不能提供，我想這個是太嚴格的解釋。事實上獨立性的規定就是說，查核簽證的會計師，不能夠從轉介業務中獲得報酬。

專業服務最重要的，要有人。人的轉介是一個創造綜效非常重要的方法。所以我們的做法是在每一季，舉辦一個Big Win（資誠獎勵員工的會議）來獎勵轉介的綜效。

我們會定期由「接受別人轉介客戶」的部門，不是「轉介」的部門喔，來提供資料給我或者是轉介部門的主管。這個資料做什麼用途？第一，提供給我參考。第二，由我跟部門的主管，去獎勵那個轉介的同仁。

李：但是你的獎勵，最後會換算獎金給他嗎？

薛：嗯，但獎金不是說三％、五％那種。如果說，你把轉介的酬勞訂得很清楚，那麼大家每天都在算小算盤。

李：所以你希望大家為組織整體價值在做，不是為了個人能夠得到的好處？

薛：對對對！

李：但人總是需要實際的獎勵、刺激。所以你也沒放棄給個人獎勵？

薛：當然！

李：所以綜效的鼓勵不能太明文、或制式化？

薛：其實這個思維，在國內、在國外，我們事務所過去都曾經重複的考慮辯論。例如，我拿到一個一百塊（錢）的案子給李教授你做，有人主張，那就很清楚的規定，當你拿到一百塊（錢）時，我分二〇％，你分八〇％；也有人說，這樣分太主觀，那就double counting（兩邊都入帳）。

李：這是很常見的做法！

薛：可是我們也想過，一個專業服務的機構如果花太多時間在「轉介業務」的計算上，它並不能創造外在的資源進來，反而會讓內部每天在想的都是……。

李：我怎麼樣從轉介上能夠抽成？

薛：對。而且，一個組織的利潤是一定的。如果說我在這邊算得更多、而且也可以拿到更多，那表示什麼？表示別人會拿少的。這中間會造成，不是那麼合作的零和關係！

李：綜效有正的，也有負。如果做得不好，甚至可能影響到原有業務？

薛：這就是我們為什麼決定，不要用很明確的數據計算，原因在哪裡？如果我們用很明確的數據計算，我今天介紹一百塊（錢）的業務給你，那我拿二十塊（錢）。你會怎麼想？你會想說，「我是代工的嘛。因為你收二十塊（錢），客戶如果complain（抱怨），那都是你的責任。」

那你說客戶的抱怨會不會有？一定會有。所以只要有客戶的抱怨，通常我們不要由執行業務的人去解決，而是往上去，是leader（業務領導人）跟leader之間的溝通。例如，審計部門轉介業務給稅務部門，後者自己要建立一個控制系統，當你在轉介給我的時候，其領導人要出面，要非常清楚對方期望是什麼、他對報告deadline（交件期限）的期望是什麼？

合作成果納入部門績效指標

李：你們有把跨部門的合作行為或轉介，納入關鍵績效指標要求嗎？

薛：以我們來說，我們在計算部門績效跟獎酬時，包括三部分：一個是業務的績效，占五〇%，例如，收入、利潤、成長等；第二個就是人才培育，占二五%；第三個是品質的管理，占二五%。

李：透過剛剛所說的控制系統，你們就可以把兩個部門關鍵績效指標的業績執行和品質管理鎖在一起了？

薛：對！

李：所以要把這一類的綜效創造出來，其實在關鍵績效指標的基礎上，就應該能夠反映出來？而不是在於只用金錢報酬來處理它？

薛：當然。那個關鍵績效指標，不只是一個數據性的東西，它還牽涉到品質跟對這個組織文化產品的影響。

李：品質如果比較沒有具體數字可衡量，你們怎麼處理？

薛：其實，我們期末去評量品質，並不是最重要的，而是要創造這樣的環境。所以我說，為什麼要由被轉介的部門，提供資料給我跟轉介部門。例如你轉介這個給我，但你根本不知道你的部門有轉介給我。可是我算得完整、清楚。這樣的話你會感覺，「我轉介給他，是被重視的。」就是說去創造主動轉介客戶的文化。

李：如果轉介部門明明有轉介給別人，但計算的時候卻沒有被算到，怎麼辦？

薛：你問到一個很好的問題。如果我是那種，你轉介給我，我在算出去的時候，都沒有跟人家算，那人家以後就不會再轉介了，對不對？當大家都不會轉介給這個部門，我當所長，就要考慮到這個領導人是不是要調整。

資誠不明定內部客戶轉介利益分配

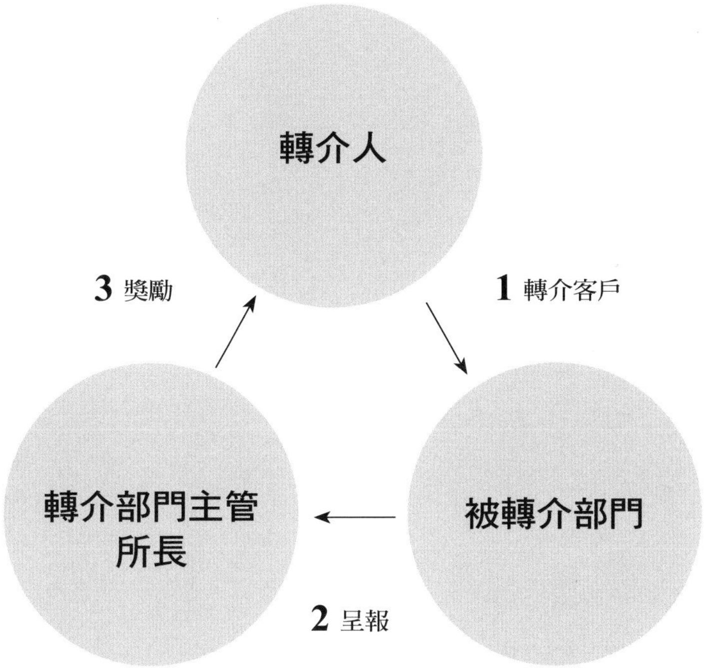

說明：內部客戶轉介應獎勵並納入部門績效，但不宜明文規定獎金比例，否則將弊多於利。

策略名師 李吉仁

購併求綜效
控股式比**吸收式**好？

二〇〇五年起，IC通路服務商大聯大展開購併馬拉松，以產業控股式購併，成為全球前三大業者；相較於吸收式購併，其採用控股式購併，同中求異、異中求同的思維，更能展現綜效。

李吉仁：你所在的產業裡，運用水平整併達成規模優勢，非常重要，而大聯大近年更是順著這個策略達到顯著的成長。可否請問你購併成長的戰略思維？

大聯大控股董事長黃偉祥（以下簡稱黃）：我把整個購併當作是基金組合式的管理，所以在選擇購併對象時，大概是用客戶、產品、地區，甚至無形能力組合的概念去選；我們有自己的購併價值主張，有一張給分表，有固定的人在市場給分，我們很清楚會跟哪些人談。

對談CEO **黃偉祥**

經歷：世平集團創辦人暨董事長
現職：大聯大控股董事長

李：大聯大的購併價值主張中，有取捨標準？

黃：在不同階段取捨標準有所不同。初期營收很重要，第二個，產品組合，我們遺漏了哪些？第三個，我們一直強調營運資金報酬率（ROWC）的重要，這是主要指標。總計大概四到五個面向，不會多到六個，因為你每個都要給分，不是那麼容易。當然，先決條件是公司文化是不是講誠信。如果不合，根本就不必談。

我們為什麼採取控股式的、而非吸收式的購併呢？加入我們聯盟的公司，有的營收才三億、有的已三十億，有的公司成立十五年，有的成立三十年，它們的生命歷程本來就處於不同階段。你可不可以把三十年公司的智慧灌給十五年的公司？就像上中學，你發現X、Y代數好好用，小學的時候怎麼都不會呢？可是，你真的在小學時就教X、Y，他可能不會懂。

控股式有利於被併公司成長

控股可以提供很好的環境，讓被併的公司加速學習。我們每個月有CEO會議，就把所有數字都攤開，我們提供了一個資訊透明的體系，你可以討論，大哥哪裡做得比較好，二哥哪裡比較好，永遠可以看到學習的對象。這些人都是第一代創辦人，他們有榮譽心，公司會相互比較，力量就很大。

在世平（大聯大前身）的階段，有一家子公司是用吸收式的合併，我知道吸收式合併的痛苦，你要讓那些進來公司的新團隊，完全按照你一個二十五歲公司的做法，因為大家一定會有不適應的問題，就有人會離開。但現在我們的整合算是非常好，幾乎沒有人離開。

李：談到這裡，有一個邏輯似乎過不去。不管是談到吸收式購併或控股式購併，都必須進行購後整合。採控股式購併是不是因為重要的位置不會減少，我還是保持你兩個總經理，而如果是吸收式合併，就只剩下一個總經理？如果是，那控股式購併是否較不利於整合？

黃：不管怎麼講，制度都是人在做，是人讓它有差別。大部分的人沒辦法一下子到位，但你是家長，要公平對待每個小孩，明明老大最好，還是要一巴掌打下去說：「怎麼不讓弟弟！」那老大會不會不爽？不爽呀！但老大有天成長到一個階段，他會懂這個道理。

李：看來你是在控股組織裡建立邦聯式管理，有內部市場，卻不全是績效競爭機制。做不好的公司下場是什麼？

黃：我們當初有訂一個規則，如果你沒做好，對不起，我不是把你賣掉，就是把你併到那個做得好的公司去。因為總部沒辦法管。

李：像是個「家規」？

黃：對，這是家規。我們很早就有共識，總部只制定基本政策規範與跨公司政策，個別公司我不管。大聯大成立半年多，就對外宣布價值觀與願景，然後用策略地圖聚焦每個人。我們有個大策略，在策略底下做關鍵績效指標的展開，就像海陸空三軍，不能要海軍去飛，陸軍下水去游泳，因為能力不同。

關鍵就是要同中求異、異中求同。同的部分，我們做資源集中、分享，不同的讓它保持不同。我們的CEO會議、董事會，會去檢視SWOT（強弱危機分析法）。這是一場變革，過程中一直還在購併，而且組織到現在都還在動態調整，沒有停過。

各領導人都要聽「家規」

李：你所謂的吸收式購併，好像就是一個時間內一定要變成一家人；如果是控股式的購併，你可以在一家人之中保持大房、二房、三房，然後各自用不同的方式營運，但還是有個家族的祠堂，某種程度像中國人「家」的概念？

黃：對！對！你不用聽大房管理，但家規還是有的。其實合併最後一段，就是吸收式購併；我講真心話，所有公司裡都有垃圾生意，加入我們就先要擺脫那些東西，所以先做減法是比較容易的。

李：這是內部管理，還有外部管理。客戶知道這五家公司都是大聯大，會要集體議價？

黃：也有，就是總部出去談。

李：控股式購併好處多於這些負面壓力？

黃：對，保持公司原有文化與運作體系，但吸收式合併常是，敝公司就是好的，你們要來參與。所以我們購併後的管理較像老子思想，「高下相傾、前後相隨」；第二，透過好的KPI，資訊透明去管理。像二〇〇五年十一月九日（大聯大）掛牌，營收不到一千兩百億元，但隔年，我們營收一樣，改看營運資金報酬率，利潤明顯增加。

因掌握企業資源規畫（ERP）系統，每天五分鐘，我就對狀況掌握非常清楚，任何成員有私心，一定一巴掌下去，下次就不敢。相反的，如果他闖禍告訴你時，你要趕快買糖給他。

李：這真是家長式領導。但像你做得好的人在哪裡？

黃：我們還是要去建立典範。我沒把自己當董事長，把自己當專業經理人。就是要逼自己交棒，且交棒後絕對不會再回來。董事會的接班非常重要，由它來解決CEO與經理人的接班。我就是分權。

舉例來講，審計委員會我一律不參加，但結論出來，所有子集團要去遵守。一個有能的董事會（在專業經理人接班後），不排除有第一代的大股東留下來，但他只有一席，不能帶領整個董事會。我想，既然我們是第一個產業控股公司，應該要去建立典範。

大聯大歷年購併大事紀	
1981年	黃偉祥創辦IC通路服務商世平興業
2001~2002年	世平購併維迪、晶展與富威，成為亞太半導體通路龍頭；品佳則吃下恆凱與凡格，成為台灣第3大IC通路業者
2005年	世平與品佳合組大聯大，成為台灣第一家產業控股公司，追求全球前5大市場地位
2008年	大聯大宣布購併凱悌、詮鼎科技，成為全球前3大IC通路業者
2010年	大聯大與友尚合併；旗下子公司世平與品佳展開海外購併
2011年	子公司振遠科技購併香港奇城移動

策略名師　**黃崇興**

追求高效率非得犧牲彈性？

美國杜邦集團在全球五百大企業中，歷史最悠久，它在兩百年歷史裡，一直是科學管理觀念先驅；但追求精準與效率的它，如何平衡人性需求？又能帶給台灣企業什麼啓發？

黃崇興：科學化管理的組織強調制度，以精準的、既成文化的規範，來組織成員的分工與合作，好處是，即使組織規模大，仍能讓行動力與效率都強；壞處則是在變化極快的環境裡，應變彈性可能相對較低；相對的，採取人性化管理的組織，不強調那麼精準的流程，更常採用專案式管理（Project Based Management），執行精準度會受到犧牲。然而，彈性大、員工自我實現的空間大，組織創新能力、員工的滿意度也往往較高。台灣企業目前正面臨管理能力再升級的挑戰，如何巧妙融合科學化管理與人性化管理，正是升級關鍵。

兩百年前工業革命帶來大量生產的作業方式，科學化管理

對談CEO **陳錫安**

經歷：杜邦鈦科技亞太區行銷策略長
現職：台灣杜邦總裁

是增加生產力必然的手段，現在我們談重視員工，談人性化管理，但是科學化管理還是應該被當作管理常軌的一部分。

今天，台灣企業開始往大規模的方向走，但我最痛心的一件事，是大多數台灣大型企業卻沒有真的把科學化管理落實，善用方法、工具、邏輯做為經營管理進步的基礎，卻奢言人性化管理。這是我們今天談這個主題的原因。

科學管理讓成果可以複製

杜邦則是科學化管理的翹楚。回顧過去百年來最重要的管理發明之中，有ROI（Return of Investment，投資報酬率），台積電也用這個觀念延伸的杜邦模型（DuPont Model）來考核自己做得好不好；另外著名的還有PERT（專案評估與要徑管理法）；甚至很早期就在組織內設有專責部門做決策科學（decision science）的研究。

第一個問題是，我們從科學管理帶給杜邦什麼實質的利益開始？

台灣杜邦總裁陳錫安（以下簡稱陳）：科學化管理給我們

最大的利益是，「結果是可以複製的」。就是說，你有很清楚的制度、有清楚的流程，有可以做管理的工具，讓結果可以不斷的重現；另一個好處是，因為你有很多的模式與工具，在使用過程發現有缺點，然後可以藉由不斷改進的過程去發展、去生存，杜邦也經過兩百多年才能適應環境。

你有沒有發現，台灣企業都做不大，或是做大就開始出現問題？如果企業本身就是靠一個老闆，老闆說了算……，像杜邦在全球七十五個國家，一個人一天只有二十四小時，你能做得了什麼事情？老闆都不用睡覺啦？根本鞭長莫及。

企業做大必須要有制度，要有流程。但除此之外，成功的管理要靠人。要靠訓練將每個人的心態與行為（制度精神）完全內化。在我的觀念裡，科學化管理與人性化管理並不衝突。

即時溝通取得員工共識

黃：可以被複製的另一個解釋是，如果我授權給部屬，你就可以做，不一定要老闆。今天標準作業流程擺在那裡只是一張紙，要能夠有效，必須是人與制度之間要有一個合邏輯的流程支持，而且一旦實施，就代表人的投入。老闆換人我也照做，那就是制度給組織信任與共識等人性的基礎。

可是，講人性化管理就涉及了三個層次，第一，你們了不了解人性？第二，你們有沒有滿足人性？第三，你們有沒有提升人性？

陳：舉個例子，二〇〇八年金融海嘯還沒上報，我們公司的CEO和幕僚，已經知道市場可能會有很大的改變，那時候已經有雷曼倒閉等徵兆出來了，但真正嚴重的還沒有出現，所以公司決定馬上向全球各部門溝通應變方案。

我記得很清楚，我週末在家裡，晚上被叫起來，說我們禮拜一要和全體員工溝通，第一優先是保留現金，現金為王。像是明天本來要出差的，全部都要停止。哪一個地方可以省錢，馬上告訴我。

進行溝通的時候，公司馬上就會出一個溝通方案（communication package），包括詳細的Q&A（問答），員工會想要問的問題都在裡面，我為什麼要這樣做？什麼狀況下要這樣做？包含媒體提問，要怎麼回答？我們都有標準。

那個晚上要做什麼事情，我馬上就清楚了。隔天上班第一時間，我跟大家溝通，email（電子郵件）全部出去了，通知每一個經理人，我們所要做的溝通，非常有效率。

那時我們不曉得金融風暴要拖多久，上面談的是第一階段，非常手段大約持續了三個月，結果金融海嘯停不了。二〇〇八年十二月，公司說情況惡化，所以要延長六個月，就做修正。但在做之前的一個月，我們就跟所有員工溝通，為什麼要這樣做。

我們節省了二十五億美元的現金。《華爾街日報》那時也有報導，指出杜邦在這次金融海嘯中表現可圈可點。

黃：這例子也解釋了剛才我所問的「了不了解人性？」就是說，公司知不知道員工希望去了解為什麼（why），而不只是如何做（how），以及做什麼（what）。溝通目的很簡單，第一是要得到大家的了解、共識和支持，再去執行，所以溝通是有規範，有流程的。

陳：再舉個例子，我們做很多調查去了解人性。問員工：「你進公司，想要的優先順序是什麼？」調查的結果經常和經理階層想的不一樣。很多管理階層認為員工進來是因為薪資福利好，但員工追求的，並沒有把薪資擺在前面，他希望活得快樂、能有貢獻，公司會不會欣賞我的貢獻、能不能發揮才能。

簡化流程維持核心價值

所以，本來我們做人事管理，是做定向發展（Target Development），就是公司付員工薪水，它告訴我滿不滿意，公司要員工會電腦，員工就去學；後來制度改了，轉做IDP（Personal Development Plan，個人發展計畫），認為員工的成長就是公司的成長，所以公司把員工考績跟發展計畫結合。如果說員工溝通力不夠，變成公司怎麼滿足他，要怎麼訓練，讓他的溝通有影響力。

黃：能否舉例說明你們怎麼幫助員工做到自我提升？

陳：我們訓練領袖時，希望他有個心態——你要幫助別人成功。意即這個人本來是我的屬下，現在變成我的老闆也可以，要有這樣的心態。

杜邦用「風險倉庫」預防危機

★危機預防和管理的16宮格圖

風險等級優先順序

嚴重性評估（可能造成的損失）

	2年內非常可能發生	2年內有可能發生	2年內不太可能發生 3-5年內有機會出現	發生可能性低，但未來有機會成形
災難性（1億美元）				
關鍵性（5,000萬美元至1億美元）				
中等程度（100萬美元以上到5,000萬美元）				
輕微程度（100萬美元以下）				

由左上角到右下角，表示宮格內事件的危機嚴重程度，由重到輕

說明：科學化管理在杜邦已經演進到從解決問題，到預測問題的層次。就像是修車，有的是車子壞了才修，有的是車子沒壞之前先去保養，保養就是「預防」，但從保養再上一個層次就是預測，先去預測問題會在什麼時候？在哪裡？如何發生？風險倉庫，就是一個在杜邦內部被廣泛使用的風險管理工具。

★3種警示燈號

製造火藥起家的杜邦非常重視公共安全，管理與預防危機的概念深入組織各單位，因此各部門都用深紅燈、紅燈與淺紅燈燈號，評估每個單一事件的風險，燈號顏色愈深，表示風險愈高。

★10年經營計畫

許多外商通常只做3年或5年計畫，但杜邦從2006年起，開始做10年計畫，宣布2015年的永續經營目標，定期檢視環境變化與企業因應，而個人發展計畫也做到5年、10年，組織菁英培育計畫走10年，人才庫培養與組織的展望同步。投資計畫更是以10到20年做為規畫基礎，這是為了改善美式管理只看當季當年績效，過於重視短期利益的缺點。

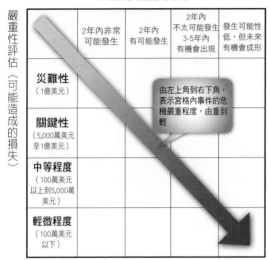

黃：這不是每個人都可以接受呀，其中有沒有可能違反人性的地方？

陳：所以要訓練。當然，杜邦很大，可以發展的路很多，他可以去走他要成長的道路，不見得要把我位置幹掉才能做。

黃：這種文化，外商通常比本土企業來得健康，在外商的訓練裡，不是講求倫理或是資歷，你要對誰負責，答案是：你對組織負責，所以誰能夠做這個事，誰就應該出來，因為員工心裡有個想法，我也是股東，我很高興有能幹的人為我賺錢。

好，接下來，我想要問的是，將人性化管理融入科學化管理的過程之中，如果與人性有衝突，怎麼解決？

陳：沒有一個制度是完美的，我們講持續改善，讓它更好。我負責過很多專案，一開始我們不談什麼，先談必須要遵守的基本準則，假設你要做的東西已經和準則衝突了，就不要做了。

黃：但是，如果接著幾次環境都和基本準則發生衝突，就要有警覺，就是準則也許要檢討！這就是回過頭來說，人可以來改變制度。

陳：是。

黃：所以杜邦簡化流程重點是維持核心價值。

救命擺第一 難有好利潤？

和信治癌中心醫院不採取醫師績效支薪制度，院長黃達夫主張，成本和品質不必非得二選一，人力用得比別人多，為何照樣能賺錢，而且品質還成為《哈佛商業評論》研究個案？

湯明哲：人命無價？有價？從人道主義者的觀點看來，答案無疑是前者。然而，如果放在醫療管理的現實來看，醫療資源終究有限，醫院常陷入降低成本與提升品質的兩難。雖然其他行業也常面臨同樣的問題，但醫院的「顧客」是病人，每個日常的決定都攸關人命，往往決策更為敏感。

醫療資源與人命孰重孰輕？你從一個醫生的觀點，一定是要救人命，可是救人命要花錢，拿延長人命最後幾天的費用為例，費用經常滿高的，可是醫療資源是有限的，你們怎麼決定，什麼時候是「夠了（enough is enough）」？

策略名師 **湯明哲**

以病人福祉為中心

和信治癌中心醫院院長黃達夫（以下簡稱黃）：有句話我不斷在講，就是「最正確的醫療就是最經濟的醫療」，Do the right things right at the first time.（在第一次就把對的事情做到最好）。正確的醫療並不是只有給藥、開刀，而是從預防到早期診斷到發生問題之後的治療，假如你第一次就做對了，病症和後遺症就會減少。

你的錢如果不是花在公共衛生，而是用在後面的治療，那治療是很貴的。

什麼是肺癌最經濟的醫療？就是不抽菸，而不是用CT Scanner（電腦斷層掃描儀）。我不是說Scanner不能照，而是說它應該是最後的解決方式；比如說，糖尿病沒有好好照顧，變成洗腎，洗腎是很貴的，為什麼你不把錢挪到前面來？再比如，抽菸引起肺氣腫、心臟病、肺癌，假如台灣變成不抽菸的社會，健保錢會剩下（指省下）很多……。

湯：你是一家醫院院長，肩負營運責任，必須為醫院表現負責。你怎麼告訴醫生，如何在利潤和病人福祉上權衡？

對談CEO **黃達夫**

經歷：美國杜克大學內科血液學腫瘤學研究醫師
現職：和信治癌中心醫院院長

黃：我有答案，那就是把病人放在最中心，不去考慮病人有沒有保險？收入多不多？或醫院可以從照顧病人得到多少收入。你會講，「這不是烏托邦嗎？」怎麼實際做到？尤其你知道，台灣健保給付非常有限。

湯：大概只有美國的十分之一吧。

黃：有時不到十分之一。比如說，大腸鏡檢查在美國起碼要一千美元，在台灣大概只有新台幣一千元，儘管設備、醫生訓練、護理人員、空間，所有條件都一樣，可是給付（差別）與（兩種貨幣）匯率是一樣的。

但我為什麼不怕？如果你以病人為中心，同時去做到「effectiveness（效能）、efficiency（效率）和timeliness（即時）」，就一定可達成損益平衡。而且這是事實。

例如，台大醫院是台灣的龍頭，它是由兩位工作人員照顧一床，其他醫院是兩人（依衛生署公告資料台大醫院醫事工作人數與病床比約為二．三：一）或以下，但我們是六位工作人員照顧一床。為什麼我用六對一可以管理（意即花費較多人力與成本）？很多人想不通，他們認為黃達夫變魔術，其實這不是魔術。

因為我們人力很充足，我們的護理人員是人家的三倍，病人有什麼需要幫忙的，馬上就會做。比方說，我常不讓其他人知道，故意進去病人的房間，詢問病人問題，然後我按叫護士的鈕，結果馬上就回應了，算秒的。問題迅速處理、不拖延，不使病情變更嚴重，病人的康復就很快。

所以我們的病人與病床的turn over（週轉速度）在台灣醫院中是最短的，舉例來說，別人用一次病床，我們已經用兩次到四次，所以revenue（收入）大約會增加兩倍。雖然我們從健保得到的給付比其他醫學中心來得少，我們還是可以生存的。

湯：健保支付是住四天付四天的錢，住八天就八天的錢，收入不會因此增加。

黃：因為住院最初的幾天給付是最高的。

湯：這樣品質會受到影響？

黃：您問到關鍵點了！我們用六個人照顧一床。事實上，周全的照護、病情不拖延是確保醫療品質最重要的條件。

湯：你認為，在台灣的健保制度下，醫療給付這麼少，你主張的模式可以持續多久？

黃：我認為可以永續。

提升效能確保醫療品質

湯：你認為能兼顧成本與品質，而不必犧牲其中一項？

黃：我從來不看成本，但是我提升效能、提升效果。在DRG（同病同酬）的制度下，假如，你手術後出血不停，必須再回去醫院，那是額外成本，因健保只付醫院那一次手術五萬元。如果併發症能控制到零，那個五萬元就會有盈餘。

湯：如果將來健保全面實施DRG，當然強調每一次的醫療品質會是比較好的做法，但是目前健保還是依據醫院做多少給多少。

黃：未來DRG慢慢會做到全部九百多項，對我們就有利了。

湯：你說你不在乎利潤，但是任何的營利機構，甚或非營利機構，如果不看利潤的話是活不下去的。加上你沒有一個品質的標準，許多的複雜個案（因為成本高，私立醫療院所不收）就丟給公立醫院，公立醫院也只好收了？

黃：也沒有，事實上健保這方面做得還不錯，它有一個Case Mix Index-CMI值（病例組合指標，可反映疾病嚴重程度），複雜案例CMI值就高，那健保會補償。你講的也沒錯，有人會撿軟柿子吃，但我們不這樣做。我們還常是醫學中心的後送醫院！

湯：即使有CMI也無法完全反映你的成本吧！你怎麼去畫出底線（bottom line）來呢？

黃：你提出一個很重要的觀念，就是怎樣去了解實際成本？健保從來沒有做過，你去問各個醫院，一張床一天實際成本多少？肝癌在你醫院受到照顧，一個病人要花多少錢？我可以說大部分人都不知道。

成本可以是以時間為基礎，也可以是以營運活動為基礎，也可以是以二者合併精算成本為基礎。這三者幾乎沒有醫院好好去算過。

不過，理論上，這些醫院會定一個成本，大約成本至少要多少，這個情況下經營，所以大部分台灣醫院的管理是以降低成本，提升利潤做為營運目標。

然而，我的底線並不是利潤，而是「改變人的生命」。

湯：底線不是利潤，如果虧錢呢？一旦虧錢怎麼辦？

利潤不是組織目標

黃：不會虧錢。我剛開始虧錢是因為我需要設備，我要找人，我又蓋房子（醫院建築），蓋房子要錢，這個錢不是政府給我的，和信企業團捐了一半，另外一半來自貸款與募款；我現在還得差不多了（一九九〇年起和信醫院由於不斷投資軟硬體，於二〇〇三年才達成損益平衡）。

經營醫院的基本條件，應該是先問有沒有把病人照顧好，然後確保效能，而且要建立可以衡量結果的制度。我舉一個例子，我們在門診做很多化學治療，開始時是先在門診看，病人就在門診等，然後再跑到樓上化學治療處理的地方。後來我想，這個做法並不以病人為中心，所以就想辦法改變，讓病人直接到化學治療的地方，在那裡抽血，醫生也到那裡去看病人，決定劑量，資訊經電腦傳達，藥也很快送到。

我們發現這樣大概可以節省病人三十一分鐘的時間，差不多降低二五%。第一，病人不用慌慌張張的跑來跑去，第二，省掉的時間，我們可照顧更多病人，這中間我們沒有降低成本，但效率提高了二五%。

湯：這些對一個看病的醫生而言，當他收到的指令是說以病人為中心，但追求品質是沒有止境的。

黃：喔，有止境。品質目標要訂得實際，比如說，洗手是非常重要的，醫生看病人

和信確保效能與效率方程式

★病床與醫護人力比1:6

和信醫院的實際病床與所有醫護人力比達1：6，而先前由於「血汗醫院」爭議，衛生署正在研議提高病床醫護人力比，認為每3至4床應有1照顧人力，和信使用的醫療人力顯然較多。

★病床週轉速度是其他醫院2-4倍

由於採取跨科際整合性服務，流程效能較高，和信醫院病床週轉速度是其他醫院的2倍至4倍，因此從健保獲得的給付總額也較高。

★淨利率達5%

和信醫院經營模式不以短期獲利為目標，強調以「病人」為中心的經營理念，成立13年後才損益平衡，然而財務穩健且目前淨利率為5%，仍然賺錢，若與其他醫院相比，表現並不遜色。

前要洗手，看完也要洗，才不會帶給病人別人的細菌。

我們只有兩百床，約一千名工作人員，但酒精洗手液瓶共有一千多個，病房裡有、門口有、走廊上有，就是讓你沒有理由不洗手。如果全台平均的抗藥性金色葡萄球菌（MRSA rate，抗藥性金黃色葡萄球菌比率，MRSA又稱超級細菌）是八〇％，就是一百隻葡萄球菌，有八十隻有抗藥性，在我們醫院只有二〇％。這個錢健保不出，但是如果你省掉感染，可以省掉多少錢？而且可以減少許多病人因敗血症而死亡。

利潤與醫療資源的花費孰輕孰重？大家認為有爭議，但我覺得這沒有爭議。大家認為，要有好利潤，就要有所犧牲，但我不這麼認為。我要建立一個制度，品質要守，以病人為中心，有效能。所謂效能是效率加上品質。

策略學家麥可．波特（Michael Porter，二〇〇九年為和信寫研究個案，讓和信與全球頂尖二十五個醫療院所同列《哈佛商業評論》的教案庫）認為，結果最重要，我不否認這點，但我說服了他，說過程也是非常重要的。你要去羅馬，你可從這一條路徑去羅馬，也可從另一條路去羅馬，坐飛機那個時間最短。

所以我注重流程，也注重結果。然而，利潤並不是組織的目標，拯救生命才是我們要做的事，但最終，因為你做到效能、效果，而且你用對人，利潤就會跟著來。

沒有高獎金 免談好績效？

以病人為中心的管理模式、規定醫生看診人數、不以高獎金做為獎勵醫生看診的手段……，和信治癌中心醫院以道德而非金錢做胡蘿蔔，這樣管理人才的方式，行得通嗎？

湯明哲：金錢或說高薪，常是企業吸引人才最重要的胡蘿蔔，但如果以金錢做為最重要工作激勵誘因，好處是短期可發揮直接作用，壞處是企業不僅無法利用金錢與人才建立長期承諾關係，更可能失去發展更為成熟的管理制度契機。

然而以成本為導向的台商企業，卻經常陷入胡蘿蔔困局：不用金錢誘因無法吸引人才或留才，但只用金錢做為誘因，人才與企業的關係又十分脆弱。如果不以高薪吸引人才，企業又想留人，應該怎麼做？

許多醫院都陷入成本迷思，以量做為管理績效依據，而非以病人為主的品質。可是談到這裡，我想別的醫院經營者一定會問，和信是癌症專門醫院，定位較高端，其他醫院能學和信的模式嗎？健保遊戲規則在哪裡，感冒就給付兩百元，他們不可能脫離現有的經營邏輯呀！

策略名師 **湯明哲**

和信治癌中心醫院院長黃達夫（以下簡稱黃）：可以的。健保給付範圍裡面，當然也含我們。我們有治療癌症，也有治療糖尿病、高血壓、其他慢性病，我們稱為comorbid condition（合併症）。人家怎麼會想到一家癌症醫院也會有六位內分泌科醫生？這些合併症若不處理，你癌症也無法處理了。

湯：但如果別的醫院希望學，它首先要做什麼？

去除醫院業績績效制度

黃：第一個，要去除醫院內部的績效制度。如果做多少就拿多少錢，醫生就會做多，但做多就無法控制品質。看病需要時間，怎麼有人能三到四小時內看一百個病人？我看了快五十年的病，我做不到。如果花一小時看一個病人，健保給付才兩百元，所以有人就決定要看一百個病人，這就是把賺錢當作目的。但這不對，我認為做醫生要覺悟，做醫生不可能賺大錢。

湯：你可以說，我這家醫院不管利潤，不用金錢來做主要激勵手段，可是我們也不得不承認，台灣念醫學院的人，還是有「我以後要賺多少錢……」這樣的想法才來的。你怎麼做？

對談CEO **黃達夫**

經歷：美國杜克大學內科血液學腫瘤學研究醫師
現職：和信治癌中心醫院院長

黃：我想你觸碰到問題核心，他想當醫生的目標，是將來的經濟生活比人家好。

湯：不只期望好，是期望比別人好很多！

黃：如果醫生勾一個治療就想到女兒的鋼琴費，勾一個，就是下次去巴黎玩的費用，這會讓你愈來愈渺小，就不會是一個蘇格拉底說的 considered life（有原則、有選擇的生命），如果人生要怎樣沒有想清楚，就像船開錯了方向。你要學習怎麼做出價值判斷，所以當誘惑來了，有賄賂或什麼，你願不願意拒絕？這是價值觀的問題。所以，選擇有利他價值觀的人進醫學院，就變成很重要。

挑人才要選志同道合者

美國總統歐巴馬（Barack Obama）的妻舅克雷格．羅賓森（Craig Robinson），本來在財務機構做事，賺了很多錢，後來發現人生是空的，跑去布朗大學當籃球教練，因表現很好被挖角到 Oregon State（奧勒岡州立大學），他把球隊變好了，本來是贏六輸二十五的，結果變贏三十輸八。我要說的是，即使是很好的教練，你的球員不是很好，你也只能做到這樣，不可能全贏。

所以，假如要進醫學院的有兩千人，你要選有dedication（有奉獻精神）的，有commitment（願意承諾）的。假使原來醫學院學生一班有五個是好的，現在變成五十個，那樣我就贏了四十五個。

但環境要好，師長隨時都要身教高於言教，學生都在看，老師偷雞摸狗的話，你講再好聽都是沒有用的。

你必須花時間在選人上。我選人，主要是看志同道合者。但他還是這個社會的產物，所以我只是在這個社會的產物裡用心選，去找那些不是想要金錢，去找那些認為學習做為一個好醫生、去照顧病人是更重要的事的人，然後我還要看他的經歷。另外，你還要提供一個環境，是以病人為中心的環境，其中的流程不會讓你做很多盲目的決定，能幫助你提供有效的醫療。

我是經過一番挑選，所以我醫院的醫師離職率很低，大部分都留下來。也許你們會說太舒服所以留下來，事實上我們也是很demanding（嚴格要求）。

採三百六十度績效考評

湯：如果不以看病的次數為考評依據，你怎麼衡量醫生表現？怎麼給獎勵？

黃：我們做三百六十度考評，不只是你的主任給你評價，你的同事、連下屬都給你評價，例如需要你會診你不來，連護士都可以評價你。他們都知道，評考前十名，不見得是看最多病人的。

而醫生的基本年薪是基於他的經驗、年資、訓練與貢獻，另外就是三百六十度評考之後，獎金依順序排下來。

湯：醫療是服務業，跟教育一樣，我看過太多老師開始時滿懷熱忱，十年、二十年後很容易就失去最初的熱情，你如何幫助他們維持熱情？不是每個都是黃達夫呀。

黃：有幾種方法，其中之一是送他們出去，擴展視野、接受新的刺激。有些人送去杜克大學，也曾經送去哈佛、賓州大學過。還有一樣事情很重要，就是我們後面的二十年要做什麼？我要成立一個教育中心，醫院各階層、各個專業，也要教、也要學，Center of Learning and Teaching，我們新大樓蓋好的時候，至少有兩層樓是專門做這件事的。未來醫學進步很快，大家一起求新知，將是件令人振奮的事。

湯：你們醫師淘汰率是多少？

黃：其實因為我們在選的時候很小心，所以淘汰率很低。曾經有人問杜克大學校長，他個人雇對人的成功機率是多少？他說不會高於五〇％。

湯：那你呢？

黃：我想我成功機率高一些，我有八〇％。

和信選才與養才規則

★360度績效評估

除了自我評量與上司評價之外，醫生必須接受同事、部屬的評量，以全方位意見做為績效評估基礎，藉由這種評考方式引導上對下、同儕與下對上，深度溝通與團隊合作。由於醫生在台灣是高度權威的職業，採取360度評估的做法較罕見。

★醫生看診人數限制20人

和信治癌中心醫院每個門診醫生看診的人數平均為20人。由於薪酬制度不以醫生看診人數為計算基準，不以看的病人次數「抽成」決定獎金，得以保持看診的品質。

★留才比率達80%

尋求與企業經營理念志同道合的人一起工作，因此留才比率可以高達80%。

高科技產業　競爭力靠**技術**或**管理**？

TPK宸鴻科技掌握觸控光電主流技術，一躍成為蘋果概念股王。外界認為技術能力是它核心優勢所在，然而，執行長孫大明卻說管理比技術重要？

湯明哲：「技術重要？管理重要？」對於高科技公司的競爭重點就是技術，因此很多公司孜孜不倦追求技術的領先，但技術要領先對手代價高昂，以半導體產業為例，英特爾前總裁摩爾（Gordon Moore）在一九八八年曾對我說，在半導體產業，要領先對手六個月到一年，代價至少十億美元；其次，技術的領先可能會被更新的技術以跳蛙方式（直接切入下一世代科技）超越，舊技術的領先反而成為採用新技術的障礙。日本四大經營之神之一的稻盛和夫曾說：只有技術的公司，總有一天會跟著技術走進歷史。因此高科技公司絕不能只靠技術贏過對手，必須在各方面管理表現優異。

宸鴻是一個以技術為主的公司，你個人又擔任過摩托羅拉中國區總裁，有雄厚科技背景，怎麼看這個兩難議題？

策略名師 湯明哲

管理比技術更重要一點

TPK宸鴻科技集團總裁暨執行長孫大明（以下簡稱孫）：我們是科技公司，技術與管理可說同等重要，但最後相對來說，管理還是略比技術重要，重要性五十一比四十九。

我們拿宸鴻發展的幾個階段來看：創業期，先要有一個突破性技術，不然公司成立基礎在哪裡呢；再來，進入成長期，關鍵第一步就是量產。從量產第一天開始，管理就要進來，因為如果你擁有技術，良率卻非常低，成本非常高，就會成為不能用的商品。開始是一○○%的技術，慢慢的，管理就會比技術重要。

任何技術都有時節性，商業環境、市場需求都在改變。摩托羅拉發明了手機類比技術，電信廠商當時都用它的技術，所以它一定會替廠商想，「你回收期是幾年？十年？」然後問，「下一世代技術是什麼？」一定是數位，但是技術要選GSM還是CDMA？「當然應該是CDMA，技術上比GSM要好。」

這是企業自己的藍圖出來了。但摩托羅拉沒想到在歐洲

對談CEO **孫大明**
經歷：摩托羅拉中國區總裁
現職：TPK宸鴻科技集團總裁暨執行長

有諾基亞（Nokia）、易利信（Ericsson），還有一個西門子（Siemens），歐洲市場沒有美國那麼大，講出口導向，所以它就「鄉村包圍城市」，最後整個市占率被GSM取而代之。歷史上這樣的例子很多，像（錄影帶規格）VHS把BetaMax併了、索尼隨身聽遇到蘋果iPod，都是技術輸給管理的例子。

如果你是技術導向，而非客戶導向的公司，那可能會完全被綁在技術上，但如果用管理角度，持續不斷找到客戶需要的技術，盲點也許會小一點。

湯：宸鴻是一開始就建立管理制度嗎？成長這麼快，哪有時間建立制度？

六標準差讓我們對事不對人

孫：我也許有好運氣的地方。二〇〇七年一月進去，兩個團隊一個營運一個研發，六月才開始正式量產，所以我有時間準備，可以一開始就讓團隊在流程裡走。流程建好，如果有問題，大家會問，「資料顯示什麼？」而不會說，「我覺得……，因為我做三年，所以我對。」

湯：哈哈哈……，因為我官比你大，所以要聽我的。

孫：這種情況就會比較少。對科技公司來講，良率好就是好，不好就是不好；有問題就要追出真正根源。最怕是說，常看到企業頭痛醫頭，這個問題就這樣弄……，好像就過了，但其實問題本質沒看到。

流程管理，事實上會變成公司文化。我們用 Six Sigma process（六標準差管理：標準差愈高，每百萬次的失誤愈趨近於零，這是靠主動降低失誤提高精準率的管理制度），它會使得我們保持謙卑，讓我們「對事不對人」，找問題根源時靠數字說話；而當我或我的團隊必須下決定時，可以得到需要的事實與資訊，在充分被告知下做好決定。

重視新產品開發流程

戰情中心（宸鴻資訊管理平台：每天處理九千萬筆資訊，每小時更新現金、庫存、產量等數百種資訊，甚至零組件的走向都能即時追蹤）也是，資料不會講話，這個小時是九〇%，下個小時八四%，為什麼不能持續？為什麼明天又回來？中間可能有營運、機器維護的問題，不管怎樣，評估都有依據。其次，有什麼狀況發生，下個小時絕不能繼續，要不然，問題會每小時累積，每天累積，等到結帳那時才知道。

至於我針對誰？我不是，也不在乎，完全針對這個數字。

還有一塊最近引進的制度，就是new product introduction（新產品導入平台）。我們有很多新客戶，或者老客戶要出新產品，產品發展每個階段都有criteria（標準）必須一個個完成，絕不直接跳到量產。如果你下一個產品進不去，業務就會急，會催「還不快量產？」生產可能會說，「不行，還沒有完全！」技術說，「這個不弄不行……。」所以問題發生一定會挑戰彼此，一定會有衝突。但沒有衝突，絕對沒有進步。有了新產品開發流程，客戶會信任你，雖然價格高，還是會用你的產品。

湯：管理上強調流程管理是兩面刃，一是數字看不到的地方管不到，其次是不易同時維持創新。

孫：我覺得這是代價問題。當然不走流程就快，但沒有一個流程，一件事常會變成十件或是二十件。客戶收到樣品說不行，本來要打一個樣，結果變成要三種樣，一直去研究到底是什麼問題，卻找不到原因。

更重要是準確性，照流程走可以避免以後走上冤枉路，不必犧牲上市時間與客戶資源。以研發為例，它開發完還要量產，下面要放時間給其他人，前面的東西愈散，後面的時間愈要妥協，到某個程度就沒有報酬率可言了。

湯：談到這裡，我們可理解，宸鴻快速成長，外來人員也多，靠管理讓員工一進來就被同化，即使高速成長，還是讓組織維繫高效能營運；只是我仍不能理解，管理流程、客戶導向，這些台灣公司應都重視，也做得很厲害，到底宸鴻的差異在於……？

孫：我們是好幾個管理系統高度整合，然後又強調中間的速度。例如，流程全變成客戶的概念，以前是如果這裡延誤了，後面流程也就會跟著一直延誤，但我這裡不是，一有損失多少，後面就是要贏回來，我要的都是解決方案，而不是講一大堆理由。

湯：那你這個大老闆會不會伸手到細節上？

孫：需要的時候會。

湯：有問題就會跳下去了？

孫：我不見得要下去解決問題，但我待命。當我的客戶滿意度與實際情況有差距時，電話就找到我了。

湯：注重六標準差的公司，如美國汽車公司、摩托羅拉和全錄都不得善終，過度重視流程會不會造成只見樹不見林？

孫：我喜歡照相，養成的習慣是有時將鏡頭拉遠，有時將鏡頭拉近，鏡頭拉得遠，就不會見樹不見林。

TPK宸鴻科技績效管理學

宸鴻為全球最大玻璃式電容觸控面板廠，然而，它的競爭力並不只奠基於技術，宸鴻集團執行長孫大明引進6個標準差、戰情中心與新產品導入平台等流程，從製造提升良率、增加客戶數與市占率，推升營運表現。

2011年EPS逾48元

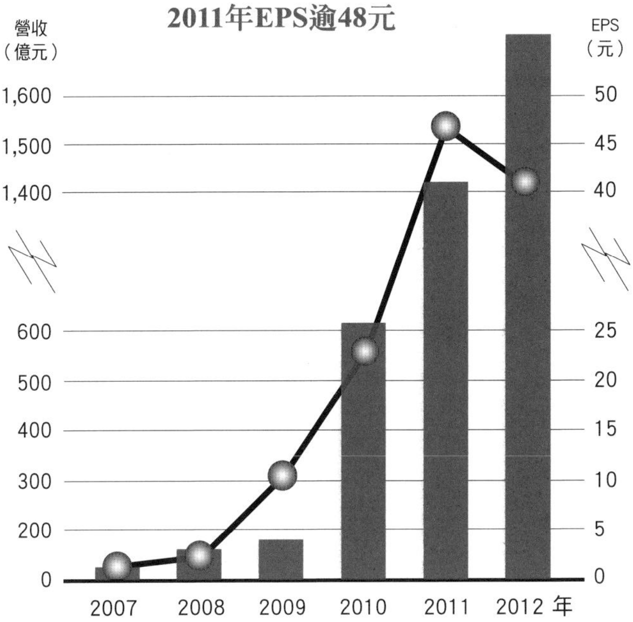

★良率高達9成

宸鴻掌握的觸控專利製造門檻高，因此良率直接影響利潤表現。9成良率是業界第一。

★產能擴增不超過客戶需求10%

記取代工業者競擴產能，結果陷入競爭紅海，宸鴻有紀律擴張產能，產能擴增不超過客戶需求10%以上。

資料來源：公開資訊觀測站

策略名師 湯明哲

企業要興盛靠廟大或菩薩大？

若將組織比擬成「廟」，人才就猶如「菩薩」，然而，企業想要用最有競爭力的人才，卻又怕對其管理能耐造成考驗，TPK宸鴻是如何啓動人才與組織間的良性循環？

湯明哲：人才是公司成功的必備條件，尤其是經驗豐富的高級管理人才，更是公司發展必要條件。但留住高級人才代價也高，不但要求異於他人的薪資，也希望有更大的舞台，更上層樓。但公司高階職位有限，這些人才自然會向外尋找機會，其他競爭者也會伺機而動挖角，如果挖角成功，不僅公司損失人才，還給競爭者增加戰力，造成雙重損失。因此公司高級人才會頻頻要求更高的職位、更多的權力、更高的薪資。公司為了安撫人才，只好應允所請，造成公司極大的不公平。

對談CEO **孫大明**

經歷：摩托羅拉中國區總裁
現職：TPK宸鴻科技集團總裁暨執行長

但也有另一派的理論認為，公司成功不是個人的貢獻，而是公司名聲和經營團隊的結果。個人貢獻有限，不能讓任何人成為公司不可缺的人才，即使個人離開公司，無論職位多高，對公司的影響有限，不應為了個人而破壞公司制度。而且對付對手挖角的做法很多，內升、反挖角都是選項，終究是廟大而不是菩薩大。這個議題你怎麼看？

發展人才也要管理知識

TPK宸鴻科技集團總裁暨執行長孫大明（以下簡稱孫）：「廟大，還是菩薩大？」我覺得絕對是廟大。因為一定要有廟，才會有菩薩，要不然菩薩在哪？

開始是菩薩把生意做起來，但廟造化那個菩薩，就像假設這裡有個舞台，給你燈光、麥克風與樂隊，在上面表演你就變成了明星，這些事你常不察覺；等下了舞台，沒有了這麼多配套讓你成事？那就是未知數。菩薩大了，廟也可擴大，菩薩就可做更多事，是相輔相成的。

湯：可是台灣很多公司老闆不敢教徒弟，舉例來說，因為我們對ＩＰ（智慧財產權、專利）保護不足，老闆怕教了徒弟，就跑出去跟他競爭了。他想，只要我這個菩薩大就好。但也因為這樣，企業無法成長，你如何管理這個問題？

孫：發展人才同時，知識一定要靠制度分享出來，不然等於是一夫當關，整個公司就靠這個人，就會發生你所講的，公司不敢把專利拿出去，永遠也做不大，因為怕人家偷了。

人才單獨做事，其實對自己本身是不利的。像我，並不是天生就會做執行長，我是從實習工程師做起，再由工程師轉為專業經理人。我感受到兩者最大差別不是職銜，而是原來的我只靠自己兩隻手做事，當了專業經理人後，變成我指揮下面同事的每一隻手，都為了我們的共同方向一起努力，那個快樂與共鳴，是不得了的。

獎酬不夠也是激勵誘因

我遇到九成以上的技術人都想要更上一層樓，等於說他要跟廟一起成長。如果技術人要轉經理人，他不是天生就會領導，站在公司的角度一定要幫他。公司要有接班人計畫，要有好的人才發展計畫，要有好的獎酬……。

湯：但對人才來說，獎酬是永遠不夠的！何況市場永遠有機會等著他？

孫：這個「不夠」也可以變成激勵誘因。拿宸鴻來講，我是綁你四年，你看到四年的大餅，然後根據公司的政策與目標，和你的表現，你今年可以拿到四分之一的餅，剩下的四分之三被儲存起來，明年此時又來一次，你要不要再繼續做？現在我的廟還在擴大，還有很大的空間呀！所以，宸鴻做了兩件事，我們一方面在擴張，另一方面就把機會給員工，他們可以帶更多的團隊，發展更多的事情。

我覺得獎酬是一回事，當然這是看得見摸得到的，但管理、解決問題本身會帶給人快樂。客戶是流動的，他如果不滿意就會轉訂單，這個團隊就會解散，個人也不會成功。我們要求良率要做到九成以上，過程中大家都有努力，差別只在最後一％、二％的最後一哩路。

我們科技公司男孩子比例多一點，每天回到家裡夜深人靜時，他最清楚自己今天的價值是什麼。如果不把問題解決，他回家是很鬱卒的（指男人的人生價值建立在事業成就感上）。我覺得我們公司要帶給每一個人最大的快樂，就是讓他回家那個時刻，覺得活得非常值得。過程就像吃苦瓜，吃完了之後眼睛會亮。

管理過程，無論如何都會有痛苦的狀態，重要是結果要得到，公司要賺錢，我才能拿錢去做研發。公司第一年我也跟員工承諾，一定要賺錢。我跟客戶講，你要我賠錢，不要來找我，因為我要有能力回頭去投資研發，改造我的管理流程，不然明天我就不可能還是最好的。

我們一直很努力去帶入一個良性循環，把廟經營好，讓菩薩快樂，可以成長，然後他就會讓廟更大，把香火弄得更盛。一定要這樣下去，不然一個環節走不好，就會變成惡性循環。

湯：宸鴻的管理制度，有摩托羅拉這種美式管理風格，講「數字管理」、嚴格的關鍵績效指標（KPI）、透明化、「對事不對人」、結果導向……，雖然宸鴻是科技公司，但對事不對人，這種制度在講求人情與關係的台灣行得通嗎？

孫：可以，我們在中間有個平衡。舉例來說，我們有個做法叫「關懷圈」，十人一組，互相關懷，那才會知道，誰誰誰怎麼了，生病了或者遭遇了什麼困境，需要同事們協助。

靠團隊管理把B咖變A咖

湯：在數字管理加上人性關懷……。這是說，廟要是經營得好，才可以留住菩薩，也讓菩薩長大，再把廟經營更好；但經營得好的前提是，嚴格有紀律的管理，而嚴格管理又要加上人性面去做平衡。

接下來我想請教，理論上領導人應該花最多的時間在A級人才，就是被視為菩薩的這群人上，因為他可以做最多事，但事實上，經常管理B級的人時間更多。

孫：對，或者就把時間花在C級身上。不過回頭來講，是不是A級人才最重要？像奇異集團的做法，它整個A級人才都屬於同樣的群體上面，結果就變得好像是外籍兵團在經營國事，被分派到經理人的單位會覺得你是外來的。我其實不太贊成這種把A級人才聚在一起的做法。

我們也給評考等級（grading），也給A，也有B，也有C，但不管如何，我們的ABCD都是一個團隊的，沒有突然外來的人。因為是團隊，每個人可以去找標竿學習，今天B、C如果努力，你沒有理由告訴他，明天你不會變成A呀！也因為工作的環境很動態，A咖可能會變B咖，B咖也會變A咖。

除了能力，態度也會決定是不是成功。很多人怪廟不夠大，這個廟是你自己要去經

宸鴻人才與組織管理績效學

★333養才理論

宸鴻培養人才仿照摩托羅拉制度，認為一個夠格的企業領導人，一定要在企業內部至少經過3個不同事業單位、3個不同工作崗位與3個不同國家的歷練。這是以輪調，訓練人才跨領域與跨文化的能力。宸鴻成立時間短，不太可能執行跨國輪調，因此即以客戶為中心的團隊，在團隊重組或客戶轉換時機，實踐輪調，培養人才能力。

★A級員工獎勵比率占50%

如果將企業盈餘要分給員工的獎勵視為一塊餅，宸鴻分給A級人才的約二分之一，即50%的比率。

營建設！當人家在做接班人計畫，要升人時，有些人只會自己一直窩著，但其他人已經開始打了領帶主動去聯絡客戶，看客戶滿不滿意，那接班人會選誰？

湯：我在想這個結論會不會是，你其實不需要A級人才，因為管理流程嚴謹，任何人一上線，在這個平台上，紀律和表現就出來了；或者說，你沒有必要去分A咖或B咖。所以對宸鴻來說，一定是廟大而不是菩薩大。

孫：還是有分A咖或B咖。只是對我來說，每天都是新的一天，公司文化很清楚，所有遊戲規則都很清楚，剩下的就是如何一起共同努力創造美好的未來。

第三章
人才發展與傳承

【導讀】

人才培育四部曲

人才是企業的根本，沒有人才駐足於組織，企業是無法成長的。六〇年代知名經濟學家伊蒂思·潘若絲（Edith Penrose），便在她的經典著作《企業成長理論》（*The Theory of the Growth of the Firm*）中清楚指出，企業透過資源有效運用，可以產生源源不絕的內生成長（endogenous growth）機會，但前提是企業內要有足夠數量的「興業經理人（entrepreneurial managers）」；然而興業經理人及其團隊的發展需要時間，這便成為企業內生成長的限制條件，亦即企業成長速度是隨興業經理人數量的增加而遞增，文獻上稱此為「潘若絲效應」（Penrose Effect）。因此，企業若要追求持續的成長，必須嚴肅思考，內部如何能夠有效培養具有興業能力的經理人。

根據潘若絲的理論，興業經理人不僅有能力辨識（identify）價值創造的機會，更要有意願去進行新機會的探索（explore），甚至還要有能力去實踐（realize）；其實就是我們常說的，具有創業精神的經理人，可以看到外部的新機會，也願意突破現有做法，找到新的勝利方程式。大多數企業應該都同意這是組織成長的關鍵資源，但可能也都會有共同疑問：興業經理人是否可由後天發展出來？若可以培養，要如何建立培育與發展的體系？

這個共同問題，正是本章主題的起點。興業經理人當然不容易發展，如天生具有創業特質的人，極可能自行創業去了，不會待在大組織中等待機會；但企業若能建構一個體系，讓一定比例經理人得以發展上述能力，這些興業經理人自然願意在企業內部的舞台創造新事業。企業若擁有有效的人才發展體系，不僅可支持企業成長所需，更重要的是，這將是競爭對手難以複製的優勢。正因如此，已過世的管理大師彼得．杜拉克甚至表示：「經理人的素質與績效，是企業唯一可依賴的有效優勢。」

育才是投資，也要納入企業策略

再對照《基業長青》（*Built to Last*）的研究結論，高瞻遠矚的企業不同於其他優秀企業的特色之一，在於其執行長皆為內升（promote from within），而非外來的；要擁有內部創造優秀執行長的能力，必然需要在企業內部建構一套有效的人才培育發展與領導傳承體系。《管理相對論》所訪問的企業領袖，幾乎也都認同接班人由內部擢升，較能傳承企業核心價值，並延續企業文化，對內部員工也能產生較佳的激勵效果。

依循此一邏輯可知，人才發展（talent development）絕對是企業的策略性活動，而非一般的作業性活動，不應該以訓練（training）的概念處理；後者側重的是企業內相關知識與技能的建構，但前者注重的則是組織內人才的辨識與領導能力的發展。因此，人才發展計畫必須與企業成長策略緊密校準，既是先行投資，更是策略建置（strategy implementation）的關鍵環節。

人才發展既是個體系，便需要有明確的中心思想或價值觀，並逐步建構具有內在一致性（internal consistency）或環環相扣的管理流程。由於不同企業間的管理價值觀與領導風格不盡相同，因此，儘管人才發展體系在管理制度上有其通則，個別企業仍須依照自己的組織特色與策略需求，設計出專屬的制度常規與管理流程。尤其，東西方企業在企業發展階段、治理結構、獎酬制度等方面，差異不少，為人才培育與發展的議題，增添了更多管理適性調整的空間。

以下我們將先討論國內企業在人才發展上常見的幾個管理迷思；其次，進一步檢視國內企業在人才相關制度上，尤其是績效管理（performance management）制度的既有慣性，以及因制度慣性所造成的人才發展問題；接著，我們將討論企業人才培育的系統化活動與制度化做法；最後，由於國內家族企業數量眾多，針對家族企業領導傳承的若干核心議題，我們也將進行簡單的討論。

三個常見的人才培育迷思

企業經營者在面對人才培育與傳承問題時，通常會有三個思考盲點：

一、**人才培育的責任屬誰**。首先，經營者往往認為，企業之所以缺乏足夠的人才，是因為人力資源單位沒能未雨綢繆，建構足量的人才庫所致，許多事業單位主管也常認為這是人資單位的專業分工。這個想法固然有理，但是，我們不該忽略經營人才需要具備跨功能、跨組織疆域的能力，故多元方法與差異環境的歷練，是不可或缺的過程；若未能傾全公司之力進行培育，如何能促成潛力人才的加速發展。

再者，人資單位對專業領域人才的尋找與辨識，未必較事業單位專業主管具比較優勢，若沒有事業單位與人資單位的緊密協調，很難找到真正的璞玉。事實上，人資單位僅是人才庫的託管單位，事業主管絕對需要深度參與人才培育發展的過程，方能奏效。

二、**楚材晉用的疑慮**。儘管經營者認同人才培育的重要性，心理上卻不免擔心辛辛苦苦培養的人才，一旦離開企業，造成「楚材晉用」，則人才投資的實際報酬率將全數歸零。尤其組織金字塔愈到上端，其位置愈是有限，若因拔擢少數關鍵人才，導致其他人才的流失，豈不造成「二桃殺三士」的不利結局？

上述顧慮，儘管都是組織內常見的現象，問題是，若因這樣的疑慮而不進行人才培育的投資，是否更難留住優質人才？良性的人才流動並非壞事，組織所挑選的，是最契合未來發展所需的（the most fit），而非市場上最佳（the best）的人才；更何況再好的人才也需要有適當的組織配搭條件，才能發揮功用，否則戰力將大打折扣。

換句話說，「楚材」是否會變成「晉用」，問題不在「晉國」如何挖角，而在「楚國」是否具備讓人才得以發揮的舞台與環境。例如：全聯福利中心的林敏雄董事長，就很懂得如何在可承擔風險範圍內，放手讓二軍團隊去經營外商較不注意的區域市場，不僅讓後進的全聯福利中心成長茁壯，更讓這群二軍變成一軍。

三、**高層承諾與信仰**。第三個迷思在於低估高層支持的意義。沒有一個成長型企業的經營者會不重視人才培育，但是，為達成當年高成長營運目標所須採取的（作業性）行動與資源，往往會優先於人才培育所須採取的（策略性）行動與資源。

一則，因為決策者的關注力常會受議題急迫性左右（亦即，緊急的事會變得重要），二則，經營者對人才培育的承諾（commitment），常常只限於對諸多訓練活動的支持（support），而非將「人才是企業之本」內化成事業經營的核心價值，甚至變成信仰（belief）。換言之，推動發展人才培育體系的過程中，經營者必須先檢視並確立人才在企業價值觀與文化中的角色與定位，否則人才培育容易淪為景氣好時的「應景」投資，而非長期的「願景」投資。

四項阻礙人才培育的企業慣性

目前許多經營有成的台灣企業，正處於第一代創業者與團隊準備交棒給繼任者的階段。但這些成功企業的特質與制度慣性，尤其是狹隘的績效管控制度，極可能成為人才培育與領導傳承體系發展的無形障礙（見左圖）。

一、**忽視通才的重要**。首先，多數台灣企業的成功，源自以技術專業化掌握住國際分工的機會而快速成長茁壯，低成本與營運效率是生存與勝出的要件，加上專業代工為主的營運模式，企業內人才類型多以技術或功能性專才（specialized or functional management）為主，一般經營管理通才（general management）相對不受重視；此現象的形成，一則與企業組織走向各自準獨立的事業單位，企業總部功能職位因成本考量而限縮有關，二則也與結果導向的績效控管模式，使得人才不易在事業單位移動有關。

因此，人資單位對於經營管理人才的培育，即使建立菁英培育方案（talent program），如果沒能取得經營者的支持與制度性的資源，通常都會感到有心而無力。有位知名外商管顧公司亞洲區負責人，甚至直言「管理通才，是台灣的稀有資源」，值得國內企業省思。

二、**事業群的藩籬**。多數成功企業常仰賴相當分權的事業群（business unit or business group）架構，這樣的架構固然因明確的責任歸屬（accountability）有助於績

組織慣性，造成育才障礙

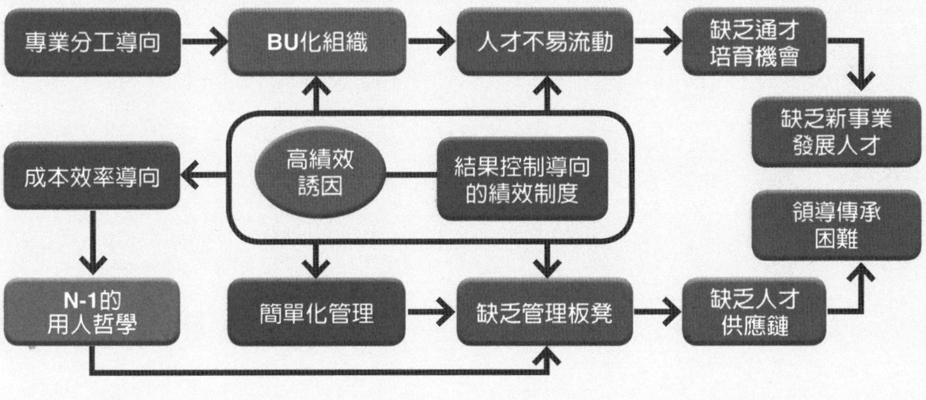

效的管控，但是，高績效導向下的事業群架構，卻容易造成人才移動的「玻璃牆」；亦即，事業單位內優秀人才的輸出，必然影響事業單位未來的績效表現；內部誘因的不對稱，必然讓人才輪調無法順利上路，對企業人才培育的多元性，尤其是通才的養成，及人才運用的靈活性上，都將造成相當不利的影響。

三、**N—1的布局**。成本效率導向的經營思維，固然造就了企業的外部競爭力，但企業內部在管理職位的布局上，也經常會呈現「N—1」的結構，亦即降低純粹擔任主管的人數。每個主管最好兼任轄下的工作，甚至一人身兼數個主管位置，成為「十個鍋子九個蓋」的布局。這樣的管理結構，固然可以透過加大管理幅度或多工任務來延展（stretch）經理人的能耐，但管理者發展下屬能力的時間勢必因此受到限縮，組織也將缺乏多餘的管理板凳深度（management bench depth），壓縮了人才培育與領導傳承的場域與誘因。

四、**控制導向的績效管理**。最後一項可能的慣性限制在於控制導向，而非發展導向的績效管理行為。國內成功企業傾向採取高績效導向的績效管理制度，尤其在股票分紅制度盛行的時代，只要股價有成長機會，結果導向的績效管控便成了最簡單且有效的管理工具。這一方面符合鼓勵員工發揮小老闆精神的經營理念，另一方面，高績效誘因的績效管理也可簡化管理指標、降低管理成本。

然而，為求管理上的便利性（management convenience），績效指標通常集中於可量化的項目，偏偏可量化項目多屬短期、有形、直接的績效，對於長期、無形與間接的績效，通常聊備一格或僅供參考，對最終結果缺乏實質的影響。更嚴重的是，對管理職的績效評估缺乏管理內涵。

事實上，有效的績效管理制度，係基於目標管理（Mangement by Objective）的精神，透過上下充分溝通，建立對工作目標與資源需求的共識，並透過執行過程中的績效指導與回饋，激勵屬下發揮潛能、達成組織目標。（見下圖）

此一制度的管理內涵，目的在透過指導行為（coaching behavior）來發展屬下的能力，從而達成組織目標；而非只是單向分配目標、確保目標達成而已。在這樣的管理過程中，管理

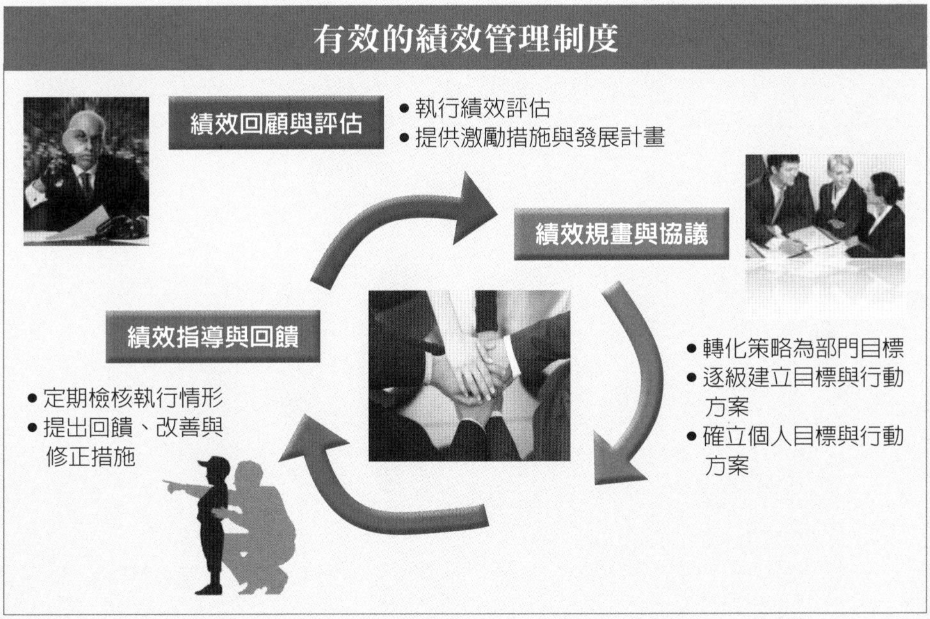

者職責在創造團隊綜效，平衡組織長期與短期的需求，同時，培養下一個管理者。偏偏這些行為的評估很難完全量化，評估過程中自然被簡單化了。

由於「誘因到哪裡、行為到哪裡」，這些簡化（績效）管理的做法，不僅無法誘導管理者去發展該有的管理行為，且讓過去績效成為主導未來發展潛力的評估準則，亦即，「不管黑貓白貓、（現在）會抓老鼠的就是好貓」，類似的思維將使得人才發展的基礎與未來性流失。

以上四項組織慣性，不僅將導致通才能力的培養受阻，更可能造成人才供應鏈的「斷鏈」，最終勢必成為事業成長速度與領導傳承的牽絆，實不可不慎。是故，如何將控制導向（control-oriented）的績效管控，轉換成發展導向（development-oriented）的績效體制，絕對是企業人才發展培育的首要功課。

人才培育制度須落實於體制內

了解多數企業的組織慣性與管理迷思後，我們便可以體認到，組織的人才發展與傳承，如果不能採取整體的管理系統觀念來規畫，藉體制化（institutionalization）的目標予以落實，成為組織營運的常軌，將難以真正讓人才發展成為策略性行動，使企業持續成長。以下，我們將從價值觀、人才辨識、人才發展、制度化等四個步驟，分別討論其成功關鍵因素（見左圖）。

一、建立核心價值觀。首先，企業必須確立幾個人才發展的核心價值觀。其一，人才到底是誰的？是公司的，還是事業單位的？邏輯上，如同所有的策略資源（strategic resources）一樣，人才當然是公司的共同資產，事業單位只能算是借用這些人力資產。正因為人才是企業的共同資產，人才培育必然是公司的共同投資。

如前述，過度BU化的組織，「人才是公司的」常會變成只是一句口號，不可不慎。其二是，人才發展的責任是誰的？到底是人資部門的、老闆的、還是事業經營單位主管的？誠如我們前面的討論，人才發展的當責（accountability）應當屬於各級主管，人力資源單位則

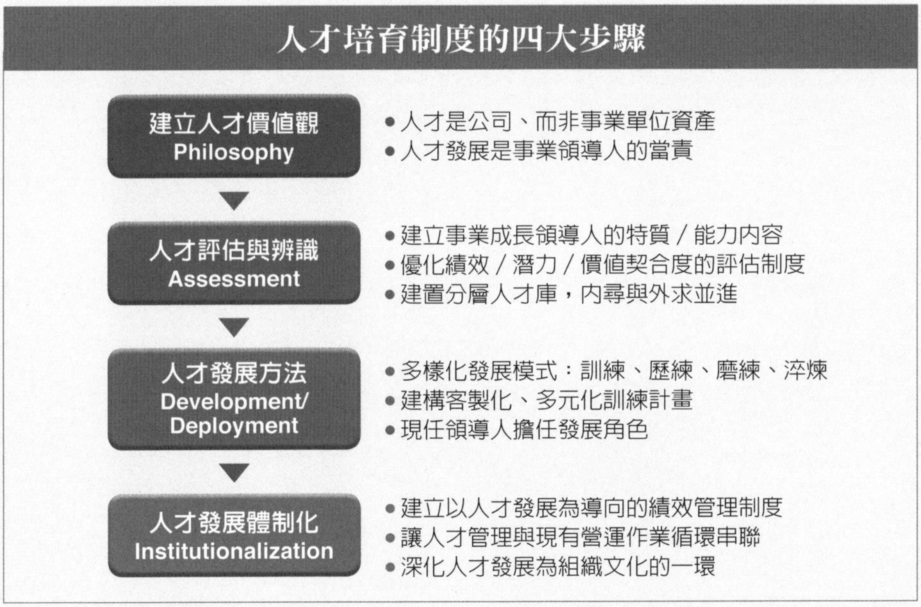
人才培育制度的四大步驟
建立人才價值觀
Philosophy
•人才是公司、而非事業單位資產
•人才發展是事業領導人的當責
人才評估與辨識
Assessment
•建立事業成長領導人的特質／能力內容
•優化績效／潛力／價值契合度的評估制度
•建置分層人才庫，內尋與外求並進
人才發展方法
Development/
Deployment
•多樣化發展模式：訓練、歷練、磨練、淬煉
•建構客製化、多元化訓練計畫
•現任領導人擔任發展角色
人才發展體制化
Institutionalization
•建立以人才發展為導向的績效管理制度
•讓人才管理與現有營運作業循環串聯
•深化人才發展為組織文化的一環

是人才發展體系的專責幕僚、人才庫的託管單位。

這兩個核心價值觀的共同基礎在於，發展人才是管理者職責的一部分；換句話說，管理者不當只求達成事業目標，從事下一位、下一層、甚至下一代管理者的培育，更是責無旁貸的工作。由於人才發展過程有許多專業及見仁見智的議題，再加上，培育人才為組織而非自己所用，在一定程度上與個人私心並不相容，因此，必須將人才培育建構成管理營運體系的一環，甚至要有為培育長期人才適度犧牲短期目標的共識，方能導引各階層的管理者合力達成此一重要任務。

二、**人才評估與辨識**。有了清楚的價值共識，下一個核心議題便是如何建立人才辨識（identification）與評估（assessment）的系統方法。

人才發展的目的既然為企業未來成長所需，首先必須釐清，企業未來的成長策略需要何種成長領導人（growth leader）？如果成長策略軌跡不變，企業可以依據現有成功經理人的特質能力條件，定義未來經理人的職能模式（competency model）；但是，如果企業正面臨轉型變革，則成長領導人的特質條件必須重新對焦，以做為人才選訓用養的依據。

例如，二〇〇一年美國奇異公司在新任執行長伊梅特主事後，便積極推動創新導向與有機成長（organic growth）的策略，與過去威爾許所領導的效率導向與購併成長的策略，方向迥然不同。

因此，伊梅特在推動策略轉型的過程中，特別定義未來事業領導人需要具備五大特質，包括：外部導向（external focus）、清晰思考力（clear thinking）、想像力與勇氣（imagination and courage）、包容與人際鏈結能力（inclusiveness and connection with people）、領域專業能力（domain expertise）。這五大特質便成為人才拔擢與發展的聚焦元素。

反觀國內企業，常存在一種現象，即：受限於過去的成功慣性，往往看不到未來所需要的改變，使得內部在人才辨識與拔擢的條件上，無法形成共識。另一方面，企業在未來轉型策略上常無法定調，使得人才培育發展工作在跨出第一步時便無所適從。

根本上，我們必須清楚體認，人才培育不能只是為發展而發展，必須有前瞻性（forward-looking），必須與未來策略發展需求結合。同時，要配合未來舞台的大小，來衡量所需要培養演員的數量；培育人才若未經縝密規畫，便如同動物園沒有擴大，老虎卻不斷增加，最後終將導致老虎走上街頭，或只能互相殘殺。

人才評估的第二個重點，在建立有效的評估制度，而確立評估要項為何尤為當務之急。人才評估通常會有兩個主要面向：績效（performance）及潛力（potential）；前者參考過去的表現，後者則評估人才未來在公司的升遷可能性。績效評估通常有較多可衡量的指標，如業績成長、獲利成長、管理指標的卓越程度等。

但未來潛力的衡量，差異則較大，因為除了不同企業對未來策略的需求不同之外，不同公司的選才偏好差異也不小。在《管理相對論》的訪問中，便有許多關於選才偏好的辯論。

例如：聯強國際評估人才的方程式包括能力、人格特質與積極度三個重要面向。尤其重視能力面向，可細分為思考、系統、結構、整理、分析等五大習慣，以及歷練與判斷，整體而言，即為廣泛的ＩＱ能力或高層思維能力；至於人格特質，則由價值觀、成熟度與人際互動等要素構成，也可以說是ＥＱ能力。若ＩＱ與ＥＱ不能得兼時，杜書伍總裁則建議：ＩＱ一定要名列前茅，ＥＱ只要不影響大局即可。

另一個常見的爭議則是，能力與忠誠度何者重要？台泥辜成允董事長以「會做事」與「會做人」比喻能力與忠誠度，在台泥「會做事、會做人」是第一優先選擇的人才，其次才是「會做事、不會做人」，至於「會做人、不會做事」（即光有忠誠度）可能比「不會做事、也不會做人」的更糟糕，是不能用的。辜董事長更強調，對台泥而言，「忠誠度」是指能夠認同公司的價值觀與工作環境的同仁，台泥選才要求負責、團隊與執行力，「有了這三個基礎功夫，公司和員工彼此才能以『和』、『信』待之，就是我父親講的『謙沖致和，開誠立信』」。

綜合言之，人才潛力的評估必須兼顧至少兩方面的內涵，一方面是人才與企業價值觀及核心能力的適配程度，另一方面則是人才與未來策略發展所需契合的程度。以這兩方面內涵所建立的潛力指標為根基，再結合績效指標，便可建構一個績效與潛力的矩陣圖（performance-potential matrix）。

當被評估的經理人被正確地標示在績效與潛力的矩陣裡（通常採用2×2或九宮格矩陣），企業便會針對高潛力與／或高績效人才，給予特別的人才發展安排，這些人即菁英人才發展計畫（Elite Talent Program）的主要對象。由於這些評估多半涉及不完全可量化的面向，通常會採取多方向評估（如一八〇度或二七〇度評估），並建立專責的人力資源評估委員會，進行人才發展的合議式決策。

三、**人才發展方法**。建立菁英人才發展計畫，猶如先建立一個跑馬場，接著便是讓這些辨識出來的潛在「千里馬」，能夠在不同的訓練發展方案中成長，同時，也在不同的競爭中適時地汰弱擇強。在人才發展過程中，有幾項重要觀念需要提示：

首先，有效的菁英人才發展方案，不應該只有教育訓練，更應該包括計畫性的職務輪調、策略性的專案任務（如購併整合、新市場發展）學習，甚至反差較大的專案考驗（從高獲利單位調派去整頓嚴重虧損的單位）等，以達到「歷練」、「磨練」，甚至「淬煉」的發展效果。多元發展方案主要的目的，在發展人才的全方位通才能力，因此，愈是多角化的企業，人才培育的環境資源愈是豐富。

其次，由於每位潛力人才的長短處不同，因此，發展計畫原則上必須有一定程度的客製化，高階人才可能還需要個別的發展教練（executive coach）。因此，納入人才庫的經理人應該都要建立個人發展計畫（individual development plan, IDP），讓人才與管理單位對於其該發展或補強的能力，以及當事人的職涯期望等，有定期溝通、檢視與修正的機制。做為人才託管單位的人力資源單位，則根據這些ＩＤＰ需求，進行訓練課程、職務輪調、專案任務發展的安排與建議。

最後，為落實「人才發展是事業主管的當責」價值觀，各級主管除了全力支持人才發展工作外，更須親身投入培育發展的過程，扮演不同角色，例如：擔任發展課程的講師（executive faculty）、專案導師（project mentor），以及個別人才的教練（coach）等；如此方能體現領導人發展下一代領導人（leader develops leader）的真管理精神！

四、人才發展體制化。除了上述的辨識與發展活動外，人才的招聘（recruiting）、獎勵與報酬（rewards）、升遷（promotion）與留任（retention）制度，都須環環相扣，使其成為完整的管理循環。更重要的是，在制度設計上，必須將人才發展的管理循環與其他營運循環（operating cycle）結合，才能讓人才的規畫、配置運用與檢討，如同技術發展、設備投資、物料管控、業務發展、財務調度等活動一樣，真正成為企業經營的關鍵活動。

人才發展固然有其成本，但缺乏人才發展體系的企業，將難有持續成長的基礎；而缺乏管理內涵的人才培育發展活動，只會徒增成本，無法有效貢獻於企業價值創造的環節。由於人才培育與發展涉及企業對人才的信念與行為的價值觀，因此，有效的人才發展體系必然需要組織文化做為內在支撐，人才發展成效終將成為組織文化的一部分。

人才培育的TIPS

綜合言之，企業必須就未來的成長需求，發展出一套適合自己公司的人才培育與傳承制度。然而，新制度的導入猶如組織變革，不僅需要時間，更需要掌握許多關鍵要素。以下是建立制度過程的四點提示，其英文縮寫正是重點提示（TIPS）之意：

T、透明與互信（**Transparency and Trust**）。人才發展與領導傳承儘管有一定的敏感性，但制度的推動過程必須要有一定的透明度，以建立互信基礎。當員工信任公司，對制度、做法有一定程度的認識與了解，知道公司是玩真的，表現將截然不同。反之，如果經營者認為這個制度只會帶來更多麻煩，嘴上雖不講，但心裡反對，這個制度就推不下去了。就以輪調政策來說，如果沒有清楚的管理溝通與政策的持續性，被調動的人才可能會懷疑決策背後是否有陰謀，一旦缺乏對制度的信任，絕對難以實行。

I、誘因配套（**Interest Alignment**）任何管理體系的發展，都需要兼顧系統不同成員的誘因；人才培育與傳承體系的發展，也不例外。從無形的企業價值觀，到具體的績效管理與升遷獎勵，都必須與人才培育的行為結合，才能建構一個永續傳承的環境。如果制度的推行與管理者誘因不合，甚至讓他們認為自己是制度的受害者，則制度將無法產生效果。

P、程序嚴謹（**Process Integrity**）。要由上而下推動是策略性的決定，同時，人才與傳承體系關係著組織的成長與成員的生涯發展，必須縝密規畫分層、跨單位連結的實施程序，確保人才辨識與選擇、人才配置與運用、人才發展與訓練，以及人才評估與獎酬的機制，都能環環相扣，產生內部一致性。

S、系統鑲嵌（**System Embedded**）。包括人才辨識、績效管理、輪調策略、多元養成模式，此四項一定要納入組織營運常規，甚至做為推動營運系統的核心，才能真正落實「人才為企業之本」的理念。

家族企業要建立有效傳承模式

家族企業，泛指一個企業由單一或若干家族共同擁有顯著多數的所有權與決策權。由於絕大多數企業創立時，不論是在財務資源或人力資源上，家族總是最直接與可靠的支持力量，因此，發展成家族企業的樣態，可說非常自然，也是全世界共通的現象。

根據麥肯錫的統計，美國納入史坦普五百指數（S&P 500 Index）的公司裡，有近三分之一屬於家族控制多數股權的企業[1]；全世界十億美元以上營收規模的公司，超過三〇%屬於家族擁有顯著所有權的企業；此外，許多世界知名企業都是家族企業，包括美國的沃爾瑪（華頓家族）、福特汽車（福特家族）及韓國三星集團（李健熙家族）等。

在台灣的經濟發展過程中，家族企業更扮演極為重要的角色。根據投資銀行的統計[2]，台灣上市櫃公司中，四分之三為家族企業，其市值超過資本市場全體的一半，產業則集中於傳產（紡織、食品、塑膠，九九%為家族企業）、金融（七六%為家族企業）與電子（三七%為家族企業）。知名的家族企業集團包括：台塑集團王家、遠東集團徐家、國泰與富邦集團蔡家以及統一集團高家。

家族企業不僅是股權結構的特色，家族在經營過程的涉入，也代表特定家族的經營理念與核心價值觀的體現，以及對於公司治理與事業經營方向的主導力量。許多研究顯示，家族企業的長期經營績效高於產業平均值，尤其是在經濟不景氣時，家族企業更能表現出其經營韌性[3]，這是由於家族企業占有顯著的所有權比率，經營上會有較為長期的投資與承諾；加上負債較低，初期成功有賴對本業的專注，但站穩腳步後，多半積極進行多角化成長。雖然，家族企業提供員工的財務激勵未必較高，但長期雇用的無形承諾卻建構出較強的主雇信任關係。

隨著創辦人或「掌門人」年紀漸長，家族企業傳承的議題也陸續浮上枱面。不同於一般非家族企業的傳承，家族企業多了一層家族後代與專業經理人的接班選擇問題。根據國內管顧公司的調查資料[4]，將近六成家族企業主，希望股權與經營權都由下一代接手，比率遠高於全球的平均值（四一%）。究其原因，固然與創業世代第一次交棒的階段，其專業經理人接班的制度經驗明顯不足有關，但此一高比率的家族接班，也反映創業主對於專業代理人制度，亦即「所有權與經營權分立」的運作結果並不放心。

誠如從創辦人手上接棒的現任長興化工高國倫董事長指出：「華人企業的傳承希望保有經營權與掌控權的合一」，而「性格上的傳承」是重要的考量因素，因為「上一代

1 參考自Caspar, C., A. K. Dias, and H. Elstrodt, 2010, The Five Attributes of Enduring Family Business, McKinsey Quarterly, January.

2 蔡鴻青，二〇一二年，「華人家族企業關鍵報告」第一屆華人家族企業年度論壇。

3 參考自Kachaner, N., G. Stalker, and A. Bloch, 2012, What You can Learn from Family Business, Harvard Business Review, November.

4 資誠聯合會計師事務所，二〇一二資誠PwC全球企業調查報告。

企業家認為企業是他性格的延伸」，而下一代可能比外人更能傳承他的性格。即使是二代接班，長興的接棒過程也花了將近二十年的時間；先讓二代從基層做起，經過十年歷練後交付總經理職位，其後再「陪跑」十年，老董事長才真正交接給二代。

麗嬰房創辦人林泰生董事長，則是在健康因素的驅策下，引進外部優秀人才，進行長時間的總經理培養與傳承，「我交棒的過程其實很長，前面三、五年，我先教他在組織內，做到從『人從』、『人服』變到『人敬』」，「第十年才讓他碰財務，……我希望再過十年能全部交給他。」

林董事長認為透過內部與外部人才庫，可以避免組織陷於核心僵固性；內升外求不是重點，有效領導傳承的關鍵在於，如何透過「用人」、「展人」、「留人」的步驟，培養符合策略所需、理念與組織價值觀契合的人才。這也如同敏盛集團兩代掌門人的看法：只要能建立共同利益，外人可以變成內人，甚至是家人。

顯然，不同的模式適配於不同的策略與組織條件，當然也跟家族內部結構與接班條件有關。台玻集團林伯實總裁指出，「經營家族精神與凝聚力」，同時「以人的能力為管理目標」，是確保企業與家族能夠永續共榮的關鍵。

因此，家族企業的傳承，除了一般企業考量的事業經營結構與公司治理架構外，尚需加上一個家族治理機構（見左圖），針對家族所有權的承續、移轉處理政策，及家族成員進入事業體擔任職位或董事派任時，進行協調與決定。

甚至如歐美歷史悠久的家族，於內部建立家族憲法，以確保經營理念、價值觀與事業經營的傳承，能夠永續不墜。

領導傳承是企業永續經營的開始，台灣企業發展迄今正處於跨世代接班之際，如何思考學習建立有效的傳承模式，不論是二代接班、與專業經理人共治或專業團隊接班，都必須以確保企業的持續競爭力與創新成長為最終依歸。

家族企業治理架構

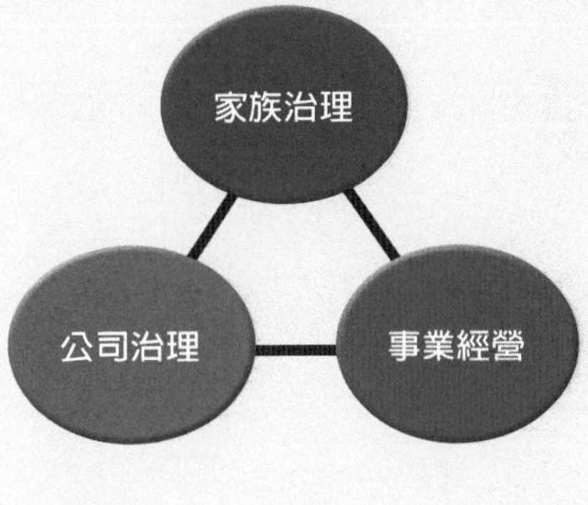

註：本章部分內容摘自《哈佛商業評論》繁體中文版，『人才培育與傳承的策略思維』，李吉仁著，二〇〇八年十月。

★領導人面對人才培育與傳承時，應突破三個思考盲點，修正心態與觀念：

一、**人才培育的責任不只在人資**：人資單位僅是人才庫的託管單位，事業主管絕對必須深度參與人才培育發展的過程，方能奏效。

二、**楚材晉用不見得是壞事**：良性的人才流動並非壞事，組織應該挑選的，是最契合未來發展所需，而非市場上的最佳人才；再好的人才也需要有適當的組織，才能發揮功用。

三、**高層行動承諾重於口頭支持**：達成當年營運目標所須採取的（作業性）行動與資源，不應優先於人才培育所須採取的（策略性）行動與資源，否則人才培育容易淪為景氣好時的「應景」投資，而非長期「願景」投資。

★成功企業的四項慣性，往往變成人才培育的障礙，而它們是：

一、**忽視通才的重要**：原因一是因企業組織走向各自獨立的事業單位，因成本考量限縮總部功能；第二是結果導向的績效控管模式，使得人才不易在事業單位移動，造成企業內多以技術功能面的專才為主。

二、**事業群的藩籬**：績效導向下的事業群架構，容易造成人才移動的「玻璃牆」；內部誘因的不對稱，必然讓人才輪調無法順利上路。

三、**N—1的布局**：成本效率導向的經營思維，限縮管理者人數，使其缺乏發展下屬能力的時間，組織也缺乏多餘的管理板凳深度，壓縮人才培育與領導傳承的場域與誘因。

四、**控制導向的績效管理**：績效指標通常集中於可量化的項目——多屬短期、有形、直接的績效，對於長期、無形與間接的績效，通常聊備一格或僅供參考。

★人才培育制度四大步驟：

一、**建立核心價值觀**：人才是企業的共同資產，人才培育必然是公司的共同投資。

二、**人才評估與辨識**：人才培育必須有前瞻性並且與未來策略發展需求結合。同時，要配合未來舞台的大小，以績效及潛力兩個面向評估所需培養的人才數量。

三、**人才發展做法**：除了教育訓練，更應包括計畫性的職務輪調、策略性的專案任務考驗，甚至反差較大的專案學習等，以達到「歷練」、「磨練」，甚至「淬煉」效果。同時，發展計畫原則上必須有一定程度的客製化。

四、**人才發展體制化**：除了辨識與發展活動外，人才的招聘、獎勵與報酬、升遷與留任制度，都需要環環相扣，使其成為完整的管理循環。

★建立人才培育與領導傳承制度的TIPS：

T、透明與互信：當員工信任公司，對制度、做法有一定程度的認識與了解，知道公司是玩真的，員工的表現將截然不同。

I、誘因配套：從無形的企業價值觀，到具體的績效評估與升遷獎勵，都必須與人才培育行為結合，才能建構永續傳承的環境。

P、程序嚴謹：要由上而下推動是策略性的決定，並確保人才選擇與辨識、配置與運用、發展與訓練，以及評估與獎酬的機制，都能環環相扣。

S、系統鑲嵌：包括人才辨識、績效評估、輪調策略、多元養成模式，都要納入組織營運常規，甚至做為推動營運系統的核心。

選才看IQ或EQ？

挑選人才，東西方各有一套方法，
亞洲第一大的資訊通路集團聯強國際，
成立逾三十年，總裁杜書伍主張「人格特質為體、能力為用」，
以獨特的選才哲學，打造組織戰力。

湯明哲：「選才究竟是IQ重要？還是人格特質重要？」有一派講法是，人才用錢可以買到，但忠誠不能買到，所以什麼IQ、EQ都不重要。

聯強國際總裁杜書伍（以下簡稱杜）：這種是西方的文化，認為金錢萬能。東方不是這樣。

湯：對，對。可是你看西方的3M又不一樣，這家公司培養人才以建構組織能力，講組織由人才組成（building people to build organization），慢慢把人才給培養上去，這是第二種。第三種則是台灣企業的普遍想法，「反正人才很容易跑來跑去，」所以用完即丟，為了把事情做出來，IQ比較重要，反正EQ是「我改不了的」。到底選才，你看重什麼？

杜：基本上我是比較東方思想。用人如果是買來的，他會隨時都在算計著下一個

策略名師 湯明哲

買盤哪裡比較高，你沒有辦法交心，即使買到，也只有短期效應。

很多西方企業是用制度去 back up（支持），但常常在重要位置的人會以很積極的，我們稱之為有「突破性」的做法，去操弄制度，結果損害長期利益。從美國安能案之後，這種例子太多了。

用五大習慣檢測IQ

不管是培養或是找來的人，關鍵都在於怎麼樣找基層幹部與中階主管，把他培養成高階主管；畢竟，如果真的找高階主管進來的話，他要去改變、適應新企業文化的能力其實也會比較弱。

我們覺得人才必須檢核三個面向，其中，能力可以視為廣泛的IQ，包括「五大習慣」與個人的判斷力、經驗歷練、學理邏輯、涉務性（涉及廣泛事務的興趣或習慣）的綜合。

這五大習慣，第一個是思考、第二是系統、第三是結構、第四是整理、第五是分析。系統是指蒐集完整的資訊，使決策

對談CEO **杜書伍**

經歷：聯通電子總經理、神通集團副總經理
現職：聯強國際總裁

時不會遺漏；結構則是指將資訊分門別類，了解其主從先後等邏輯關係。如果用電腦打個比方，判斷力是**CPU**（中央處理器），五大習慣就是軟體，至於你的歷練，就是你的data base（資料庫）。

湯：聽來五大習慣是高層思維的過程，有整體的視野、有結構，把因果的關係想得很清楚。然而，這是考試也考不出來的東西！

杜：是。我們有一套方法，第一個會去考IQ，我們目前大概是選擇前二五%的人。

湯：不高。大概大專畢業就差不多二五%了。

評斷EQ首重積極度

杜：太高也不好，中國人的哲理談到「物極必反」，有一個很大的優點，相對的就會有很大的缺點出來。

所以，我們選出IQ前二五%的人之後，再用口試去判斷，這個人是不是在動腦筋？他的「五大習慣」有沒有養成？成形到什麼程度？

為什麼講五大習慣，不是五大能力？因為先有習慣，才會有思考能力。假若你的五大習慣不好，你走過的經驗歷練，會走過不留痕跡。

人格特質則是價值觀、成熟度、與人互動等要素構成。「積極度」說來，是人格特質的一部分，特別拿出來，是因為如果積極度是零的話，能力、人格特質再好，你可能要修行去了。

人格特質這種東西，就像大學聯考一樣，有高標，有低標。依照不同的工作性質，不太一樣。比如說你是業務，那人格特質中「與人互動」他要有；像財會，不能找個粗心大意的人來做。

不過，人格特質這東西，是消去法，你沒有辦法選到最好的。如果有一種特質很好，回頭一定會看到很差的。比如一個會積極突破的人，但他如果到處闖，是莽撞藍波型的，那就……。所以消去法要把那個特質太嚴重的去掉。就是說，人格特質一定不能選到最差的，在這基礎上，再去選能力。

湯：所以你的講法是，EQ是最低標準，能力越高越好？

杜：EQ只要不造成傷害，能work就好。

湯：也有人的講法完全不一樣，有人說IQ是最低標準，EQ要越高越好！事實上，主流的講法是，如果你IQ不好，EQ好，可以利用別人的IQ幫你做到你要做的事，你的講法聽起來，是非主流。這有趣。

杜：人不是聖人，重點是，你不能有重大缺點，你不必很好，但你不要很壞，像是沒有誠信。有的人格特質缺點，是會影響大局的，有的不影響。

人格特質是會變的，假使你的五大習慣很好，你想通了，你的ＥＱ也會變好。舉例來說，價值觀與五大習慣也有關係，什麼叫成熟？就是思考比較周延，他不會有很偏的好惡，不會說我就喜歡吃甜的，鹹的我就排斥；不會說金錢就是一切。

ＩＱ與ＥＱ有時只能擇一

湯：講到這裡，比較清楚了。ＥＱ要與思考習慣連結起來。但這套想法是否因為你們所處的是一個比較講究組織戰、講標準作業流程的行業？ＥＱ只要做銷售的人強就好了？不必所有人都有？

杜：應該這樣講，你假使說ＥＱ很好，ＩＱ不好，只能叫作一時奏效。比如說，遇到某些人見面一、兩分鐘之內，他就可以像是老朋友一樣；但交朋友是一回事，要做事的話，你的ＩＱ不行，後面拿不出東西出來，誰跟你談？這樣就沒辦法走向專業，沒辦法提升一個公司的核心競爭力。

所以人是很複雜的。有時ＩＱ、ＥＱ不能夠兩者兼具，只能去找一個最適合的。如果拿積極度來講，基層員工的最基本要求是自律性，但他積極主動的話，我們就比較確定，他可能可以到基層主管；但假如他積極自我提升的話，他可能有到中高階主管的潛力，沒這個條件，到不了中高階主管。

只是選到高階領導者時，有EQ與能力都很不錯的情形，當然也有能力很強、EQ很差的，那他往往會單點突破，如果加上時空允許，就成了。但是只要一反轉時，就出問題啦。最佳的狀況是，一個領導者本身他會變，他會視企業發展歷程自我調整。

湯：所以IQ好、EQ不好，還是可以成為高階主管，你看，台灣多少CEO是EQ好的？CEO年紀大了，變不了的，就要在不同的階段換CEO。

杜：選才是很複雜的東西，失敗率很高，我們只是在降低失敗率，成功率只要提高一〇%就很不得了。就像是美式橄欖球，比別人多往前攻一碼你就贏了。

湯：如果用一句話為你的選才哲學作結論？

杜：以「人格特質為體、能力為用」。

人才＝

能力	×	人格特質	×	積極度
（五大習慣（思考、系統、結構、整理、分析）× 判斷力、經驗歷練、學理邏輯、涉務性）		價值觀 成熟度 與人互動		積極自我提升 積極主動負責 自律性

能力和忠誠哪個重要？

二〇〇三年，辜成允從父親手上接任台泥董事長，
著手變革、改造比自己年紀還大的老公司，
台泥不但市值倍增，更力拚躋身中國前三大水泥廠，
他晉升高階主管，不談忠誠、只看能力！

湯明哲：傳統認為，個人能力是晉升高階主管必要且唯一的條件，但能力強的主管不易管理，常要求加薪、升官，不滿意就跳槽，因此有學者認為，要晉升高階主管不如選能力中上、但對公司忠心的員工。假設，你現在要選一個副總，總分是十五分，你會選忠誠九分、能力六分，還是能力九分、忠誠六分，或者能力十一分、忠誠四分的候選人？

台灣水泥董事長辜成允（以下簡稱辜）：哪一個執行力最好？

湯：當然是能力十五分、忠誠零分啊，可是他隨時會走，別人給高薪，他可能隔天就不幹了！

辜：他在任的時候會一心為公司？

湯：能力十五分、忠誠零分的，對！

策略名師 **湯明哲**

辜：那當然是這個！就是講執行力嘛，執行力就是一定能幫公司做出成果，這樣公司才能夠競爭。要是請一大堆人待在公司，要他做事做不了，請他走，他還跟你講三民主義萬歲，你留他幹什麼？

首選會做事的人才

我在內部做人才培訓也會問大家，如果安排人才的優先順序：第一種人「會做事、會做人」，第二種人「會做事、不會做人」，第三種人「不會做事、會做人」，第四種人「不會做事、不會做人」，老師猜猜看，我們的標準答案是什麼？

湯：傳統的公司一定選「做人重要，做事無所謂」，但你一定不是……。

辜：沒錯，在我們公司「會做事」最重要，「會做事、會做人」當然第一名，「會做事、不會做人」的第二名，第三名是誰？是「不會做事、不會做人」的，第四名才是「不會做事、會做人」的。

湯：所以你最怕「不會做事、會做人」，因為他不但趕不

對談CEO **辜成允**
經歷：台灣水泥總經理、台灣水泥企畫室主任、勤業會計師事務所查帳員
現職：台灣水泥董事長

走，還會在組織裡頭作亂。

辜：「不會做事、不會做人」的一下就迸出來了，你要嘛很快可以請他走，要嘛很快可以告訴他如何改善。但「不會做事、會做人」的，他會搞混亂做官！

我們公司裡面，有時開會衝突性是很大的，事實上，我是鼓勵那個衝突性很大、說大話的人。在衝突大事情上面，大家願意為了專業去爭執，是被允許而且被鼓勵的。有些人他就是很直。基本上，我們都是鼓勵他要講。

合作能力是執行力的一環

湯：聽起來是典型美式管理，但台灣和美國不一樣，高階主管人才庫其實很少，好不容易找到一個，或從下面升上一個很能幹的人，但他沒有忠誠的話，被高薪挖角，除了帶給公司很大損失，就算再找人，也有磨合人際關係的問題。美國總統歐巴馬不也講，「Strong people always have strong personality.」（強人總有強勢性格）？

辜：對對，基本上如果發生這樣的事，我一定會直接跟他說，你的方式不是我們要的，有的人可以配合，但有的人最後還是不能配合。

湯：所以說，你也不是只有能力至上囉？

辜：不能說是能力至上，所以我剛剛一直在講，執行力、執行力。

湯：執行力包括了EQ？

辜：執行力包括怎麼跟人家一起把公司交付的任務做好，你個人能力很好，但別人跟你搭不上，你的執行力還是差的。我不是說，沒有執行出來馬上就砍掉，但我們一定有獎懲，可以從被罵一頓到被開除，那就看公司的損失到底有多大，所有東西都要講accountability（當責），最後一定進入你的考績。

湯：你談的是管理高階經理人，還是所有員工？

辜：都一樣。我舉一個曾經發生過的例子，我們有個工廠發生火災，造成了損失，一開始以為是電線走火，後來發現是有一些管理上的疏失，第一時間一定處理火災本身，處理到一個段落，我就會發信跟這個廠長講，請他拿出人名然後自請處分。

湯：如果這個人才三十八歲，年輕有為，擔任廠長這幾年都沒事，將來也可能是總經理的人選，因為一個下屬不小心讓工廠失火了，你會把他砍掉嗎？

辜：不會啊！

湯：如果第二次又來？要到什麼時候你才會說，好吧，這個人可能不是我想的那麼好，所以把他砍掉？

辜：我一定記他過嘛，砍人基本上是看績效，如果他只是因為颱風、電線走火出事，平常表現很好，認真負責，發生災害第一時間，都讓所有該知道的人了解的話，他是可以留下來的。

湯：所以，你重視的是process（作業程序）？

辜：對，process對的時候，所有人都是一起在處理這個事情，我就會跟所有的人講，這是公司的責任，我們要一起挺住。

我們不要super star

湯：你上任董事長後，把全部的副總都換掉，從外面拉人進來，但建立一個高階經理團隊很不容易，你不覺得這樣做損失很大嗎？你不能接受「也許能力沒那麼強，但穩定性很高」的高階主管嗎？

辜：那就看CEO要把公司帶到哪裡去？如果你要帶一個穩定、讓人養老的公司，那也是你的決定。但如果你決定讓這個公司一直往前走，然後中間就算沒有人能夠戴那頂帽子的時候，CEO無論如何都願意第一時間跳到火線，那這個公司就不一樣了。

湯：你的意思是說，如果這個副總走了，你也能夠跳下去幹他的位子？

辜：比如我們CFO（財務長）已經離職一段時間，但是一直還沒找到適當的CFO，我現在就同時兼CFO和CPO（採購長）。我要樹立一個文化，是這邊所有人都是校長兼撞鐘，你下面的人如果有任何問題，你都要能完全掌握。

湯：所以不管哪一層，隨時有人離職都沒關係，下面的人也不一定比你差，所以可以完全不在乎忠誠，因為有團隊合作的文化？

辜：對，所以 super star（超級明星）我們是不會留的，因為他沒辦法體現我們公司的價值觀。不是說你很棒，就應該跟人家不一樣。

湯：你既然自己可以接CFO，那找一個忠誠度高的主管，當他能力不足時，你拉他一把，或給他時間提升能力不就好了，何必冒風險找人，他可能來了然後又走了？

辜：你是要等那個人成長，還是，那個人應該跟上公司的成長？況且，那樣子的話，這個公司不就永遠被我的能力綁住，這不是負責的做法。我們永遠在找的，是能把這個公司再往前帶一步的人。

湯：回到最開頭的假設性問題，你選「能力十五分、忠誠零分」，這個標準會不會隨企業階段不同，你會有所調整？譬如進入承平階段，你要晉升一個總經理，忠誠度其實還是滿重要的，甚至超過能力？

辜：我不覺得忠誠度和能力是選項，對我來講，我向來沒有在選能力，也沒有在選忠誠度，我一直在選執行力。

湯：好，執行力很強的主管在什麼地方都可以做，但你不可能給一個全世界最好的package（薪酬配套），也一定有比你台泥舞台更大的公司，好不容易找到執行力很強的總經理，對手給他一倍薪水挖走，對你損失實在太大。你如何留下有執行力的優秀主管？

認同公司價值就有忠誠度

辜：這牽涉到公司文化和它相信的價值，我可以賺了非常多錢，灰色地帶都踩，不怕人家怎麼罵我，就是很會賺錢，這是一種公司，對不對？另外一種公司是，它代表一種價值觀，誠信、負責，或對這個社會的看法，這些東西加上去才成為給他的package，才能讓你留住那個人。

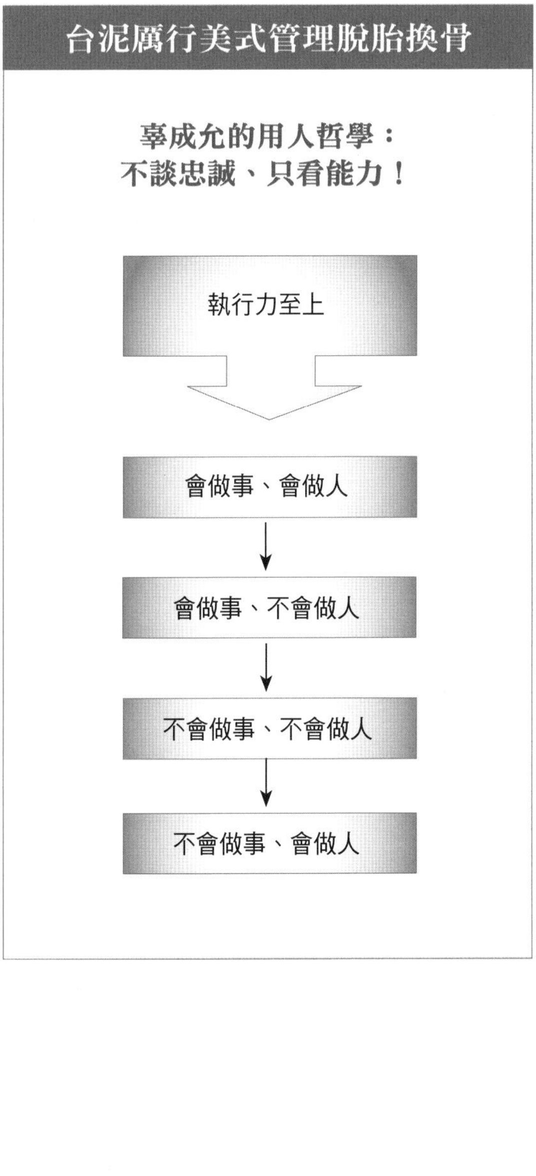

我絕對不是講忠誠不重要，只是能力更重要。就像你如果問我，責任感重要，還是人才重要，我會說，沒有責任感就不是人才一樣。當然，我們提供的薪酬一定要有市場競爭力，至少讓人家覺得不差。

第二，我們要塑造的價值觀，是其他地方找不到的。我們這邊希望做到，沒有圈圈、沒有政治，只要是你能夠好好做事就能出頭，而且貢獻和回饋是成正比的。事實上，這樣的環境在台灣是不多的。

湯：所以你的意思是，與其談論忠誠度，不如重視價值觀？

辜：忠誠度應該看成是，一個企業如何創造一個讓人家願意和你一起工作的環境。說到底，管理最重要的三件事，一是負責，第二是團隊，再下來就是執行，有這三個基礎功夫，公司和員工彼此才能以「和」、「信」待之，就是我父親講的「謙沖致和，開誠立信」。

研發部門**明星**如何組成**團隊**？

微軟全球資深副總裁張亞勤，
領軍三千位跨國頂尖工程師和研究員，
進行前瞻軟體技術開發。
他認為，定位組織價值觀，比搶人才重要。

李吉仁：研發組織的管理，常會面臨到技術頂尖的員工重要、還是團隊價值重要的兩難。尤其軟體研發工作，一個傑出工程師的創意，可能勝過五、六個資質普通工程師的產出總和。然而，軟體產品設計愈來愈複雜，往往得靠跨專業領域合作，進行技術聚合，基於此，團隊合作與領導能力益發重要。面對人才取捨與團隊發展的兩難，你如何解決？

微軟全球資深副總裁張亞勤（以下簡稱張）：不同部門風險考量不同，管理方式也不一樣。

的確，在微軟研究院，有些奇才、怪才是很好的思想家，但未必是特別好的合作者，特別是這些人做的是基礎研究，任務是探索未知。他們像是教授一樣，自己訂題目做研究，也可能好幾年都沒有發表一篇論文，這些人相信有朝一日他的研究成果能改變

世界，你一定程度得相信他的判斷，因此，我盡量什麼都對他們說YES，對彼此團隊合作的要求可能少一點。

鼓勵說實話、創造公平文化

我也曾帶領過產品開發部門，但對他們，我就要盡量說NO，因為他們最終是要把各種選擇變成一種選項，做出一百個產品，一個失敗等於全部失敗，不像研究部門，做一百次實驗，有一個成功便算成功。

我不是學管理出身，只會用最簡單想法進行管理，鼓勵說實話、真話，創造一個公平的組織文化。我在公司裡，每位員工報酬和每個決策，都可以寫在黑板上公開檢視。

另外是奉行簡單原則，任何事情太過複雜一定行不通，這是我在mentor（師傅）微軟創辦人比爾・蓋茲（Bill Gates）身上學到的，每次和他交談，他講的話、說的事、問的問題，都很簡單。最簡單、最基本的東西才是最有生命力的。

李：直來直往的溝通風格，在華人組織同樣行得通嗎？中國人的人際互動，經常你談的是事，但他卻認為你針對的是

對談CEO **張亞勤**

經歷：微軟中國研究院首席科學家
現職：微軟全球資深副總裁、亞太研發集團主席

人！

張：確實如此，所以我們談 Hard on issue , easy on people.（對事嚴格、對人寬容），每做完一件事，經常是花九成時間談一成的缺點，提出改善的知識，並記取教訓。

再有才華都不用的三種人

組織要鼓勵多元文化，但有三種人我永遠不能包容，第一種是雙面人、多面人、玩辦公室政治的。組織裡太多這樣的人，不是多元聲音，是噪音，企業文化就會變得模糊。

第二種是老是抱持負面心態的人。這些人總在吃中飯時高談闊論，對現實、對老闆、對同事都不滿，因為負面的能量傳染得很快，這種人也要趕快清除掉。第三種是玩世不恭的人。他對什麼事都不太在乎，但在科技網路這個行業，你一定得在乎新科技、在乎同事做什麼，在乎自己準備要做什麼，這樣才可以創新往前走。

這三種人千萬別招聘進來，如果不幸招錯了，我勸你趕快請他走。

李：不管這些人技術再好、再多才華，都一樣請他走路嗎？所以，組織的價值觀比較重要？

張：對！不只招聘，這也是進行考核升遷時的評估原則，逐漸就形成組織的價值觀。

李：縱使價值觀一致，但當一個研發人員隨年紀愈來愈大，技術和能力開始往下走，你怎麼處理？

張：也是用三種人的概念來看。第一種研發人員他永遠不斷學習，就算已經八十歲，聽他談話永遠不會覺得他過氣了。第二種人，他年紀大之後，有經驗也有管理能力，這樣的人適合轉管理職。你談的是第三種人，技術上落伍了，我會建議他換到其他營運部門，不然就建議他去其他公司上班。

一條是公司發展曲線，一條是個人成長曲線，公司總體的曲線不會變，但不同部門或團隊的曲線可能不一樣，當個人與團隊的成長曲線無法一致，我會鼓勵他離開公司。

李：雖然如此，微軟過去幾年在搜索引擎和智慧電話等領域，曾錯失許多商機，要追上競爭者的創新腳步，關鍵之一是打破研發者曾擁有的成功光環，如何讓這群人持續保持開放的心態？

張：這確實是個難解的問題，有一個名詞是「NIH現象」（Not Invented Here，非我發明症候群，指的是部門本位主義，凡非我族類的創新想法，一概否決或視而不見）很多頂尖工程師都很驕傲於自己的能力，若他不敞開心胸，管理者當然要有對應的避險機制。

在微軟，進行一個大案子時，通常會有其他團隊同時進行類似的研究，例如研究院之外還有工程院，類似一個大輪盤的概念，我們不會把籌碼只壓在一組人身上，當公司規模還小，就盡量買外面的現成技術，能不必自己開發的軟體，就不投入資源去做；產品上市成功，大家領的是團隊獎金。

職務輪調培養管理人才

李：研發組織須培養領導和管理人才，才能持續發揮團隊戰力，你如何讓研發人才具備管理能力？

張：微軟每半年都會檢視每個職位的接班人計畫，培養接班人過程，特別重視的是職務輪調歷練，例如微軟下一梯次的高階接班人，至少要有兩年中國市場經驗。

研發部門也是，由於產品開發也有週期，很少研發人員會待在同樣團隊超過五年，這樣的「talent flow（人才流動）」慢慢就會變成一種內部文化。不過，中國微軟員工對於外派輪調的態度，積極度並不理想，目前中國微軟有三百位從美國總部派駐來的員工，但中國去美國的只有幾十人而已。

關於研發組織的管理人才，我在中國遭遇的卻是另一個問題，希望研發人員不要都轉型為管理者。在美國，很多人一輩子的志向是當資深技術人員，但中國微軟工程師到一定年資之後，人人都想當部門經理，就算薪水一樣，總認為「管人」才有社會地位，他的父母也會問，你現在管多少人啦？這個跨文化差異，是我目前要克服的問題。

微軟中國的簡單管理哲學

張亞勤認為，定位組織價值觀，用最簡單的想法進行管理，就能人盡其才。

在管理和用人方面，他有以下堅持：

★不同部門，管理方式也不一樣

- 基礎研究部門：風險低，盡量說YES，團隊合作要求可減少
- 產品開發部門：風險高，盡量說NO，因為一個失敗等於全部失敗

★有3種人絕不能用

1. 雙面人：玩辦公室政治，會讓企業文化變得模糊
2. 抱持負面心態的人：負面能量傳染得很快，必須趕快清除
3. 玩世不恭的人：對什麼事都不太在乎，無法創新往前走

接班人該**內升**或往**外找**？

麗嬰房董事長林泰生，
靠著外聘、內升同步進行創造的競爭關係，
讓公司由虧損邊緣到連續七年獲利，
更一併解決成長與傳承的人力需求。

李吉仁：隨企業規模持續成長，傳承的工作愈來愈重要，相對於讓有戰功的經理人內升接班，選擇把棒子交給空降專業經理人，好處是他能帶進不一樣的想法，讓企業脫胎換骨，但適應既有組織文化的問題，卻常讓外來經理人接棒效果不如預期。接班人要內升還是向外求，你如何處理這個問題？

麗嬰房董事長林泰生（以下簡稱林）：人的策略，是公司能否永續經營的關鍵。多數企業主嘴巴都說，人是公司最重要的資產，但實際上，在人力資源的投入卻很有限。靠創始人扮演教練角色，培育內部團隊是不夠的，還要建立外聘管道。

一九九九年我心臟病發作，醫院發出病危通知，開刀之前，躺在病床上我才發現，公司要永續經營，我卻沒有準備任何接班計畫。開完刀之後，命救回來了，我沒有忘記病中思考的事情，才把找接班人當作公司最重要的事情。

策略名師 李吉仁

對麗嬰房來說，當時要做的最大轉變，是從我個人英雄主義變成團隊主義。因此，董事會從六個候選人身上，花了一個半月進行面試，最後決定找來有外商經驗、重視團隊精神，並且擅長做庫存管理的專業經理人出任總經理。

拉長交棒期協助融入組織

李：這樣的傳承模式，可能存在不少問題要克服，包括如何融入現有組織文化、如何讓現有的經理人服氣等？

林：很多朋友以為我從外面找了一個總經理，從此無事一身輕，外界沒看到的是，我交棒的過程其實很長。前面三、五年，我先要求現任麗嬰房總經理王國城，在組織內做到從「人從」、「人服」變成「人敬」，之後我才把麗嬰房中國董事長的位子交給他；到了第十年，才開始讓他碰財務，我希望再過十年後，可以全都交給他。

不瞞你說，之前我曾和總經理對於經營對岸市場的積極度拿捏，幾乎要起爭執。過去麗嬰房的經營原則是準備多少、就做多少，但進軍中國二十年（編按：麗嬰房自一九九三年起

對談CEO **林泰生**

經歷：德州儀器台灣分公司人資經理
現職：麗嬰房董事長

進軍中國），我深刻體會到，中國市場最大挑戰就在它的大，現在這個大，還在繼續大，經營策略當然也要時時刻刻進行調整，心態上不能再像過去這麼保守。

也就是說，我並不是把印信交給總經理，就開始期待立竿見影的績效，而是採取溫和漸進的方式，讓他先融入組織文化，再開始期待他的表現。

李：談傳承，不只總經理這個位子重要，往下推的每層經理人，你又如何讓他在既有的組織框架，培養承先啟後的能力？

三步驟培養接班能力

林：我分「用人」、「展人」、「留人」三步驟。不一定真的挖人，才算「用人」，高階主管經常到外面參加各種協會都是在「用人」，這樣你才知道現在外面搶人才開出的待遇和條件如何。

人進到公司，下一步是「展人」。讓他能學習成長，有成就感，建立「板凳哲學」代理人制度。例如經理的板凳是三個副理，這經理若有十八天休假，人資一定強迫他安排休假計畫，讓代理人有上場機會，幾次之後，就能看出誰可以內升上來當經理。別的公司把休假看作是福利，我們是當制度在執行。

最後是「留人」。專才進來以後要讓他通才化、通俗化。公司執行長、營運長，最主要的工作就是調解人事、找對的人進來，建立起暢通的外部關係，這都需要良好的人際能力，因此，高階經理人一定要通才化。

李：專才未必都能培養成通才，如何在專才階段時，判斷出他發展成通才的潛質？

林：除了對管理感興趣外，基本上有四個指標：他對人要很有興趣、對周遭的各種事物也有興趣，另外是對文化事業要有興趣，文化就是生活，總之是對生活要充滿熱情。最後是對自我成長也要有興趣，這些也是創業家具備的特質。

李：人才養成需要時間，面對中國市場快速成長，當要擴大高階經理團隊，你先考慮內升還是靠外聘解決？

林：我永遠讓競爭因素來決定。麗嬰房很重視在職進修，就是要讓每位員工具備多一項的優勢，面對外部人才的競爭，更重要的是擴大人才庫。

最近我又用兩個品牌總經理，目前麗嬰房六個總經理，全部都是外聘的。

李：在中國大規模發展零售通路，需要眾多店長，基層店長無法靠挖角，穩定性很重要，你如何解決這個問題？

從學校徵才培養基層主管

林：我第一份工作是在德州儀器擔任人資經理，從德儀學到的解決方法，是和學校進行建教合作。

麗嬰房在中國到學校去徵才，我們不找大學生當店長，選高中畢業想有穩定生活的女生，一下就兩、三百人到店裡。從當店員開始，你再提供她一個展人計畫，通過各種檢定考試之後，她就能期待有朝一日成為店長。

這些配套在用人之前都要準備好，包括股票上市配股給員工，都是我拿來當作留人的工具。

李：順利將事業經營的棒子交出去之後，你現在最重要的工作是什麼？

林：替公司找人才、維持升遷公平和制度的永續發展。我絕對不會、也不可以跳回去當總經理，不管下面犯多大的錯，都要想辦法把它更正回來。這和我曾是建中黑衫隊、台大水牛隊打過橄欖球的背景有關，橄欖球隊講承先啟後，高二就有責任找高一學弟進來受訓，時間到了就該放手換人，企業傳承也理應如此。

麗嬰房高階主管晉升大事紀

時間	稅後淨利 (新台幣億元)	大事紀
2000年	0.13	外聘王國城出任集團總經理
2002年	−1.71	內升上海麗嬰房副總李彥出任上海麗嬰房總經理
2004年	0.96	內升台灣營運執行副總葉啓憲出任上海麗嬰房副董兼營運執行副總、外聘張育韶出任台灣營運執行副總
2005年	1.84	內升直營事業處協理彭萬語出任北京分公司副總
2008年	1.70	外聘劉熙鍾出任台灣子公司麗漢總經理
2009年	2.78	內升北京分公司副總彭萬語出任上海麗嬰房直營事業處副總
2010年	3.3	外聘陳豐欽出任兩岸Nac Nac事業處總經理

資料提供：麗嬰房

高階經理人首重**能力**或**經驗**？

台達電董事長海英俊，從外商金融圈轉戰本土科技業，二〇一〇年將公司獲利推上歷史新高。證明不斷自我學習，與內化審度情勢與識人的本領，是高階經理人跨產業致勝的成功關鍵。

黃崇興：台灣企業正走上區域化、國際化之路，廣納不同產業高階經理人，將是維持成長的必要做法。你過去在花旗、奇異等外商任職，一九九九年加入台達電，從典型的美式企業，轉換到十分具代表性的本土公司，又從金融業跨足科技業，你認為對高階經理人而言，核心能力重要，還是產業經驗重要？

台達電董事長海英俊（以下簡稱海）：先回頭講我為什麼有興趣加入台達電。我是一九七八年從美國念書回來，進入花旗，之後到JP摩根、雷曼兄弟、奇異資融（任台灣區總經理），然後才到台達電。

在美商金融機構做事二十年後，我在想，台灣的經濟奇蹟，基本上是由電子業所創造的，沒有台灣電子業，這麼便宜、精良的筆記型電腦、iPad等這些科技產品，

策略名師 **黃崇興**

根本不可能出現，而與其在業外觀察，不如自己到業內，找出這些電子公司的運作模式。

心態歸零，多看多聽少講

正好有個機會，台達電需要一位監察人，過幾年之後，鄭崇華（台達電創辦人）說要把公司做大一點，各種各樣的人（才）都要，我是這樣子進來的。因為產業很不一樣，我不是念科學，也不是學工程、電子、電池、什麼磁、光啊都不懂，那就歸零嘛；多看、多聽、少講，不懂的就多請教人家。

黃：本土企業老闆經常直接影響下面行動，外商公司強調制度和程序，對你來說，沒有不適應或覺得不對勁的地方嗎？

海：一來台達電最讓我震撼的是，老闆動作非常快，他的意志是貫穿到整個組織去，他說做什麼，下面說做就做。

老闆最深刻的一句話就是，這個做了五〇%機會可能錯、五〇%機會可能對，但不做，一定是錯的；也經常直接走到你背後，告訴你這件事該怎樣辦，指揮是非常直接的。他可以打電話給工程師，問一個超短焦的鏡片磨好了沒？

對談CEO **海英俊**

經歷：奇異資融台灣區總經理
現職：台達電董事長

奇異前總裁威爾許，他的意志也是貫穿全公司。我在奇異時，老闆在香港，在公司你可以感覺到威爾許存在，但威爾許不會問第十層樓、十二層樓的一個工程師，鏡片磨得怎麼樣。

這沒有對或錯，假如說你回頭看今天的產品，它的生命週期非常短，如果你還要做計畫、做市場調查，要測試這個、測試那個，等到東西做出來時，人家已經不知道飛到哪去了，我們現在做那些平板電視、電源供應器，這些產品的生命週期就只有三個月。

管理講是不是effective（有效），所有公司都是從沒有制度開始，我來台達電任務之一，也是要建立制度。

別硬塞制度急著發號施令

黃：你的例子，讓我想起史考利（John Sculley，蘋果前執行長），他的行銷專業非常好，擔任百事可樂執行長把可口可樂打敗，但轉戰科技業卻差點搞垮蘋果。對你來說，跨到異業當高階經理人，產業經驗不足不是太大問題？

海：基本上史考利還是用管理百事可樂的心態去管理蘋

果，認為我百事可樂那麼大，多有制度，他把百事的一套制度給硬生生的塞到蘋果去，蘋果當然會抗拒。

我倒覺得有一個人可以跟他對照，ＩＢＭ前執行長葛斯納。史考利用百事的制度硬套在蘋果，蘋果當然抗拒嘛；葛斯納不一樣，他到ＩＢＭ前半年是不發號施令的，每天就在看、聽人家講東西而已。

葛斯納的名言，就是剛去時，人家問他：「你的策略是什麼？」他說：「這個關頭，策略是最不重要的東西（At this moment, the last thing you want is the strategy.）。」這句話常常被人誤解說，不用策略，事實上他真正要講的是，沒想到ＩＢＭ這麼大、這麼健全的公司，現金快要沒有了，現在是在生死存亡的關頭，你真正需要的第一件事是要把ＩＢＭ穩住，然後你再來談策略，先把事情搞清楚最優先；而且他有內線，他哥哥是東京的ＩＢＭ總經理，知道ＩＢＭ是怎樣的文化，並沒有把納比斯可（Nabisco）餅乾公司的管理經驗帶過來。

黃：你學葛斯納，前半年都在聽？他有內線，那你呢？

海：五年啦，我進來就是內線了（海英俊出任台達電執行長前，曾任台達電副總裁五年）。

黃：你單槍匹馬進入台達電到出任執行長，在這過程中要獲得團隊的認同，最大的困難是什麼？

先有貢獻憑專業建立名聲

海：你一個外人進來，大家都在看你帶什麼東西來，更不認為你懂這一行。我一開始做了一件事，把原本公司想做的購併案擋掉了。

以前，反正老闆說的算，但我覺得不對勁，於是請稽核去查，發現這家公司的系統一塌胡塗，對方只是急著要台達電的錢進去，證據確鑿，我跟老闆說別做了，幾個月後這家公司就垮了。

對台達電來說，這算是一個貢獻，老闆說YES的東西，你可以說NO，當時對台達電人來說是新的，你夠專業，最後也證明你對，名聲就建立起來了。

黃：這還是財務面上的貢獻，和你出身金融圈的專業相關，除此之外，你對台達電高階經理人團隊的心態和整個思維，還帶來什麼改變？

海：我想有一點，就是我帶了「a lot of common sense（一籮筐的常識）」來。

比如說，不賺錢的東西不做，這聽起來合情合理，就像問一個小學生，做生意要不要賺錢？既然要賺錢，那為何有的部門在做不賺錢的產品，繼續拿不賺錢的訂單？以前這些東西的檢視都非常鬆散，還有經理人認為，有市占率就好，不一定要賺錢。

於是，我把每個產品毛利率列出來，毛利率一〇％以下的產品，淨利一定是虧的，比方索尼（Sony）監視器的大單，就是因此而決定不做，對老闆來說是很痛苦的決定。

黃：進行變革，必然碰觸組織內部的既得利益，講白話就是老臣的利益，這過程有那麼平順嗎？它不必腥風血雨嗎？

海：老臣的價值是要用你的績效來背書，你好，不是因為你老。很簡單，我畫出一個四宮格，橫軸是市場潛力，縱軸是獲利能力，策略會議上，把所有的產品擺上去，誰好誰壞一目瞭然。

黃：做CEO得做產品策略規畫，你非技術專才出身，面對創新的產品或技術，一個生手如何做出正確判斷？

海：做PLED（高分子發光二極體）就是一個例子，技術我不懂，那時也還沒有技術長，我看到的盲點是它供應鏈不健全，原料是用公克計價，又貴又難做，但實驗室裡做出來的東西很神啊，它自己發光，也不要背光板，老闆又很感興趣，你跟他說不該做，他問你是不是可以用另外一種方式做出來，那是很痛苦的。

黃：所以說，你也繳過學費？

海：繳很多學費，很貴的學費。

黃：加入台達電以來，向上管理和向下管理，你花比較多時間在哪一部分？溝通的內涵又是什麼？

要對人敏感、有同理心

海：兩者都很需要，假如老闆不跟你合作，你要做的事情通通是空的。講回我自己，心態上定義自己是專業經理人角色，看到不對的事，絕對會跟老闆講，他不高興也沒辦法。有一陣子事情愈來愈多，又要做購併、上市，搞到睡不著覺，也是靠吃藥才能睡著。後來想通了，如果盡了力，成績還是不好，董事會也會找人來代替我。

黃：所以你心態上有「不幹最大」的這種準備？

海：不幹最大！至於對員工，最重要是獎酬制度，電子公司有個工具就是員工分紅，以前分紅是照年資，現在年資也考慮，但更重要的是看績效，因為人不好，公司也不會好，所以一定要有汰弱留強的機制。

黃：所有的通才一開始都是專才，如果經驗不是最重要，你認為高階經理人最重要的能力是什麼？

海：第一，對人一定要很敏感，絕對要有同理心。第二，拿我自己的例子，心態上不要把位子看得太重，非我不可。第三，擅於發揮組織的力量，CEO若沒有團隊，再能幹也是空的。

台達電管理變革獲利創新高

台達電近年營收獲利

（單位：新台幣億元）

時間	營收	稅後淨利	EPS（元）
2004 年	564.75	70.38	4.16
2005 年	808.26	82.08	4.63
2006 年	1,052.16	123.10	5.38
2007 年	1,306.14	171.47	7.15
2008 年	1,426.45	122.63	4.60
2009 年	1,255.11	130.68	5.20
2010 年	1,713.02	178.83	6.69
2011 年	1,720.56	119.65	4.58
2012 年	1,717.60	172.17	6.68

資料來源：公開資訊觀測站

如何授權 讓二軍變一軍？

全聯福利中心董事長林敏雄靠購併建立團隊，
最初這群不被看好的「二軍」，卻能發揮創業成長動能，
擊敗強悍的一軍外商通路業者，
他的用人哲學為何？如何透過授權來養才？

李吉仁：西方的管理思維，授權是發展經理人能力的途徑，成功的授權可擴大老闆經營能量與績效表現。但東方的管理思維則採取較相對的看法，只有得到老闆信任的人，甚至是要「自己人」，才會得到實質授權。

全聯福利中心近年擴張的速度相當快，店長與管理幹部的能力與素質，一定是成長的重要環節。你如何看待授權？

全聯福利中心董事長林敏雄（以下簡稱林）：用人就是信任，責任全部給他，他要自己搞定，他的責任心反而更重。

比如說，現在要開一間店，開發部或工程課來遞契約、發包，給我蓋一個簡單的印鑑，他就可以決定去做了，也不要發包啊。我們一年開的新店、還有改裝，有一百間，一間花一千兩百萬，一年就要花十二億了。一個開發部的副理就搞定，我們也從來不

會懷疑他亂做。

有的大公司要開一間店，要先有一張圖，再叫三家來標案，標了以後才施工，這是標準作業啊。可是當他們發包時，我已做好了。

先授權，不行再修正

李：你的哲學是「用人不疑、疑人不用」？

林：對每個主管的信任因人而異，原則上，我直接授權單位主管，只要他吃得下，我就全部授權，他不行了再說。他如果覺得我給他授權太大，他會來跟我說不要。

這個授權真的是一點一滴。剛開始，我的策略主軸就是要開店，你趕快幫我擴大。命令只能給一個，其他如果說太多，模糊焦點很恐怖的。慢慢等他們能力趕得上的時候，再來加速度，剛開始你不能要求這麼多。

李：所以你在等他們成長，再逐步授權？

林：我們一起成長。

李：聽說員工犯錯時，你就算知道，也不見得會馬上提

策略名師 李吉仁

對談CEO **林敏雄**

經歷：元利建設董事長、華泰銀行董事長
現職：全聯福利中心董事長

醒，而是等他自己改？

林：剛開始我怕主管不下決定。說實在，零售業犯錯，損失金額也不大，都是負擔得起，幹嘛什麼都跟他講？這一分、兩分失敗，我還承受得了。有時你不是很在意，就放得比較開。

李：授權範圍呢？怎麼決定？看能力、還是信不信任？

林：其實我是反方向，先授權，他不行了，再來修正。

李：反過來講，當你敢放心授權，搞不好他們成長更快？

林：你講對了。考驗通過了，人能力就不一樣。做最後一個蓋章的人，他們會很謹慎。當你簽名簽一排，你會想「我上面還有人，」這個決定他就不會這麼謹慎。所以說，他們成長速度是很快的。

李：對全聯來講，有幾個情況是同時發生的，第一，規模成長很快，十三年從六十家成長近十倍，需要大量人才；第二，雖然這樣講有點……，開始你可能不是外界認定的一軍，因你是從別人那裡接過來的（前身為中華民國合作社聯合社，一九九八年林敏雄接手經營）。養成這個團隊，你如何將二軍帶成一軍？

林：其實變革很大的時候，該凸顯的人馬上就會跳出來。剛開始，我要組團隊，也曾嘗試從外商體系挖角，可是他們都較求近利；我的想法是說，開始一定會虧錢，但前端售價絕對不能漲。

現在這個團隊大部分都是就地取「才」。現在的幹部，就是從我接全聯以來一千多個人中培養出來的。

以人情、義理做管理框架

規模要衝這麼快，沒成立教育中心，人才是培養不起來的。所以，北、中、南都開教育中心，一方面是培養人，另一方面拓點。

一下子要開這麼多點，店經理怎麼產生？一定要教育。他從基層做起，取得準店經理資格，如果附近需要再開店，那我就劃給他，「因為你取得店經理的資格，要以你為主力找店。」自己找的店，自己做店長，他一定會盡力。要先有這個人，再有這個店。

李：這做法似乎跟其他公司不太一樣，通常選店都是公司總部來選，因為要做有系統的評估，地點、動線、運輸、市場到底有多大……，而你是將這些事都交給店長去做？

林：其實這個店找到後，總部的人還是要去評估。我的意思是，我把責任交給店長。

李：組織還小時，或許可靠信任程度判斷，可是當組織越來越大，你要如何選對幹部？

林：當你要爭取區經理時，一定是從店經理抓上來。教育訓練時，地方給你的風評，還有每年考績都要考慮。最後，這個人站出去，大家都沒有聲音就表示這個人對了；如果聲音很多，可能這個人不好。

這個團隊跟我有革命感情，從軍公教中心到現在逾七千五百人，我沒裁過員。做人，「人情」、「義理」這兩個你給它框住，再來發展企業，就會較順啦。要是像外國人沒有感情，一腳把他踢開（裁員），這不是做人的道理。

當我退休的時候，我會把大部分的股份轉到基金會去，那是我弟弟（蔡慶祥）的，是他把這裡的底打好的。這個流通事業做全台灣人的生意，如果再加上愛心，就會更穩固。但兒子不能做總經理，我一直希望經營團隊有人可帶頭，這位置是專業經理人的。

李：這一點全公司都知道？

林：大家都知道。有個台灣知名企業，第二代就有七個兄弟，現在第三代進去了，所有的部門都是同一個姓，這個企業就會一直沒落下去。

這不是我最賺錢的事業，但我常告訴人家，能創造一個全聯，很有成就感！

全聯福利中心老闆養才學

★擴大超市版圖，打造本土軍團

時間	事件	養才策略
1998年～2003年	接手中華民國合作社聯合社，成立全聯福利中心	1. 留下本土人才，承接原經營團隊為企業成長骨幹 2. 向外商尋才，進入高階經營團隊並獲得經營知識 3. 建北中南教育中心，從第一線培養人才
2004年	購併楊聯社	1. 將楊聯社22家據點人員融入既有團隊 2. 採在地人才、在地擴點，以及鄉村包圍城市等策略
2006年	購併善美的超市	1. 獲得日系超市經營人才 2. 聘雇日籍顧問，取得日系超市生鮮經營知識
2007年	承接台北農產超市營業據點	1. 團隊加入後員工達4千人，穩定後台作業人力 2. 先有人再有店策略奏效， 2009年店數增至500家

說明：全聯福利中心的本土在地團隊是以「鄉村包圍都市」策略，成功打敗外商競爭對手為前提，然而激勵這個團隊士氣的關鍵因素，並不是誘人的薪資或分紅，而是組織內的信任氛圍，以及高速成長帶來的未來性。

★裁員比率0%

林敏雄認為人情義理比外商講的裁員綜效更有道理，如果不適應的人就會自動離開，不應該裁員。

★80%經理人團隊是女性

與競爭對手相比完全相反的比率。由於第一線工作特別適合有耐心的女性，而即使是部分工時，第一線工作人員也有機會成為店長，甚至再往上晉升。

家族企業接班　好人才難尋？

敏盛從一家外科診所變成小型國際醫療集團，
引進台大醫院體系高階團隊是重要關鍵，
他們在家族企業轉型現代化管理時，
如何解決家族利益與吸引外部人才的兩難？

黃崇興：無論在東方或西方，家族企業是企業常態。美國有一半以上的企業屬於家族企業，歐洲與亞洲的比率更高。然而，西方的管理理論卻不看好家族企業一般都有接班問題。由於不一定能培養出有經營長才的子孫，利益無法落於家族之外，因此無法吸引夠好的外部人才，難以逃離「富不過三代」的問題。所以，家族企業必須將經營權與所有權分開，完成現代化管理，轉型才有競爭力。

然而，另一派相反觀點則認為，比起由專業經理人掌舵的企業，家族企業更為重視公司長期利益，不會為了股市波動而做投機，就長期而言，家族企業表現會優於專業經理人為主的企業。

無論西方或東方，家族企業占比是所有企業的六五％到八〇％，其實比率都很高，

策略名師 **黃崇興**

然而，我們不得不承認，在台灣，我們對於本土家族企業的探討卻很少。

敏盛醫控集團從一九七五年一家外科診所，到一九八一年成立一百二十床的地區小型綜合醫院，再到二〇〇六年九月取得JCI國際醫療品質認證，到子公司盛弘醫藥二〇一一年上櫃，看得出敏盛由家族企業往現代化管理的努力。在企業轉型過程中，如何克服人才與制度化管理上的挑戰？

協調組織和家族之間的利益

敏盛健康產業總裁楊敏盛（敏盛創業第一代，以下簡稱父）：敏盛現有三個體系，亞太健康、盛弘醫藥、敏盛資產管理，它們有各自的決策系統，除了未來發展是楊弘仁主導，其他都是專業經理人參與；其實我一直沒有把敏盛當作家族企業，因為不是所有資金都來自我的家族。我在創業時有四個主要夥伴。

敏盛綜合醫院院長楊弘仁（敏盛接班第二代，以下簡稱子）：因為股權的關係，關鍵決策還是我們自己的成員。你說

對談CEO **楊敏盛**（父）
經歷：敏盛醫院院長
現職：敏盛健康產業總裁

對談CEO **楊弘仁**（子）
經歷：敏盛醫療體系營運部部長
現職：敏盛綜合醫院院長

有沒有家族成員在裡面？有的，但是必須根據他自己的才能。

黃：你本來就打算讓兒子接班嗎？

父：沒有，我從沒有說，「你要去念醫學院。」

子：我父親講的是事實，我知道如果他兒子沒出息，他想交給兒子也沒用。

黃：一般人以為，家族企業的接班，是爸爸想交給兒子就可以交出去的，但事實上，如果第二代接班人在沒有交出成績單前，在組織裡權力也不會穩固。當然，我們現在看到敏盛不僅完成接班，還轉型成功，這有個重要關鍵，就是敏盛在由地區醫院擴大規模時，遇到現金流不足的財務壓力，是第二代楊弘仁在二〇〇七年，首創台灣醫界「售後租回」方式，讓ING安泰人壽買下敏盛醫療大樓，然後敏盛再回租。

這是事後的回顧，但第一代與第二代間的過渡，敏盛如何解決外部人才不足的問題？

子：西方理論說專業經理人不太容易留在家族企業裡，我認為關鍵是 interest alignment（共同利益）的問題。其實，不管任何組織，個人利益跟組織利益、家族利益不可能一致，而且通常是對立或衝突的，但是你就要想辦法在機制裡面把它弄成一致的。

訂立薪酬獎考規則並溝通願景

黃：這很有趣，正好觸及家族企業不易留才的關鍵問題！你們怎麼克服？靠寒門立雪、三顧茅廬的誠意好像不夠？

父：敏盛從地區型診所慢慢擴大，我發現創造的事業有兩個問題，一是財務，一是人才。剛好楊弘仁在美國學的就是這一套。我對他雖有信心，但我不認為他一個人可以接下來。

但財務解套，的確幫助人才進來，像是二〇〇五年李源德院長從台大醫院院長卸任，李院長帶來台大的團隊。

子：台大團隊改革管理制度，同時也造成品牌的效應，帶來很多益處。

黃：怎麼做，才能吸引人才？能不能給我們例子？

子：第一個是誘因的設計，就是工作報酬與條件的設計。人才願不願意把這邊當成他自己個人發展過程中的一個好舞台？還是拚到底都是老闆的？

另外，決策的時候，一問老闆想的，很明顯就是個人利益或家族利益？

為什麼盛弘要ＩＰＯ（股票首次公開發行）。醫師是高度自主的專業自雇者，賺到錢就走，如何建立好的報酬系統、高分紅、專業費用，讓他把醫院當成他自己的事業，非常挑戰。

另外，像子公司盛弘請獨立董監來設計薪酬委員會，這是政府規定的。就是有一個公平客觀的平台訂出薪酬獎考遊戲規則，就把父子間私相授受那種敏感的東西化解掉。其實老師們（楊弘仁畢業於台大醫學院，敏盛歷年挖角來的台大團隊許多是他的師長）都是英雄好漢，只用重金沒有什麼用，那我們就搭舞台，溝通我們的願景。

把外人變內人就能維持優勢

黃：西方理論講，當企業慢慢走上上市結構時，所有的會計制度、監理制度，要求企業公開資訊，事實上經營權和所有權會慢慢分開。

然而，更為重要的是，家族企業要有本事把外人變內人，人才必須能認同家族企業的價值觀，成為家族的一分子，那老闆才能變教父。

父：教授解釋得非常好，把外人變內人，就可維持家族企業優勢。家族企業的好處，因為是自己的事，一定有很強烈動力把它做好。能不能做好，是能力與運氣，但如果是一般經理人，合則留、不合則走。但敏盛發展到現在，應該不再是家族企業，它是公共財了。

敏盛醫院成功轉型的關鍵決策

敏盛由一家外科診所，轉為地區醫院，再往醫療集團發展，垂直與水平整合策略，最重要關鍵轉型在2007年。

當年敏盛集團因投資興建醫療大樓而出現現金流缺口。一般外界以為，敏盛是先解決了財務危機，才有轉型的機會，其實相反，楊敏盛召回在美國第二大醫療集團HENET集團工作的兒子楊弘仁回國接班時，楊弘仁是先改善管理，他先取得JCI國際醫療品質認證，才讓國際級的金融業者ING安泰人壽認同它的品牌，有機會談「售後租回」模式，進而啓動了吸引人才的良性循環。

★2次取得國際醫療品質認證

過去敏盛沒有國際知名度，要讓ING安泰人壽這類國際金融集團認可是困難的事。所以要取得認證須重新改造醫院管理流程，2次成功取得JCI國際醫療品質認證，則是2007年ING安泰人壽願認同敏盛經營能力，完成售後租回合約的門票。

★舊團隊流失1/3

2005年敏盛從地區型醫院往準地區醫療中心轉型，挖角台大醫院前院長李源德，讓台大醫療團隊進入敏盛，引進領先品牌的管理方式，這次變革讓敏盛的招牌加分，但也使得舊團隊流失近1/3。

★解決20億現金缺口

敏盛2007年首創國內醫療院所將物產「售後租回」模式，將經國園區的建築物賣給ING集團，然後租回，解決現金流缺口，這次財務改善計畫，不只改善財務，也改善聲譽，成為後續吸引人才的關鍵。

家族接班 先**齊家**或**治企業**？

台灣家族企業接班傳承進入新世代，
第二代面臨家族凝聚力與接班布局兩難。
全球第四大玻璃廠台玻集團，
二〇〇九年進入兄弟共治時代，它如何看待接班議題？

湯明哲：台灣家族企業接班的主流議題，在趁著台灣七〇年代經濟起飛高峰起家的那一批家族企業，走過第一代交棒高峰後，已進入另一階段。承先啟後的企業家第二代，必須培養第三代、第四代接班能力、並思索下一世代永續經營架構。

非家族企業談傳承，靠的是強大的董事會，能夠選出一代代好的執行長，將企業永續經營下去；但家族企業的傳承涉及家族成員，更有挑戰性。即使是第一代到第二代，成功案例實在屈指可數。

然而，台玻集團是滿成功的例子。首先，我們看到台玻林家第一代創辦人林玉嘉成功的將棒子交給第二代你們兄弟（兄即台玻集團董事長林伯豐及二弟總裁林伯實、五弟駐會董事林伯淳），其次，兄弟共治有默契，能共同帶領企業。請你分享接班過程，成功傳承的要件是什麼？

台玻集團總裁林伯實（以下簡稱林）：我父親是在二〇〇九年退休，但在他退休之前，台玻第二代是與第一代一起走到今天的，所以沒有接班問題。

企業傳承初期靠家族凝聚力

你別看我是個董事長（林伯實另外成立實聯國際投資，創立學學文創志業、學學文化創意基金會、實聯化工及實聯能源、實聯長宜等事業），（其實）我是專業經理人。台玻一九六四年成立，我和我大哥就加入發起人會及董事局，之後一九六七年就進台玻了。我大哥從頭到尾在工廠，所以建廠、技術他非常了解；我在台玻四十多年，從外銷、報關、裝運都知道，以前我當外銷經理時，台玻出口到印尼，是在散裝廠包裝，從釘木、木材怎麼樣放，船不會翻到玻璃破掉都知道，還自己開車去基隆港，上船檢查OK、簽字後船才可以走。

湯：完全從基層做起？

林：對，不只執行，所有發展都是一起做決策，台玻的經營小組就是父親、媽媽（蔡卿卿）、大哥和我四個人。

對談CEO **林伯實**

經歷：台玻集團常董
現職：台玻集團總裁

湯：家族企業非常典型的運作。

林：我們是典型的家族結構，但我們不是一般人認知的家族企業。就是說，假如你做得夠專業、夠敬業的話……。家族企業有好處有壞處，最大的壞處就是家族成員做事是不是專業，台玻的經營一向都是公私分明的。為什麼我們不用親戚？因為進來一定要照規矩。親戚常有事要出去一下，連請假也不寫假條，很麻煩。

湯：你認為這是較好的接班方式嗎？很多企業家嚴格訓練第二代或第三代，讓他們由第一線做起，希望他們循著家族的倫理關係，跟著家規、企業規矩一路成長，等到有能力接班；我們也知道，林玉嘉創辦人管教子女非常嚴格。

林：其實嚴格之外，還是有些必須的條件。他給我們的教育，是家庭及事業一切都算在內。他不只教我們做事，也教我們處世為人，記得他那時轉投資二十幾家公司，我代表他去過好多家，他都叫我只聽不講，我看了不少老先生開的董事會場景，也了解不少企業為什麼愈做愈起不來的原因。

我們家庭關係非常好。每個禮拜六，我父親帶我們所有兄弟去打掃院子，下午才能自由活動；他總是很忙，可是只要不應酬，回來就找我們一起泡溫泉、喝酒、聽音樂；這是經營家庭生活、建立家族凝聚力。

湯：你的意思是說，先齊家才能治企業？

林：經營家族精神，其實是精髓。我現在對兒子也一樣。

湯：家族企業能夠持續，初期先要靠家族的精神凝聚力。家族是核心，企業才是衍生出來的，家族的文化後來就會成為企業的文化。

但再下來就會有個問題，家族企業成長一定要有經理人，經理人你當內人還是外人看？

幹部能力強不分內外人

林：其實我們以「人的能力」做管理目標，沒有所謂內人、外人。好的幹部，好幾個子公司總經理或部門總經理都做到董事，家族成員之外總經理加上副總，專業經理人團隊也有五十個了。董事會的家族成員，大約才五個人。

湯：這樣看來，台玻延續企業，第一代創辦人林玉嘉老先生齊家兼治企業，是你們兄弟能同心共治的基礎，可是到第三代、第四代，可以預期會有兩個挑戰，第一就是家族成員變多了，不太可能有第一、二代的家族凝聚力；第二則是股權隨著世代傳承，不太可能如早年集中，因為一接班就要分割，再接班又再分割，大企業幾年後就變成小企業。

這問題是台灣或東方企業獨有的，歐美家族企業已經過好幾世代了。美國遺產稅七〇%，所以企業家會想，與其一百億給政府抽七十億，不如捐給基金會。

林：主要是基金會控制權，由基金會派人經營。

湯：對，然後等子孫有能力，可以回來當總經理，像福特家族就很有家族忠誠度，第四代比爾．福特也在曾祖父亨利．福特後，回來家族企業掌舵。

但成立基金會，由誰管，變另一個問題。有的歐洲企業是會設個小組集體決策，大家投票決定，企業有行政總裁，但家族股權還是集中，有的家族有一把行使否決權的劍，行政總裁要否決會議的投票結果，就必須拔出家族的劍，但只能用一次，用完後，第二次就必須下台。美國和南韓則是不管家族成員有多少，只有一個人接班，用錢把股票買回來，其他人離開這個家族企業。不管怎樣，都是一個人接。然而，台玻的想法是什麼呢？

林：這是每個企業都需面臨的問題，每個企業都有不同的條件在不同的時空因素下，會為企業及股東做最佳的決定。

台玻集團第二代兄弟共治新時代

2009年台玻由第二代老大林伯豐任董事長、老二林伯實任集團總裁，外界稱這是台玻第二代「兄弟共治」時代來臨。

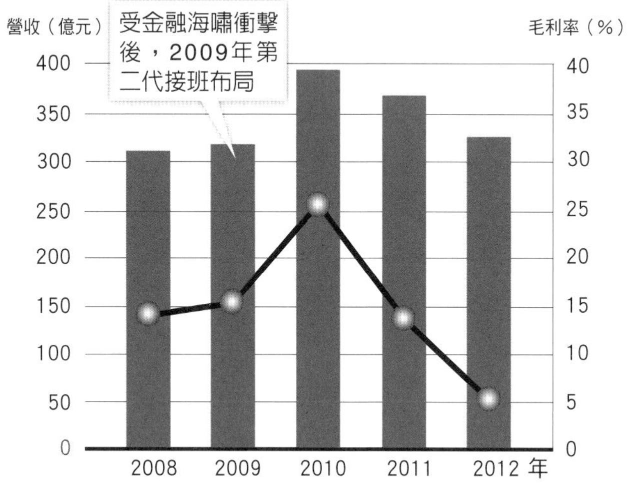

★投資100億元加速中國布局

台玻第二代接班後，兩岸投資進入新時代。大力投資毛利率較高的節能玻璃、觸控面板用玻璃與太陽能，兩岸投資金額將超過新台幣100億元。未來，中國市場的營收比重，預計將從2011年的53%再逐步提高至65%。

★轉投資50億元往上游整合

台玻追求高度垂直整合，2009年轉投資金額達50億，與外資合作在江蘇轉投資純鹼廠實聯化工，掌握玻璃製造關鍵原料。決定向產業上游整合，是台玻集團40多年來重大的關鍵決策。

資料來源：台玻財報、券商分析報告

企業要永續 該**傳子**或**傳賢**？

長興化工創立五十年、歷經兩代經營，近年走向高科技與國際布局，第二代董事長高國倫反思自身接班與傳承經歷，談家族企業跨世代傳承的兩難。

李吉仁：西方管理理論告訴我們，家族企業如果只從內部選擇接班人，最大缺點是無法確保下一代的子孫，有足夠的公司經營能力，因此不如從外部找優秀人才，家族只要保有企業所有權，就可達到傳承目的；然而，絕大多數台灣第一代企業家相信，只有企業所有權與經營權合一，企業才有往前衝的動力，所以傳賢不如傳子。

根據我的觀察，台灣第一代創業家之所以希望子女傳承，其實有一套管理思維。首先，他們的創業經驗告訴他們，當所有權與經營權合一時，經營者才會有最大的事業誘因。因為老闆一定會拚命，既然老闆拚命了，員工自然也會拚命。因此，將經營權傳承給擁有股份的下一代，是很自然的想法；相對的，西方企業的想法是設計合理的「分利」機制，讓經營者有足夠的誘因，幫所有權人創造更大的財富，所以，經營權與所有權便可以分立。不過，我看到的台灣第一代企業家，多數似乎不相信這套誘因設計。

策略名師 李吉仁

你是本土企業家第二代，但受西方教育，你現在回頭來看，台灣或華人企業這套傳承方法優缺點是什麼？

期待下一代傳承性格

長興化工董事長高國倫（以下簡稱高）：華人企業傳承希望保有經營權和掌控權（股權所有權）合一，除了你講的理由，我覺得還有一個，就是「性格上的傳承」，上一代企業家認為企業是他性格的延伸，希望下一代要完全傳承他的性格。

李：可是自己生的小孩性格常跟自己是不一樣的。

高：可是大家不願意承認，就算性格不一樣，也一定要塑造成跟自己完全一樣。

李：所以，第一代希望複製他自己成功的價值觀、方程式、理念。所以沒有什麼傳子或傳賢的選擇，第二代的子女，無論怎樣，一定要訓練到夠賢能才行。

高：對，沒錯。

李：你做為企業家第二代，這樣的信仰還很強烈嗎？

高：企業跟政體很像，人家說富不過三代，大概只有北韓

對談CEO **高國倫**

經歷：長興化工總經理
現職：長興化工董事長

現在有第三代。企業到第三代，能不能交出去是大問題。

李：以你的邏輯，企業到第三代會慢慢脫離「傳子」信仰？

高：除非它所在的產業很特別，是像日本百年的糕餅店那種，小而精緻，不是大市場，可是當你想把它企業化，家族企業一直要維持家族形態這是不可行的。

自己人主導新事業有優勢

李：回到你的經歷，我記得你是一九八五年（三十歲）從南加大畢業之後，就回國進入家族企業，這過程中，你的父親、長興化工創辦人高英士先生，如何訓練你傳承？

高：他就放牛吃草。先是從第一線基層歷練開始。自己要去吃苦，也沒有像有的家族從小要上什麼帝王學。其實這樣（放牛吃草）可以認識很多第一線的人脈，建立感情，對做事很有用處。這點我滿感激的。

李：而這同時，你也帶領著長興化工由樹脂進入電子材料新事業與中國新市場，等於接班傳承過程中也必須帶領企業轉型。當時最大挑戰是？

高：最大的困難其實不是來自同儕，是從board（董事會）叔叔伯伯來的。而且，是董事長高英士帶頭反對。我願意分享，是因為我想很多人有同樣問題。

那是八〇到九〇年初期，那時我擔任總經理，中國開始發展，我想到中國投資。很多重要決策提出後，董事長在行政體系時並沒有表示反對，在公文上簽章了，但到董事會去翻臉，讓衝突在董事會檯面化，好幾個中國投資案就是這樣，哇！炮火猛烈，「為什麼還在虧錢，就要投資這個？」

但是，雖然第一代檯面上不同意，家族企業的好處就是，「不然你就試試⋯⋯。」只是我迄今不曉得為什麼，不在行政體系的討論中衝突，而直接放在董事會上吵。

李：其實就公司治理的角度來看，這是對的邏輯，公司裡最重要的事就是要有很多的check and balance（確認與制衡）。搞不好這是高英士老董事長腦子裡的公司治理架構。也滿聰明的，可以免除一些外人認為父子私相授受的懷疑。

高：對，在台灣，行政體系內的不合很容易曝光，但是在董事會裡，就算打槍也沒有很多人知道。

李：但你那時很挫折吧？

高：不過還好，最後中國投資成績證明我是對的。其實，家族企業有個好處，如果要做大改變的話，企業家第二代最有那個空間。所以，好幾次，我都差點人頭落地了，你知道？但那些案子他也沒有砍死，還是讓你做（長興化工進軍中國，初期因快速擴張產能而虧損，如今中國市場成為六成以上營收來源）。

李：看起來，你父親培養你接班做決策，有收放的過程；事實上，新事業如果不是家族成員主持，而是專業經理人，在虧損下也很難撐這麼久。

由上一代找新班底可避免內鬥

高：其實，接班比較順利，有兩個因素：第一、第一代已有改變的心，外在競爭壓力大於內部不想改變的阻力；另外就是，我剛回台灣時，剛好父親找了一群ＭＢＡ（企管碩士）進來，建立事業部幕僚系統，還好有這批人跟我一起苦幹。

李：那群人是為你未來接班所安排的嗎？就是說，第二代少主接班需要一批跟他差不多年齡的夥伴？

高：我不知道，這是為我的傳承而做的？還是為了整個企業換血才做的。

李：摸蛤仔兼洗褲（台語）。我想令尊的想法一是換血，二則希望下一代接班時總要有班底。差別在於，上一代找進來的？還是少主帶進來的？會在組織裡引發不同看法。通常上一代找進來的比較有正當性。你培養接班人，會採取與第一代相同的做法嗎？

高：一定不一樣。現在長興已經走到了現代管理機制，我的任務是，設計一個好的治理架構。把希望放在兒子能不能夠接，我覺得有點空泛。

李：所以，接下來長興會越來越走向現代化管理的結構？

高：對，希望未來走這方向。

長興化工家族企業接班學

★第二代接班同時轉型

長興化工創立於1964年，從樹脂與特用化學品起家，轉向技術含量較高的電子、半導體與光電等材料領域，就經營面來看，從高雄到布局中國，進而進入亞太市場，歷經兩代企業家帶領企業轉型。這個過程，其實是台灣家族企業很典型的發展縮影。

★20年接班訓練

長興化工第一代創辦人高英士完全交棒給第二代決策的時間達20年。在20年之內，先讓第二代從底層歷練，再逐步放手，確認企業接班。

★傳統與高科技事業營收比1:1

第二代企業家高國倫進入家族企業，重要的任務是參與傳統企業向高科技材料轉型，迄今，傳統的樹脂事業與高科技應材營收比例約為1：1。對長興化工而言，傳統的樹脂與特用化學品就像「金牛事業」，能穩定支持高科技應材等新事業發展。

第四章
企業成長與策略決策

【導讀】

事業擴張的思考課題

誠如第一章中所揭示的，企業策略的最終目的，在建立可持續成長的架構，企業策略的內涵則可以3S架構呈現，包括如何進行有效的事業布局（Scope）、如何創造事業間的靜態與動態綜效（Synergy）、以及建立企業永續發展（Sustainability）的活動。據此，本章將針對企業成長的方向（directions）與方法（modes）選擇，配合訪問企業家的主題，簡要進行學理背景說明。

企業成長邏輯：變優、變強、變大？

在EMBA課堂上討論企業成長時，常有同學問到：「企業是否一定要持續成長？可否維持小而美的公司即可？」基本上，若要有效回應這個問題，我們必須先釐清大家所談的企業成長內涵是什麼。

許多人常以規模的成長來論斷企業成長，但規模成長可以用犧牲短期獲利取得，未必能代表企業長期競爭力的成長。企業競爭力要有成長，必然來自於企業競逐領域關鍵能力的成長；能力若能轉換成顧客價值，則規模擴大便成為企業成長的結果了。簡言之，企業應該先變優（能力成長）、再變強（競爭力提升），才能因而變大（規模擴大）。

按此經營邏輯，企業若只求長期維持既有規模，除非市場不再成長，否則本身規模停滯成長，將造成價值創造基礎或競爭力備受威脅，對長期發展應當是不利的。縱使經營者可以接受不成長，員工卻將因此失去成長機會，其股東也將選擇將資本投入報酬率較高的事業，最終，不成長的企業經營或更雪上加霜，甚至面臨被淘汰的厄運。因此，企業追求持續成長，可說是經營者無以迴避的責任。

有趣的是，有些企業經理人去中國念了ＥＭＢＡ後，回來都會得到一個結論，中國成功企業所奉行的成長邏輯是：只要先變大，就有機會在市場上成為領頭羊（變強），有了領頭的位置後，再利用競爭地位逐步優化競爭實力（變優）；似乎完全迥異於我們前面所說的成長邏輯。

基本上，此一思維除了反映當前中國市場充滿機會式成長（opportunity-based growth）的空間，因此快速掌握機會比內部發展能力更重要之外，國家政策對資源配置的主導性相對較強，使得規模大的企業，政治能見度較高，較容易取得優惠資源（土地、政策補貼），構成追求規模成長的主要誘因。

同時，在資訊相對不透明的環境下，一方面企業規模反映潛在議價力，使得生產成本因而受惠，從而支持供給面的競爭力發展；另一方面，資訊不對稱也可能讓消費者對大公司的產品較為信賴，從而產生不對稱的競爭優勢。因此，在新興市場，追求規模成長（scale growth）儼然成為經營顯學。

然而，過度重視成長機會、輕忽能力優化的結果，容易造成模仿活動的興盛，價格因而快速下滑，產品生命週期趨短，營銷風險快速提升，最後，規模成長未必能夠轉化成企業價值；一旦市場需求逐步消退，規模反將成為持續成長的負擔。

反觀國內，儘管消費與競爭環境處於漸趨成熟的階段，但規模成長的迷思仍處處可見，尤其以全球製造代工為主的產業，更常陷入高規模成長與低獲利的兩難困境。我們曾經針對超過三百家國內電子資訊業廠商，解析其二〇〇二至二〇一一年間的成長與獲利結構。發現不論企業規模大小，僅有一成不到的企業可以持續保持在高成長與高獲利的區塊，二成到二成五企業則長期處在低成長與低獲利區塊，其餘廠商則在成長與獲利水平之間糾結；選擇高獲利、低成長的企業較容易保持其獲利水準，選擇高成長、低獲利的企業，則有較高比例逐漸走向低成長的結局。

由上述例證可知，面對不同的產業與競爭環境，企業的成長模式必須有所調適。產業發展初期，機會式成長或許管用；但隨著市場發展逐漸成熟，機會式成長的模式勢必退位，企業必須逐漸朝能耐基礎成長（competence-based growth）的方向改變，亦即企業內部關鍵能力的成長與有效運用，才是企業能否持續成長的經營王道。

核心能耐模式：複製既有能耐，再延伸、建構新能力

相對於機會式成長偏向由外而內（outside-in）的策略思維，能耐基礎成長側重由內

而外（inside-out）的成長策略布局。其立論基礎來自六〇年代奠基[1]、八〇年代開始萌芽[2]的資源基礎理論（resource-based theory），以及九〇年代初期由普哈拉與哈默爾（CK Prahalad and Gary Hamel）兩人所提出的核心能耐（core competence）觀點[3]。

簡單的說，企業的成長應該先由既有的能耐基礎出發，進行能耐擴大或延伸（competence leveraging or stretching）的運用，使之成為事業成長的核心引擎；例如統一企業的多元事業發展係基於零售連鎖事業的關鍵能力，如店面經營、物流後勤、資訊管理等系統能力。透過既有能耐的複製，產生能耐運用的範疇效益，因而可以創造靜態綜效（static synergies）。

另一方面，企業必須配置適當的能量，以建構新能耐或更新既有能耐（competence building or renewal）；新能耐的建構，可以透過運用現有資源的學習產生，亦可從市場上購併，或者與合作夥伴的互惠交換而達成。例如：台達電集團原本專精於資訊類產品的電源供應相關產品，在資訊產品趨於成熟之前，透過購併進入電信設備的電源供應系統市場，更自行開發油電混合車的動力系統。能耐更新建構的過程常需跨越既有能耐與事業的疆界，需要有互補性能力的產生，又稱為動態綜效（dynamic synergies）的創造。

1 參考自Penrose, E. T., 1959. The Theory of the Growth of the Firm, New York, NY: John Wiley & Sons, Inc.

2 參考自Wernerfelt, B. (1984) “A Resource -based View of the Firm,” Strategic Management Journal, 5: 171-180.

3 參考自Prahalad, C. K. and G. Hamel, 1990. "The Core Competence of the Corporation”, Harvard Business Review, 68:79-91.

相較於能耐的延伸屬於「量」的提升，能耐建構則是「質」的更新，難度自然高得多。企業要在組織中兼容這兩類活動，經常會遭遇不少組織內部結構與管理流程上的衝突，並非易事。加上一般人的慣性喜歡複製既有能力，建構新能力會有較高的不確定性，自然不易產生。因此，企業若想驅動能耐基礎式的成長，必須從策略規畫的邏輯、組織管理流程、績效誘因設計等各方面，進行有效搭配，方可奏效。

當然，端視既有能耐的深度如何，策略上可以先專注於既有能耐的延伸，若運用得

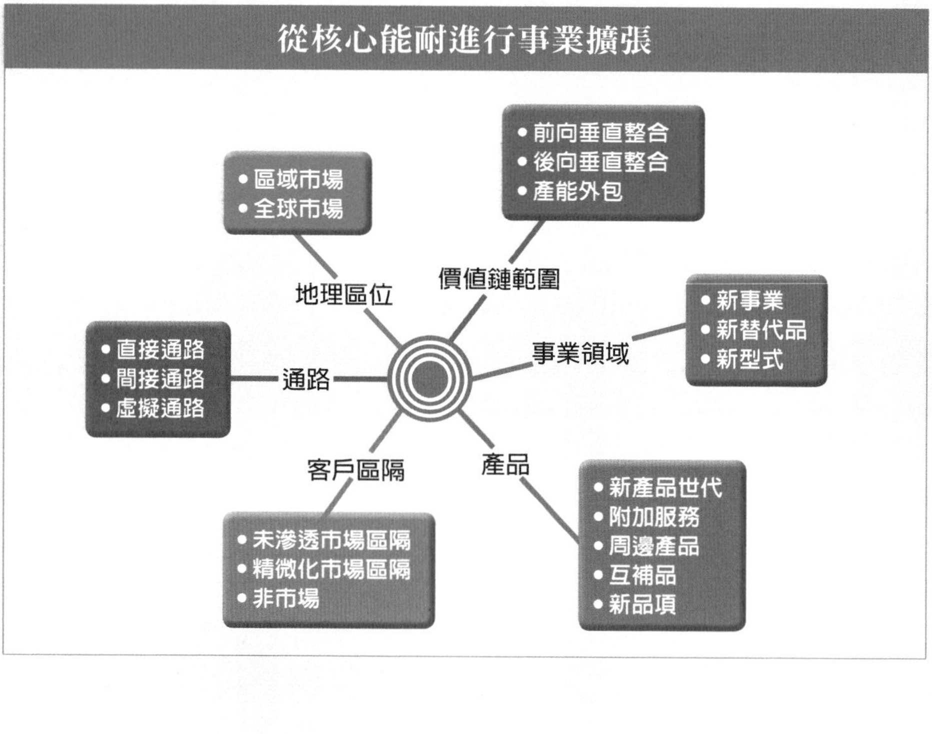

當，亦可支持相當程度的成長需求。如右圖所示，企業可以從核心能耐往垂直與多元水平面向，進行事業擴展[4]，包括不同的區位市場、通路類型、細分市場，甚至周邊產品。通常愈是無形資產為主的能耐，其擴張延伸的經濟效果愈好，因為無形資產的複製成本幾乎為零。

在這方面運用最為經典的例子，非迪士尼（Disney）公司莫屬。迪士尼的核心為創造夢想的能力，此一能力從故事內容的創造開始，可持續在電影、DVD、主題遊樂園、周邊商品、舞台劇、主題餐廳等依序延伸，構成整體的行銷與業務效果。

然而，儘管既有能耐的延伸可收低成本的經濟效益，但當延伸的事業愈遠離核心，其價值效益便愈低。企業勢必要進行能力更新或建構，方有助於未來成長與維持企業價值。事實上，能力延伸運用的過程常會帶來互補性能力的需求，從而激發新能力發展。

理論上，能耐延伸與建構這兩類企業成長活動，前者短期成本效益佳，但長期價值較低，後者短期成本效益較差，但長期潛在價值高，因此，若能有效結合兩種類型的成長活動於有效的組織模式中，企業將能夠建構出得以平衡風險與獲利的成長模式（balanced growth model）。

企業成長不能只看機會，而需要回歸能耐基礎，在《管理相對論》的訪談中，即

4 參考自Zuck, Chris. 2007, "Finding Your Next Core Business," Harvard Business Review, April-May.

得到許多印證。誠如聚陽實業董事長周理平董事長指出：「成長來自於機會，然而能否掌握機會，要看能力……，我們一直都是秉持先做好、再做大的原則。」而阿瘦皮鞋董事長羅榮岳，歷經快速擴張後得到的經驗也是：「連鎖業有一句話，連得快，還要鎖得緊。鎖得緊，和總部的管理能力有關。」

平衡成長模式：成長與獲利是變動的平衡

麥肯錫顧問公司曾針對西方大型企業的成長模式進行研究[5]，他們發現企業必須在營收成長與獲利兩方面均保持產業平均以上的水準，其中之一需要在產業內保持領先，方能建構持續競爭力與價值成長；愈是不符合上述目標的企業，其長期競爭力將愈衰退。周理平董事長也曾分享：「成長與獲利，基本上是一個翹翹板，是一個變動的平衡觀念。」

在同一研究中，麥肯錫進一步檢視高價值成長企業所採取的成長模式，發現其中六成以上是藉由內部開創多元且互補的事業組合（business portfolio）而達成的，而這些事業組合構成不同的成長「浪頭」，支撐公司整體成長。除此而外，有略超過三成的成長是藉由外部購併帶來的，其他依賴本業深耕市占率而成長的，則僅有不到五%。

更重要的是，不同的成長模式對獲利的貢獻度不同，其中仍以創造多元事業組合的模式，貢獻將近五成的獲利居首，其次則為購併成長，獲利貢獻度與營收占比幾乎相當（見左圖）。換句話說，內生有機成長仍是多數大型企業賴以持續成長的途徑，若能適當搭配必要的購併成長，對整體平衡成長的績效將更好。

企業成長途徑：有機成長或外部購併？

在《管理相對論》的訪問中，有幾位企業家對內生與購併成長的取捨，分別提供不同產業的經營卓見，相當值得反思學習。

首先，富邦金控有鑑於國內金融市場過度競爭，預見未來的客戶需求會朝向一次購足的金融解決方案，因此，布建

5 參考自Viguerie, P., S. Smit, & M. Baghai. (2007) The Granularity of Growth, London, UK: Marshall Cavendish Business.

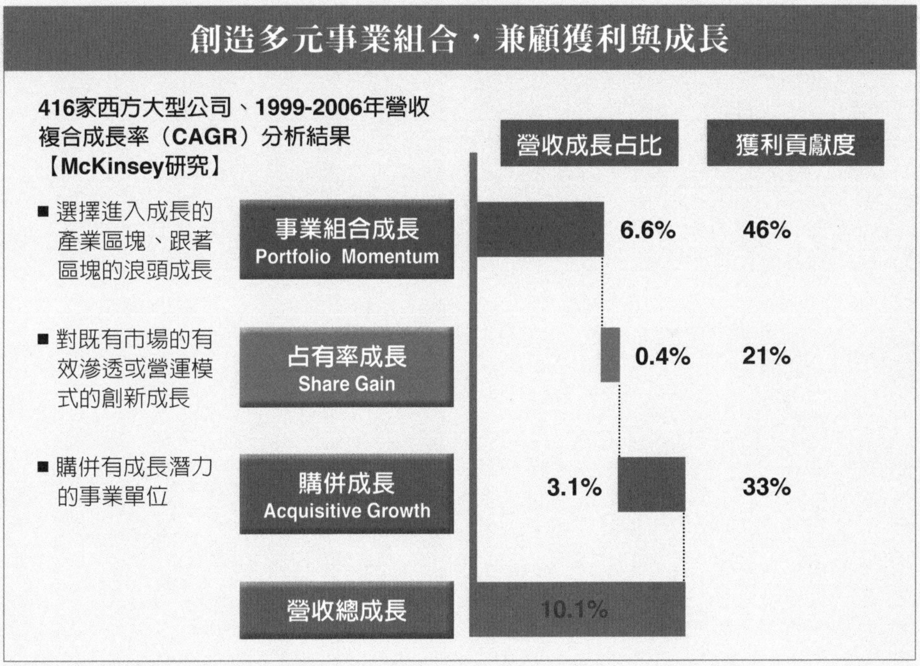

如金融超市般的產品組合，便成為建構長期競爭力的必要條件，因此，積極尋求能補足本身較弱產品線的購併對象。透過對台北銀行的購併，富邦在短短十年間便成為國內金融產業的獲利王；對金融產業發展而言，購併策略顯然是富邦金控重要的策略突破點。

同樣的購併需求也發生在李長榮化工的多角化成長歷程中，李謀偉董事長甚至認為：「我認為購併是成長的好方法，最小的風險、最短的時間。」但如何避免購併最常遭遇的買貴、甚至買了卻無法消化的困境，李董事長的經驗是：絕不做需要競標的購併，一定要審慎評估有無能力可以將被併對象的價值發揮出來，「你如果沒有辦法發掘這個（購併）的綜效的話，這個是沒有用的購併。」

對晶華酒店董事長潘思亮而言，以授權加盟的經營廠商反向將總部的麗晶（Regent）品牌購併下來，是未來國際化成長的關鍵策略。因為「你要到台灣以外的地方發展，沒有國際品牌根本不用談，……像是世足賽，你連比賽資格都沒有。」況且國際頂級品牌要出售，更是可遇不可求的機會。

工業電腦龍頭研華科技董事長劉克振，則對購併成長有不一樣的定位。「購併是飛輪效應[6]的加速器而非啟動器，（企業）真正的創新還是要靠內部發展來驅動，用購併當創新啟動器，不可行也不合理。」因此，研華內部建立起四種不同的創新成長模式，除內部創新育成外，尚包含購併、外部策略聯盟與產學合作，構成研華獨有的ＩＭＡＸ創新平台。

總結這些不同產業的經驗，儘管購併失敗率不低，但因為購併可以節省企業切入新產業或轉型的時間，如果公司能建立購併的能力，自然會讓策略發展的選擇更為寬廣。做法上，購併成長必須先清楚確認策略目的，再與其他成長工具相比較，確認購併標的的不可取代性或潛在價值，以及有無能力創造購併後的綜效，接著才是價格問題。

簡單的說，購併過程的管理要先選擇對象，然後等待機會，因為經濟會循環，等景氣好時，每家公司的市場評價都會上升；景氣不好時，總會有公司犯錯，犯錯的公司就是被購併的最好對象。

我們的確也發現，具有成功購併經驗的企業，在等待有利的購併機會出現上，都非常有耐心；他們每年會主動選擇一些公司進行評估，等到目標對象經營出問題、價格比較低時，再進行購併。李長榮化工為了購併福聚，等了十四年才等到可採取行動的機會；富邦金控董事長蔡明忠也進一步說明他們等待購併機會的做法：「等機會的同時，還是要做準備；我們時時刻刻都在看有沒有好的標的。」

預想三、五年後的策略規畫

了解能耐基礎成長與平衡成長邏輯後，企業若想將長短期的成長活動有效納入管理，必須從對的策略規畫架構與問題開始著手。

6 飛輪效應出自《從A到A+》一書，意指優秀企業準備好足以成功的內部條件後，要開始加速成長的啓動效應。

企業若欲規畫持續成長策略，首先必須跳脫短期的預算規畫概念，把策略規畫的時間軸先往前拉三到五年（見下圖），然後思考一個關鍵問題：「如果公司按現有的事業組合持續發展，我們是否會滿意於可預見的成長軌跡？」如果答案是肯定的，則策略規畫重心便可聚焦於既有事業核心的持續擴張（H1），而發展新興事業與未來機會（H2與H3），便可能非當務之急。

若答案是否定的，亦即按目前的軌跡與資源配置發展，未來三到五年的成長動能將會趨緩，那麼尋求新的成長動能便成為策略規畫的關鍵，亦即企業必須思考新興事業與未來機會的投資與發展；其中，

3類事業有不同擴張邏輯

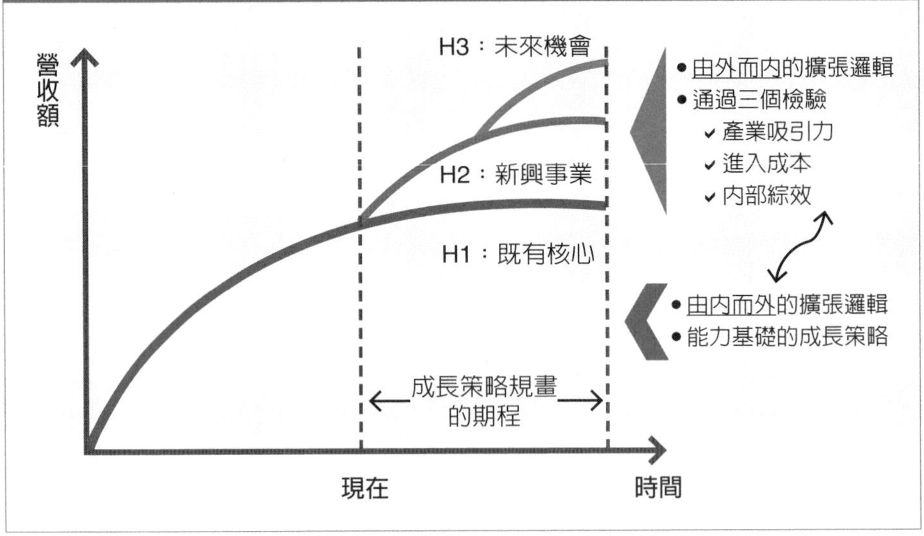

新興事業（H2）指的是現在進行投資，中期（或兩、三年內）會產生營收的事業項目，未來機會（H3）則指現在進行探索性投資（exploratory investment），三、五年後才可能開始有營收的事業項目[7]。

這三類事業不僅在營收貢獻的時間軸上有差別，更重要的是，其所需的核心技術或能力也與現有的能力組合有距離。因此，新興事業與未來機會項目的決策選擇，必須依循不同的思考邏輯。基本上，既有事業的擴張比較傾向於採取由內而外（inside-out），或謂以能力尋找機會的成長邏輯；反之，新興事業與未來機會的擴張應該採取由外而內，或稱由機會導引新能力發展的成長邏輯。

邏輯上，既有核心擴張屬於現有能力的延伸，內部綜效較高、風險也相對較低；但新興事業與未來機會的進入選擇，通常涉及新能力的發展，內部綜效較低、風險相對較高，卻是企業未來營收與獲利必要選項。為提高新事業成功率，麥可·波特曾建議三個關鍵檢驗；其一，打算進入的產業之長期成長性是否足以支持企業成長需求（產業吸引力檢驗）？其二，所欲進入的新市場，進入成本或風險是否過高？（進入成本檢驗）？其三，新事業與現有事業能否產生綜效（內部綜效檢驗）？當這三項檢驗愈是呈現正向效果，事業多角化成長的風險便愈低，成長績效也將愈佳。

---

7 新舊事業的類型係參考ＩＢＭ的ＥＢＯ制度，請參考David A. Garvin and Lynne C. Levesque, "Emerging Business Opportunities at IBM (A)" No. 9-304-075, Harvard Business School Case.

如同富邦金控董事長蔡明忠強調，綜效是決定購併成長時的重要考量因素；「很多人講綜效，一合併的時候就想到規模，就想到削減成本。我會更積極地來看，我會增加多少營收、多少獲利的積極綜效，而非消極綜效。」

自創品牌要能做出差異化價值

了解成長策略的架構與邏輯後，接下來，我們將討論兩個攸關且具體的成長策略，一是品牌成長決策，另一則是國際化成長策略。

選擇專業製造代工？抑或經營自有品牌？一直是許多台灣資訊電子業廠商策略方向的兩難。選擇專業製造代工策略，立基於低成本與製造效率，營業規模可以擴張較快，又可以不必承擔產品的市場營銷風險，但毛利通常較難維持；反之，選擇經營自有品牌的策略，儘管產品差異化帶來較高毛利，但品牌知名度的建立不僅費時，持續投資的成本亦不低，因此，經營風險相對較高。

正因為品牌具有高潛在經營風險的特質，欲有效經營品牌，除了建立產品或服務的差異化外，更需要審慎規畫進入方式與商業模式。

以鼎泰豐為例，不同於其他中式餐飲店以菜色為致勝關鍵，鼎泰豐以外場的高品質服務創造特色，產品則採取中央廚房策略，將食材與料理知識變成標準作業流程，並控制在中央廚房；如此不僅可以確保產品品質一致性，標準化分工更可防止營業機密外流。這套營運模式成功的訣竅在人才，先培養人再求事業成長，品牌才能永續。

相對於鼎泰豐的差異化服務，捷安特品牌的建立，則歸功於在八〇年選擇切入歐洲市場，開發高端的碳纖維車款，一來避免美國代工客戶反彈，二來藉此技術基礎提升整體產品價值。執行長羅祥安表示：「回想起來當時也滿勇敢的，如果用奧運來比喻進入國際市場，我們可說是沒拿到入場資格就想挑戰奧運。」

與捷安特類似，法藍瓷的品牌歷程也是累積多年貿易代工經驗後，有感於「OEM、ODM永遠是上不了廳堂、報不了名號」的產業下游，無法實現產品創作的價值，而決定走上自創品牌的旅程。法藍瓷的經驗顯示，品牌之所以能夠差異化，須根植於中華文化的獨特性，而中華文化豐富的人文底蘊，正是跨越地域、創造價值的基礎。文化創意產品除了要有品牌的設計風格外，仍須充分傾聽市場聲音，讓多元創意得以融入品牌性格。

相較於自創品牌，晶華酒店則採取反向收購麗晶母公司這個國際品牌，讓晶華躍升為麗晶的母公司，達到了策略突破點，瞬間從一個台灣本土的公司，變成全球性品牌。更重要的是，晶華跳脫國內飯店業者的重資產投資模式，轉型成專業飯店管理的輕資產營運模式。透過此一策略購併行動，晶華得以槓桿運用麗晶的國際知名度，進入中國市場。

不論依循何種模式，品牌價值的創造絕對需要策略雄心與持續投資；誠如法藍瓷陳立恆總裁所言：「品牌不是說走就走，需要很長的時間過程，才能醞釀出該擁有的人脈、資源及能力。……走自己的品牌，這條路艱困又漫長，是很花錢、又很花時間的。如果底子不夠，又評估錯誤，是撐不久的。」

國際化的挑戰：平衡營運整合與在地調適

對於台灣這樣規模不大的市場而言，國際化擴張是企業成長不可或缺的選項。尤其在台灣過去三十年的產業成長中，有相當高比例的事業成長是透過替全球主要市場，提供從設計、製造到運籌的代工服務而產生的。但是，專業代工模式下的國際化，可以將絕大部分的附加價值活動，都集中於少數地理區域；同時，因為不用涉入最終產品的當地銷售過程，所以，真正的國際化涉入程度並不高。

但是，隨著標準化代工製造的利潤快速下滑，加上後進國廠商競逐同樣市場的壓力，遠離微笑曲線的中段而向兩端積極邁進，應該是許多企業未來成長的策略共識。因此，朝向真正的國際化經營，以及因此必須面對整合與調適的兩難，便成為企業的重要管理挑戰。

企業之所以會往國外投資擴展（或謂對外直接投資，foreign direct investments），本質上存在多種可能的策略目的，從最常見的：一、利用資源成本的跨國差異，進行移地生產投資，以獲取比較利益（comparative advantages）；二、國外投資取得本國缺乏的關鍵資源，以加強本業競爭力（enhance competitiveness）；三、透過直接投資（或合資）子公司，將本國的產品或服務銷往國外市場，以延伸既有競爭優勢（competitive advantages），擴大營運規模與盈利。

不論是基於哪種策略目的，國際化成長的最終目的，還是在創造企業整體的價值。儘管國際擴張提供成長機會，但在母國具競爭優勢的企業，至海外擴張未必就容易成功，因為競爭優勢的跨國延伸，存在諸多策略選擇與管理上的問題。其中，最主要的挑戰在於營運整合（operational integration）或在地調適（local adaptation）的平衡。

簡單的說，整合目的在透過既有營運模式與體系的複製，產生全球規模或跨地理範疇的經濟效益，從而降低營運成本。例如蘋果以單一款式的智慧型手機，全球一致的定位與溝通訴求，擊敗其他以機海戰術為主的競爭對手，讓蘋果成為年獲利超過五百億元、品牌價值近千億元、整體市值超過四千三百億美元的公司。

但是，由於世界各國原本就存在多種來源的差異性，包括文化生活習慣、政治體制、社會結構、經濟條件、地理位置等，使得「一套模式走天下」的可行範圍必然受到限制，甚至根本行不通，若沒能進行適地性調整，就可能失去市場機會。例如：儘管蘋果手機全球熱銷，但由於印度電信廠商沒有手機補貼模式，高單價的蘋果手機自然很難在印度市場有效擴散。

又如，谷歌（Google Inc.）利用全球免費搜尋服務產生精準點擊廣告收益的模式，讓該公司成為價值品牌超過九百三十億美元、市值近三千億美元的成功企業，但是，在中國與俄羅斯等資訊自由受管制的國家，谷歌便很難延伸其優勢。

因此，與整合的經濟效益相反，所謂在地調適係以額外投資，希望能夠創造掌握在地差異化需求的機會，從而加速市場回應與產生經營成效。例如：西班牙的ZARA服飾，從當地的服飾連鎖零售店起家，逐漸發展出以多樣化設計、少量生產試銷、店面即時資訊反饋、快速季後放量生產、配合後勤服務效率的「一條龍」模式，成功掌握流行最前段的（低折扣）商機，減少預測式生產的庫存折價損失，在歐洲與主要海外市場，建立起快速流行（fast fashion）的競爭優勢，成為價值超過百億美元的服飾店品牌。

依產業特質，選擇跨國策略主軸

當然，不同產業環境特質，對於整合與調適的選擇，會產生不同程度壓力，從而構成國際化策略的決策主軸[8]。企業因此可以選擇以高整合為優勢的（全球）策略，或是以當地回應為優勢的（在地化）策略。由於企業內部價值活動相當多元，不同國家的資源存在相對優越性，因此，企業的價值活動在整合與調適上，也可採取更為多元的兼容選擇，走向所謂跨國策略（transnational strategy）[9]的布局。例如：研發活動傾向全球整合布局，但銷售活動傾向當地調適為主；甚至讓不同國家在不同價值活動上成為全球的卓越中心。

在第二章導讀中，我們也談到，飛利浦在九〇年以前採取當地回應策略，充分授權各國家子公司決定當地經營策略，然而，過度分散的資產配置與布局，終究不敵美日家電大廠的效率，遂逐步調整回總部主導產品開發，推動「整合的飛利浦」運動，並進行策略轉型與事業組合調整；近年來，更積極推動各區域市場的創新，結合總公司的技術資源，共同協作提供端對端（end-to-end）解決方案，做為其區域競爭優勢的基礎。

另外，鼎泰豐的國際化經驗，也提供一個整合與調適兼容的有趣案例。鼎泰豐在全球九個國家開設了五十餘家分店，儘管將菜色與口味以ＳＯＰ規範各地直營或加盟的分店，甚至重要食材與調味品還由中央廚房供應，但也允許各國因地制宜進行菜色調整，如印尼改賣雞肉小籠包、韓國則提供泡菜小籠包、上海開發魚翅小籠包。同時，各地開發的獨特菜色，也會引進其他市場試賣，總部則扮演知識匯流、品質協控中心的角色，而整體的品質與績效，則有賴海外經營者價值觀與理念的一致。

組織管理能力，攸關國際化成敗

企業組織能力（organizational capabilities）的良窳，往往是跨國策略執行成敗的關鍵；甚至可以說，決定國際化的成敗，組織管理能力比策略正確性更為攸關，尤其是要

8 參考自C. K. Prahald. and Yve L. Doz (1987) *The Multinational Mission: Balancing Local Demand and Global Vision*, New York, NY: The Free Press.

9 參考自C. Bartlett and S. Ghoshal (1998) *Managing Across Borders: The Transnational Solution*, Cambridge, MA: Harvard Business School Press.

兼容不同程度的整合與調適做法於一體，若無法建立有效的（矩陣式）組織結構、（能化繁為簡的）管理流程，聘用理念價值相同的興業經理人，國際化的組織管理成本絕對所費不貲。

旭榮集團的國際化管理經驗，或可提供不錯的反思。如同許多台商一樣，旭榮集團從兩岸布局出發，再到非洲設廠、美國買通路，擁有來自近二十個國家、超過萬名的員工。隨著策略布局的展開，從二〇〇五年開始，一方面強化總部在人資、財務、資訊與公關的管理功能，以收標準化與整合管理之效，另一方面在各事業組織建立行政與技術雙軌共治的管理流程，以收賦權但平衡管理之效。

最後，在這個跨國組織架構中，成立負責文化塑造的專責單位，採取因地制宜的方法，建立起公司的共同文化價值觀（旭榮之道，New Wide Way），以提升內部信任度。這樣不僅可以因「車同軌、書同文」而降低溝通成本，各國人才也可因「無痛調動」而發揮價值。

國內衛浴設備大廠、歷經多次海外購併而快速成長的成霖集團，則特別強調總部領導能力（headquarters leadership）的重要性，尤其是要能夠與併入單位快速建立起信任關係，以有效運用當地或原事業經理人。總部負責五項主要任務，包括：一、建立未來發展方向；二、建立關鍵資源的決策權限；三、發展績效考核指標與獎勵制度；四、新事業發展計畫；五、其他綜效的創造。除了總部與事業部的分工與交互依賴結構外，董事長歐陽明特別重視「專業經理人文化」的建立，「每個人都能用專業的態度辯論，又能和別人合作協同，這是一個治理境界。」

全球化策略的3A競爭優勢

儘管全球化（globalization）是不可擋的趨勢，尤其在傅利曼（Thomas L. Friedman）出版了《世界是平的》（*The World is Flat*）一書後，全球化幾乎成了二十一世紀最關鍵的產業趨勢。全球化基本上包括兩個元素，一個是生產全球化，另一個則是市場全球化。過去二十年，我們的確看到全球化生產的程度，因愈來愈有效率的外包（outsourcing）體系而快速增加；而市場需求的差異性，也隨著資訊技術與全球運籌的發達，逐漸縮小。

然而，證諸實際的企業國際化發展，真正能夠達到全球化的企業比例並不高。美國印第安那大學的羅格曼（Alan M. Rugman）教授，曾經將《財星》全球五百大（Fortune Global 500）企業營收從美洲、歐洲與亞太等三個市場產生的比例進行分析，發現三個市場都有營收，且任一市場營收均超過總營收二〇%的企業（亦即其所定義的真正全球化企業），竟然只有九家（一．八%），而超過六成的五百大企業（三百二十家）都是屬於從母國所在的區域市場，產生超過五〇%營收的企業，更有一百二十七家企業（二六%）超過九〇%的營收來自於單一母國市場[10]。

10 參考自Alan M. Rugman (2005) The Regional Multinationals, Cambridge, UK: The Cambridge University Press.

這個結果，一則表示母國與其區域市場的規模與成熟度，對培養具有全球競爭實力的企業，有相當正向的助益，二則也顯示企業的優勢很難延伸及於三大市場。

哈佛商學院葛馬萬教授（Pankaj Ghemawat）的研究更進一步指出，世界自始至終都不是平的，許多全球化的指標均遠低於預期，國家與國家間不是只有「有形距離」，還包括文化距離、政府行政距離、地理距離與經濟距離（Culture-Administrative-Geographic-Economic, CAGE，見下圖），廠商若低估這些「無形距離」，而過度傾向於

國與國之間存在4種無形距離

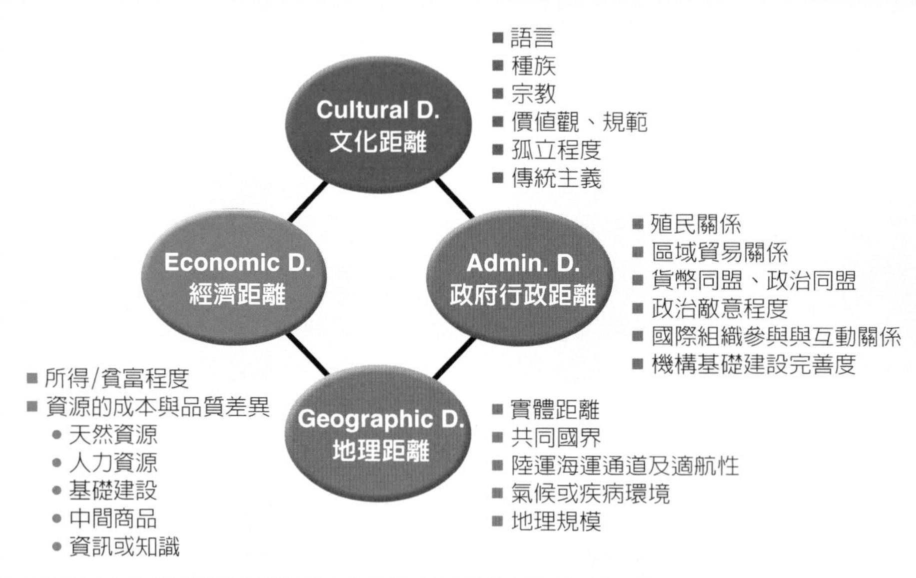

採取全球（一致）化策略，常會在國際化的過程「中箭落馬」[11]。以美國最大的連鎖零售商沃爾瑪為例，若把沃爾瑪在美國阿肯色州的總部當成中心點，離總部愈遠的海外分支機構，其經營效能就愈差，沃爾瑪在中國的發展更是顛簸不已；而經營績效較好的，多半是跟美國同文同種的國家。

因此，葛馬萬教授主張半全球化（semi-globalization）的概念，亦即企業應該就其產業的特色有效衡量所選擇進入市場的「距離」，然後思考有效運用集結（Aggregation）、順應（Adaptation）、套利（Arbitrage）的3A競爭優勢（見下圖）。

半全球化下的3A競爭優勢

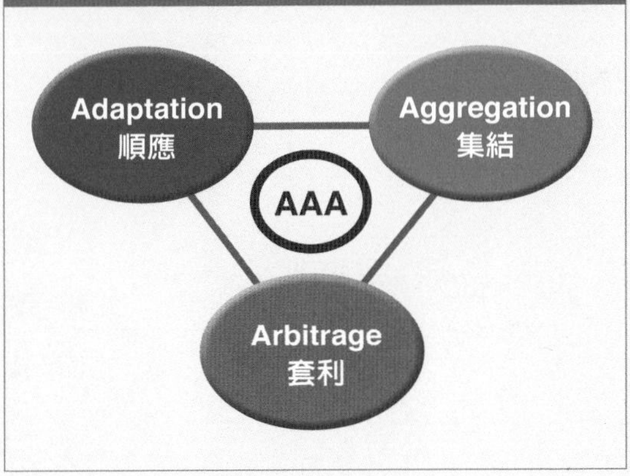

前兩者亦即前述的整合與調適，套利則是指利用跨國間的資源比較利益，做為競爭優勢的基礎。例如：台灣電子資訊產業的全球競爭優勢，多數源於介面規格標準化下的製造規模優勢（集結優勢），加上靈活的客製服務（順

11 參考自Pankaj Ghemawat (2007) *Redefining Global Strategy: Crossing Borders in a World Where Differences Still Matters*, Cambridge, MA: Harvard Business School Press.

應優勢），以及充分運用台灣資質相對優異、成本相對低廉的工程師人力，進行設計加值（套利優勢）。

隨著設計與製造代工模式的普及化與低利化，以及數位匯流（digital convergence）所帶來的典範移轉（paradigm shift），企業必須尋找新的勝利方程式，朝向高附加價值的產品服務、開發垂直應用的市場機會，以及保持一貫的靈活應變能力。台灣儘管市場不大，但是若能以大中華市場、東南亞市場，甚至全球華人市場做為台商的「母國」市場，國際化的成長機會仍大有可為。

★隨著市場發展逐漸成熟，機會式成長的模式勢必退位，企業必須逐漸朝能耐基礎成長的方向改變。

能耐基礎成長指的是，企業的成長應該先由既有的能耐基礎出發，進行能耐擴大或延伸的運用，使之成為事業成長的核心引擎；另一方面，也要配置適當的能量，以建構新能耐或更新既有能耐。

★為提高新事業的成功率，麥可·波特提出三個關鍵檢驗：

一、**產業吸引力檢驗**：打算進入的產業之長期成長性是否足以支持企業成長需求？

二、**進入成本檢驗**：所欲進入的新市場，進入成本或風險是否過高？

三、**內部綜效檢驗**：新事業與現有事業能否產生綜效？

當這三項檢驗呈現正向效果愈高，事業多角化成長的風險便愈低，成長績效也將愈佳。

★國際化成長的目的，在於創造企業整體的價值。最主要的挑戰在於營運整合與在地調適的平衡，這兩者區別在於：

·**營運整合**：透過既有營運模式與體系的複製，產生全球規模或跨地理範疇的經濟效益，從而降低運營成本。

·**在地調適**：係以額外投資，希望創造掌握在地差異化需求的機會，從而加速市場回應與產生經營成效。

★哈佛商學院葛馬萬教授指出，世界自始至終都不是平的，國與國之間不是只有「有形距離」，還包括文化距離、政府行政距離、地理距離與經濟距離，廠商若低估這些「無形距離」，過度傾向於採取全球（一致）化策略，常會在國際化過程「中箭落馬」。

★半全球化下的３Ａ競爭優勢：

企業應該就其產業特色，有效衡量所選擇進入市場的「距離」，然後思考有效運用集結（Aggregation）、順應（Adaptation）、套利（Arbitrage）的３Ａ競爭優勢。前兩者亦即前述的（營運）整合與（在地）調適，套利則是指利用跨國間的資源比較利益，做為競爭優勢的基礎。

財務長喊卡該聽嗎？

企業重大投資若低估風險，可能遭遇毀滅性後果，但若過於保守，往往錯失成長機會。台灣大哥大前總經理張孝威（現任ＴＶＢＳ董事長），他在策略利益與財務紀律間，總能找到衝突平衡點。

湯明哲：策略性投資攸關企業長期競爭力，理論上財務長要能告知風險，扮演踩煞車的角色，但投資的策略性利益卻難以量化，常常是靠ＣＥＯ直覺或主觀判斷，因而實務上常有失敗案例。

您曾經多次被《亞洲財務長》（CFO Asia）雜誌選為亞洲最佳財務長，現在您轉換為ＣＥＯ角色，怎麼在策略利益與財務紀律，這兩種不同的力道之間取捨？投資時，財務該扮演什麼角色？

台灣大哥大前總經理張孝威（以下簡稱張）：我覺得，策略利益即使不能夠量化，至少也要能夠質化。如果連質化都不能，完全是抽象的東西，問題會比較大。

執行長擔負經營成敗責任，不管是投資，或策略性的資源分配，如果沒有經過財務演算，這是不應該的。但說實話，財務數字也不是水晶球，不是說這樣算，結果就會這

策略名師 **湯明哲**

樣，但至少必須要算一個最可能發生的情況、算一個最壞的打算，提供給執行長拿捏。

如果是本業產能的擴充，都是要量化的；如果是購併、多角化或垂直整合，策略利益有時無法完全量化，但至少要做質化分析，而且要抓一個萬一不奏效時，可能的後果及影響有多大。

湯：理論上是這樣沒錯。但實務上我們看大型的購併案或投資案，執行長常常都說這個投資案有長期策略利益，不然就說有綜效，要財務長弄出數字來去做了。

有個故事，是國外企業的執行長要買私人飛機，財務長說不可以，因為買私人飛機比執行長一整年搭頭等艙還要貴，結果最後，執行長要炒掉他。執行長一句話就把你講死了，太多企業決策都是沒有財務紀律的。

財務要看數字，也要懂商業模式

張：那可能是他把CEO每個小時的價值估得太低了，你怎麼覺得他一小時只值一萬元？CEO的一小時也許值一百萬啊！

對談CEO **張孝威**

經歷：台積電財務長、中華開發總經理、台灣大哥大總經理暨執行長
現職：TVBS董事長

尤其你是下屬，卻把ＣＥＯ時間價值估得太低了，這跟執行長的自尊有很大關係的。

其實一個投資案要開花結果，財務數字經常沒有辦法事前預測；不過要回到一個更大的東西，就是企業的文化，內部的議事氛圍是什麼。

從財務出發，你只會做財務情境模擬，但從商業模式出發，你就會考慮客戶、市場，以及更多的可能性。商業經營模式是與策略綁在一起的，財務長當然要對經營模式有深刻的了解。

當行銷的人說，我們做這件事，營收會增加多少；財務應該也要有機會，看一下這個東西可信程度有多高；但也不是說，如果財務不買單，行銷的想法就要被抹殺。有時候一個案子因為大家意見不一樣，會有很多次討論，有時甚至要借助外部顧問，但最後的責任還是在執行長。

台灣大是電訊服務公司，基本上是服務業，早期只要通訊品質好，但轉型到客戶導向後，財務演算方式會不一樣。傳統都是成本加上去，就是價格，但現在可能要犧牲，去贏得更多客戶滿意度。

做這個犧牲，可以贏得什麼東西？有時候（策略利益與財務紀律的拿捏）有點難是在這裡，但有沒有討論的過程，是非常、非常重要的。

湯：我們看到，有些企業因為過於堅持財務紀律，結果反而無法進入新事業，因為你想進去，財務長就會說：「不行！風險太高！」可是，另外一種，則是像是好幾個過去國內企業的大型購併案，很多購併價格遠遠高於其市場的評價，策略性投資最後造成公司重大損失。策略利益與財務紀律經常衝突，拿捏並不容易。

以二〇〇七年，台灣大購併台灣固網為例。當時台灣大董事長蔡明忠先生和您之間，曾經因為到底收購價格是每股八塊，還是八塊三毛錢，僵持了一個月。當時您的考慮是策略利益優先？還是財務紀律優先？

張：我那時候出八塊，因為我知道沒有人敢出八塊，我們已是最高出價者，但就股東來說，可能還覺得不夠，所以就有一個拉鋸。

蔡董事長希望這個案子能夠做成，我也希望案子做成，但我要把可能發生的負面衝突降到最低。我覺得八塊錢是安全（safe）的，但他必須面對台固那麼多小股東，他會覺得八塊錢的說服力不夠。當然，股東要想十塊錢，不可能。所以到底應該是多少？

追策略利益，也要小心財務風險

湯：所以您堅持財務紀律，而減計（discount）它的策略利益？

張：我守的還是股東利益。有件事很重要，台固案簽約後（台灣大）股票漲了不少，可是這個案子如果是十塊錢，我看股票是要跌的。就是說，你怎麼樣拿捏。當然中間有我自己的直覺判斷，無法全部量化。

湯：現實上沒有純粹數字的財務決策。事實上，現在的財務工具，經常沒有辦法反映真實世界的需求。

二〇〇九年，台灣大買了Cable（編按：台灣大以五百六十八億元代價購併凱擘，成為國內最大有線電視系統業者）。這是策略利益優先的決定？還是財務優先考量？

張：這個案子，就策略的考量來說，台灣大覺得必須要走這個路；財務上的考量是……，對方要價的確滿高的，但這是相對穩定的產業，即使負面衝擊也有限；如果看機會就是，台灣大如果能成為第一個快速進入數位匯流的公司，這就是有辦法量化的利益。

湯：您的做法是先考量資金的成本？還是先考慮策略利益，至於對投資報酬率的期待稍降低一點？

張：這個案子當然是先看策略利益。但是也要看，到底可以拿多少錢出來；當然這五百億，到了後面是用股票（指換股），沒有拿現金出來。重點是我知道壓力會出現在哪裡，然後，如何很快的把風險降下來。

湯：所以您財務的設計，是為了滿足您的策略目標更容易達成？

張：可是不能夠過頭。例如說，買一千億的資產，這是搞不動的，這樣，我承擔的風險就是超過了，有閃失的話……。

湯：會翻船的。

張：對對，這還是財務紀律啊。

張：基本上，做為一個經理人，永遠要有策略思考。如果看到一個機會，當然希望去捉住策略利益，但在捉住那個策略利益時，絕不能夠忽略財務面可能帶來的風險。其實大部分公司，問題都是出在擴充速度太快。

美國知名的企管作家吉姆•柯林斯（Jim Collins）出版一本《企業巨人如何殞落》（*How The Mighty Fall*），大多描寫企業大幅擴充時出的問題。在那個點上，你滿心都是策略利益，但策略利益也有看錯的時候，萬一看錯了，就要面臨能不能承擔得起的問題。

企業**壯大**非要**購併**嗎？

二〇〇〇年前，富邦銀行排名台灣金融業第二十六名，但藉由台北銀行等五次購併，躍升為第二大金控，董事長蔡明忠認為，成長以策略先行，再以購併補足版圖，才能後發先至。

湯明哲：國外研究，企業購併的失敗率高達七五％，原因不外乎購併對象錯誤、購併價格太高、購併後整合失敗，但在金融業，花旗集團前董事長威爾（Sandy Weill）卻靠著購併，建立了花旗帝國。你覺得從對外購併，跟內部自行有機發展，哪一條路比較好？

富邦金控董事長蔡明忠答（以下簡稱蔡）：在台灣，其實金融業真正要壯大，除了購併大概別無他途。

台灣是一個over banking（過度競爭）的市場，五〇％是在公營部門，這些公營銀行幾乎沒有辦法撼動，剩下這些民間銀行約三十家，只有五〇％的市場可以爭食。你說你要真正靠有機成長（organic growth）……，我都很欽佩有些到現在還打定這個主意的銀行，一步一腳印，這些人真的很值得尊敬。

策略名師 湯明哲

你要靠有機成長，我看，很難、很難真正壯大。我們是上市公司，畢竟真正的老闆是廣大的股東，CEO的天職就是要創造股東價值。

等最好時機出手購併

湯：你認為金融業有經濟規模，也相信「金融超市」的概念，加上你認為台灣市場過度競爭，所以只有用購併來達到成長目的。那你的購併策略，是像威爾這樣乘人之危、危機入市嗎？反正金融市場在景氣衰退中總會有人犯錯，仔細看花旗的歷史，哪個被購併者不是因為自己犯錯，而被威爾撿回去的？

蔡：我覺得，花旗購併不見得是乘人之危，說危機入市就一定是撿便宜貨，這講法也不盡然公道。我覺得像威爾是選擇最好的時機，做一個最佳的選擇。

湯：富邦的購併策略，是伺機而動，等機會？還是在一個金融超市的主導思維下，看集團還缺什麼？再購併什麼？

蔡：等機會的同時，還是要做準備。我們無時無刻不在看有沒有好的標的。當然，做事情還是要乘勢而為、順勢而為，

對談CEO **蔡明忠**

經歷：台北富邦銀行副董事長、台灣大哥大董事長
現職：富邦金控董事長、台北富邦銀行董事長、台灣大哥大副董事長

就是要選到好的時機。

比如說大家常講，富邦怎麼有辦法兩個禮拜就買到ＩＮＧ安泰？為什麼荷蘭人打電話給我？覺得我們兩個禮拜內可以做決定。為什麼全世界它沒去找別人？為什麼台灣它只找我們？因為我們跟它談兩年了。

湯：你事先已經做兩年的準備工作？

蔡：對。我們兩年間，怎麼跟它策略聯盟、入股我們銀行，或者入股我們的人壽保險公司、或者我們換股，各式各樣的花招都演練過。所以我們基本上有個了解、互相有信任。不然，它也知道兩個禮拜，六億美元，我也沒辦法憑空天上掉下來給它。

要有交叉銷售的綜效

湯：你的購併是不是有個指導原則，例如告訴你的購併部門，最高指導原則是要做金融超市，怎麼樣的標的，我們考慮，價格對了就出手？

蔡：我們的 grand strategy（大策略）就是金融超市。富邦和其他金控比較不一樣的是，我們本來在其中的各事業，都有一定的市場地位，所以金控有的子公司或產業，我們都有能力去購併，因為我們自己都有經營能力。我不會買一個對我來講，完全新的（公司），我也沒辦法經營、也沒有綜效。

很多人講綜效，一合併的時候，想到規模，就想到削減成本。我們會更積極的來看，我會增加多少營收、多少獲利的積極綜效，不是消極綜效。

金融超市講的綜效就是交叉銷售（cross-selling）。所以我會算說，如果我這兩個合併，除了自己一加一要大於二外，對於整個金控來講，有沒有辦法創造比一加一大於二還要大的綜效？有沒有辦法把我買來這個公司的產品，賣給既有的客戶？或者把我的產品，賣給買來的客戶？

湯：以台北銀行的案子，為什麼你願意出最高價？是不是相對其他銀行，富邦銀行相對小，所以台北銀行對你的價值跟對別人不一樣，你願意出比較好的條件？

蔡：當時去競標是五家嘛，我們、國泰、中信、元大……。

湯：元大也應該出比較高價啊，因為他比較小、也沒有銀行？

蔡：但是你要出高價，要忍受股權稀釋，對一些持股比例比較低的人，可能會有股權稀釋問題，出不了高價。我們跟國泰兩個家族，持股比例比較高。所以台北市政府變成我們的大股東，我們也禁得起這個稀釋。

湯：那可不可以說，你的購併策略就是小吃大？

蔡：沒有啦，我們都比我們併的對象還要大。

湯：可是個別來說，台北銀行比富邦銀行大，ING比富邦人壽大？

蔡：你要這樣講是沒錯，但是我們整體金控是來得大。

購併大公司有加分效果

湯：在產品線上，你是用小吃大的想法？這樣才有重要性。你不喜歡蠶食，一個個小的去併。對你們來說，太累了。只要風險控制得好，購併大公司其實對富邦是很大的加分？

蔡：我覺得我們在看的時候，都沒有在看大小。回到我剛講的，我們買進來以後，對我們整體金控、對個別子公司，到底能夠創造多大的綜效。

湯：我們可以說富邦非常重視購併，所以從上到下都有這樣的認知，有機會就要爭取嗎？

蔡：我們大部分時間還是在做跟人家一樣的事。我只是說，我們比別人有機會，是因為我們 overall（整體）的策略是金融超市。所以有機會的時候，看到我們好像無役不與。有機會我們都有能力去參加購併。

湯：像南山人壽這些，你都考慮過啊，你每次去參加以後，沒有拿到，也都墊高人家的成本啊？

蔡：這個，我就不敢這樣講。我們如果說不去的話，競爭對手就比較輕鬆。

湯：你剛提到你無時無刻不在準備。這反映了你對於利用購併來成長的決心，比別人強很多？

蔡：我不知道別人怎麼樣。但是，購併本來就是我們追求成長一個很重要的策略。追求成長，創造更大的股東價值，本來就是我們上市公司老闆的天職。過去在台灣有這些購併機會的時候，我們當然要無時無刻不擺在心上看啊。

當然不只是富邦，我們在台灣大也有很多購併。但那邊的購併比較不一樣是，我們是看到數位匯流。我希望從一個電信公司，把它變成一個數位匯流的公司，變成台灣真正匯流的參與者。台灣當然有絕佳條件就是中華電，我只是認為在一個市場，不應該是一家獨大，我們應該有機會提供另一個選擇給台灣的消費者。

我是覺得，你在某個產業要變成有主導性的參與者時，你說我完全靠有機成長，是長不了那麼大的。郭台銘也是靠購併壯大的。

湯：購併之後，富邦銀行這個系統還有自行的有機成長嗎？

蔡：當然。

湯：如何不因購併而喪失了有機成長？在學理上，購併和有機成長是有可能衝突的。舉例來說，奇異的資產管理公司奇異資融，是用一百多個購併堆積出來。對經理人來說，購併比較容易，真正一磚一瓦建立分行太辛苦了。所以完全以購併為主，經理人就容易怠惰。

蔡：我們現在還是有一大堆績效指標。購併之後，說不定績效指標訂得比購併前還要來得高。因為現在給你更多客戶、更多產品，所以購併對我們的經理人來講，是有更大的壓力。

標的價值來自市場價值

湯：你每次購併的出價都滿精準，為什麼？

蔡：每一個人對於價值看法都不一樣，我們比較相信市場相信的價值。我相信價值不是你空口喊的，而是市場認同的價值。

湯：這會有什麼不同？

蔡：當然。比如說股票，剛剛我們講ＩＮＧ，他當時拿我們股票是二十一塊，很多人會說漲到四十塊，被它賺到了。我從來不會這麼想。我想的是說，這是市場給它的，它沒有從我口袋裡掏錢。反而是它給我這個東西，加在我裡面，被市場認同，才創造這個價值。如果我今天沒有ＩＮＧ，我可能還是二十一塊。所以大家有時候對價值的算法是不一樣。

湯：所以相信市場價值，跟相信絕對價值不同？

蔡：很多老闆認為，「我比較厲害，我是高過於市場的（I place myself above the market.），我覺得值一塊就是一塊，你憑什麼說兩塊？」

我是不跟市場 argue（爭辯）的。我們一直都認為，市場就是 king（王者）。

湯：你為什麼會有這樣的思維？

蔡：我們這幾年，比如說跟花旗的交手，學到很多。我記得我們第一次去跟威爾見面時，那時我們在跟他談，他秘書每十五分鐘就遞個條子、遞個條子。

你如果現在看我弟弟，他每十五分鐘手機就會響，他就在學威爾。為什麼呢？他每十五分鐘就要看他股票的價錢。所以，我常說做一個上市公司老闆，你不可能心中沒有股價，因為你要創造市場價值，股價對你來講很重要。

富邦集團購併大事紀

1961年	國泰產物保險公司（富邦產物保險公司前身）開業，開啓富邦集團發展史
2000年	國內證券史上最大宗合併案，富邦證券購併環球、中日、金山、華信、世霖、快樂等6家券商
2001年	富邦投信合併花旗投信 富邦人壽正式合併澳大利亞商花旗人壽台灣分公司
2003年	富邦金控與阿拉伯銀行集團簽約，收購香港港基銀行55%股權，是首家購併香港銀行的台灣金融機構
2004年	富邦金控完成收購香港港基銀行75%股權，成為富邦金控子公司
2005年	台北銀行與富邦銀行合併為台北富邦銀行，大台北分行市占率第一 香港港基銀行更名為富邦銀行(香港)，成為富邦金控前進大陸的重要跳板
2006年	台灣大哥大合併東信電訊、泛亞電信
2007年	台灣大哥大子公司台信國際電信取得台灣固網100%股權 台灣大哥大子公司台信聯合電訊取得並增加台灣電訊持股至99.53%
2008年	富邦金控宣布購併ING安泰人壽，合併後總保費收入躍居市場第二 富邦銀行（香港）參股廈門市商業銀行（2009年更名廈門銀行），取得19.99%股權，成為首家參股陸銀之台資金融機構
2009年	安泰人壽併入富邦金控，成為金控100%持股子公司 安泰人壽與富邦人壽正式合併，市占率排名第二
2010年	台北富邦銀行正式合併慶豐銀行河內分行與胡志明市分行，成為當地分行數最多的台資銀行 富邦產險子公司富邦財產保險於廈門開業，此為兩岸經濟合作架構協議（ECFA）生效後，第一家進入大陸取得開業許可的台資保險公司
2011年	富邦銀行（香港）被富邦金控成功私有化，成為富邦金控100%全資子公司 富邦投信與中國方正證券合資設立的「方正富邦基金管理公司」在北京揭牌
2013年	中國銀監會核准華一銀行購併案，台北富邦銀行與富邦金控合計取得華一銀行80%控制性股權，成為唯一在「兩岸三地均擁有銀行子行」的台資金融機構

資料來源：富邦金控

策略名師 **湯明哲**

買品牌比自創品牌速成？

二〇一〇年四月，觀光股王晶華酒店，
以新台幣十七億元收購全球知名頂級旅館品牌麗晶。
台灣企業過去購併國際級品牌時，經常失敗，
董事長潘思亮如何盤算風險與機會？

湯明哲：台灣企業經常碰到一個問題，「要不要自創品牌？」就高科技產業來說，我常勸他們自創品牌，不然公司會和技術一樣走入歷史。二〇一〇年晶華購併麗晶（Regent）這個國際品牌，為什麼你決定要走品牌這條路，而不是取得授權就好？第二個問題是，為什麼你不自行創立品牌，而是要去買品牌？

晶華國際酒店董事長潘思亮（以下簡稱潘）：台灣旅館產業的趨勢，其實也有點像製造業與高科技業。像我們，剛開始沒有自己的品牌，我們是業主（owner），等於是出資方（captial），沒有管理的技術。所以二十年前我們引進麗晶酒

對談CEO **潘思亮**

經歷：瑞士信貸第一波士頓投資銀行、晶華酒店總裁
現職：晶華國際酒店董事長

店，那個應該算是ＯＥＭ（代工）的時代。

湯：剛開始不會讓你自己營運嘛。

潘：對對對，國際品牌很強勢，完全的控制。三年後，一九九三年這個合約就變成一個比較類似品牌授權的形式，就是說我們還是掛這個國際品牌，營運變成我們自己做。

資本密集模式行不通

湯：三年？它為什麼放心？

潘：可說是磨合。他們發現台灣的飯店市場，餐飲是重要關鍵。以本地客人為主，反而我們了解比他們強，他們發現品牌並沒有打折扣。

還有幾件事，我們那時跟東帝士集團合資台中晶華，其實當初是東帝士在主導，那因為它是房地產發展商，所以它覺得一定要擁有物產，這是傳統飯店的發展模式。但它開幕後，我們並沒有賺錢，因為那個土地成本那麼高，你光付利息各方面，就永遠不能賺錢。

湯：資金卡在那裡了？

潘：卡住了。我就覺得，「哎，這種ＯＥＭ的概念……」

這種資本密集的模式是行不通的。其實所有的國際級飯店如四季飯店（Four Seasons）等都也是從擁有物業開始，然後漸進式的變成以品牌與管理為主；所以，二〇〇〇年東帝士退出之後，我們就逐漸從一個資本密集、轉變成輕資產重管理的商業模式。

但接著，另外一個問題卡住了，那就是我們在台灣市場發展差不多了，你要到台灣以外的地方，例如，中國的五星級市場，沒有國際品牌根本不用談，所以我們必須發展OBM（Own Brand Management，自有品牌）。

湯：所以，你是要得到一張比賽門票去競爭？

潘：對對。這有點像什麼呢？像是世足賽一樣，沒有國際品牌，你連比賽的資格都沒有。但我們也花了整整一年時間與世界五大飯店集團競爭收購麗晶，包含喜達屋、洲際、麗絲卡爾頓、文華東方等集團。

湯：麗晶的品牌商為什麼要賣給你？

潘：因為我們是麗晶品牌中最賺錢的指標飯店，雖然別人也搶，但麗晶其他飯店要維持原有風格，而我們是老麗晶，保有品牌傳統，其他飯店集團做不到，所以賣給我最好。

湯：但是自建品牌也可以呀，就像你說的，當初四季飯店也是從很小規模成長起來的？

潘：大家只知道那一個成功案例，不知道有數百個失敗案例。OK，大家都會踢足球，但你要打進十六強，當然可以自己慢慢、慢慢過關斬將，但只有五％成功機率。尤其是飯店業，進入門檻是非常低的，只要有錢、找到最好的設計師，大多數人都能蓋出最豪華的飯店，但是國際連鎖品牌進入障礙非常高；品牌建立不只需要資金，更需要經年累月的經營及投入世界級的人才和美學。

所以，重點不是硬體和資本，關鍵在於品牌，品牌是經年累月累積起來的，它不只會吸引客人上門，也會招來最好的專業工作者。

還有說真的，國際奢華品牌要出售，是可遇不可求的。

花十七億買品牌的策略思維

湯：用十七億買這個品牌，是買便宜？還是買貴？

潘：我花十七億，可以帶給我什麼？我光買這個品牌，一年自己先省一百萬美元品牌授權金；另外有十個旅館委託經營管理的合約，旅館業主須付管理授權費給品牌擁有者，老實說，我要用自己的晶華品牌去簽到這些合約，就不只十七億了。

買價只占我們市值的五%，我用五%去換未來一〇〇%的市值成長機會，這種生意誰不做呢？我買一個選擇權。我的算術很簡單。

湯：也沒有這麼簡單；如果購併失敗，最壞的情況是什麼？

潘：麗晶品牌價值就不止十七億了！但我可以創造幾百億的價值。旅館的經營模式是這樣的，業主可能要投入很多蓋硬體，賺得是增值，我們這個輸出品牌與管理的模式，是小賺的行業，如果業者不賺錢，我還是有管理費，我們是小賺，可是也賠不了大錢。

湯：只賺不賠的生意？哪裡有這麼好？

潘：現在我們的做法，是在低風險下找到成長模式。未來不只飯店，豪宅、精品購物中心，目前合約中有五個籌建中案子，就是飯店跟豪宅的結合。你知道豪宅若是一百億，由麗晶來提供豪宅服務，豪宅會增值，能多賺權利金。這個模式可以變成小賺不賠。所以，也不能說不賠啦，但最壞，賠的只是管銷成本嘛！

湯：有沒有業主會要求你每一年給一個固定收益？如果管理團隊虧錢，我就收不到錢了，會不會？

潘：麗晶是國際強勢品牌，經營委託管理模式類似四季和文華集團，是以品牌授權及管理收入為主，而不以租賃或固定收益為經營要素。

找到關鍵人才組成團隊

湯：這筆交易有沒有隱藏的負債？

潘：例如在歐洲柏林麗晶，租約尚存十餘年，以營業額抽成為主，所以還好。所有合約只有這筆或有負債。

湯：但目前為止，台灣企業購併國際級品牌的成功經驗太少了！

潘：我們就在經營這個品牌，晶華文化就是麗晶文化。所以我們不是收購一個不熟悉的品牌，Carlson（麗晶母公司）非常清楚；第二個，M&A（Merger & Acquisition，

晶華酒店集團版圖

業別	品牌名稱	重點說明
旅館管理	**麗晶（Regent）**	2010年收購麗晶（Regent）全球品牌商標及特許權，接手全球17家旅館的經營管理及麗晶七海郵輪品牌特許權；躋身全球頂級酒店品牌經營管理者之列
	晶英（Silks Place）	2008年創立，定位在精緻頂級、城市首選的五星級旅館。擁有太魯閣晶英酒店、宜蘭蘭城晶英酒店
	捷絲旅（Just Sleep）	2009年創立，定位在平價商務設計旅館。強調交通便捷、機能完善、風格時尚。目前擁有台北西門町館、林森館、台大館
豪宅管理		台北新光信義傑士堡、上海湯臣一品
餐飲管理	**WASABI日式自助、Spice Market 泰市場、Mihan三燔**	另有故宮晶華、台北園外園、桃園國際機場的寶島晶華、Just Cafe（捷食驛），以及達美樂披薩、義饗食堂

說明：1994年晶華國際酒店成立，目前事業版圖涵蓋旅館、豪宅管理及餐飲，2012年合併營收新台幣54.72億元。

資料來源：晶華國際酒店集團、公開資訊觀測站

購併）失敗的原因，其實人的因素最大，這次沒有任何 Carlson 的人要過來，所以沒有融合問題，文化融合的風險已經降到最低。

再來就是合約。品牌就是智財權，很多時候，你以為你買了智慧財產權，結果並不真的如此，所以我風險控制聚焦在智財權風險，你知道，我們用多少律師嗎？十家！不同國家、不同專業，去找全世界最好的，誰商標法最厲害，誰稅務最厲害。你知道最好的律師要多少錢？一小時八百美元！多少台灣公司願意付成交價一〇％做律師費？有 soft cost（軟成本）的概念？今天企業面對全球化競爭，不可能把最好的人都養在你的公司。今天用人才的概念要像是拍《臥虎藏龍》或《不可能的任務》一樣，要去找這個專業中最好的人。

湯：未來維繫這個品牌的價值，最大的風險是什麼？

潘：營運是成功關鍵。不是行銷、不是研發，就是人才管理。經營飯店就像拍熱門電影，要找最好的演員、最好的攝影，組最好的團隊。我就像製作人，所以，我必須找到三到四位關鍵的全球性人才，組成高階團隊才可以。接下來，我們再培養總經理人才庫，台北團隊負責大中華區，未來每年我們會開二至三家旅館，人才供給（pipeline）壓力不致太大。

重點是，第二代能不能接上去，很幸運的，第二代人才輩出，因為原來概念的基礎很穩固，特別是服務業不能用背的，不是任何人都能訓練，你要找到對的人，態度是與生俱來的，要先找對的人然後再來培養他。

擴張該先評估**能力**或**機會**？

富邦集團累積「高現金流、通路」的核心知識，不放棄任何擴張機會，使得事業版圖在十年內，橫跨金融、電信、電視購物和藥妝通路，富邦金控董事長蔡明忠剖析其中成功要素。

湯明哲：富邦的事業版圖從金融業，到電信、電視購物、藥妝通路等，這是以核心競爭力為基礎的擴張策略，還是以機會為主的擴張？在有限的資源下，你認為應該以培養核心競爭力優先，還是追逐機會優先？

跨領域投資鎖定通路業

富邦金控董事長蔡明忠答（以下簡稱蔡）：其實回過來還是策略。那時候投資錢櫃、做購物台，人家就說，你這八爪章魚，各行各業都投。其實大家都沒有看到，我們投資的產業，基本上就是通路。

電視購物就是通路，我們去買系統台，那也是通路。除了數位匯流以外，我們另

策略名師 湯明哲

外一個策略就是——我們也把自己看作通路。而且我們做的產業，就是希望說，現金流大的。

湯：你做網路購物，基本上是一個平台，就是這邊有人要賣、那邊有人要買，我中間做一個。

蔡：但是我們最主要，是有自營的商品在上面。

我們做的網路購物，不是那種拍賣的機制，我們也沒有給人家開店，我們所有店都自己開的。所以說我們的做法比較不一樣，我們的網路購物，有自營商品和電視購物的獨家商品，這和同業有相當區隔性的。

所以我們追求銷售量以外，也追求一些比較高毛利的產品。因為你有自營等獨家商品，你是靠商品在取勝。

湯：所以這是高現金流和高毛利的策略嗎？但這問題是，大家都會！我想不到一個做銀行的跑去做網路購物通路，會做得比人好？能力何在？

蔡：我們的momo網路購物，在B2C的購物網站中從流量、營業額來看老早就贏過PayEasy，現在可說已和PChome及雅虎旗鼓相當，並列台灣前三大B2C購物網。

對談CEO **蔡明忠**

經歷：台北富邦銀行副董事長、台灣大哥大董事長
現職：富邦金控董事長、台北富邦銀行董事長、
台灣大哥大副董事長

同一個成功商品可以賣兩次

湯：你能贏過PayEasy的能力在哪裡？

蔡：我們從有了電視購物以後，想到的是整個虛擬通路，電視購物只是個開始。因為在電視購物有累積商品的經驗，我知道這些商品是可以賣的，電視賣一賣之後，就搬到網路上去賣。

所以同樣開發一個商品，可以在兩個虛擬通路賣。都是虛擬的通路，但電視購物的成本比較高，因為要上架費，但網路就沒上架費。

湯：但是電視購物的毛利比網路要高？

蔡：當然啊，沒錯。電視購物的成功商品在網路販賣一樣可以賣得好，且享有高毛利。電視購物不成功或已賣得較久的商品，到網路上再賣時已經降價，毛利已經降低了，但是我的成本也比較低。通路成本比較低，沒有付上架費，同樣一個成功商品，我可以吃兩次啊！

湯：所以你的核心能力是什麼？

蔡：其實，我剛才講說，做通路、金融業和電視購物，都是要面對消費者。所以，你說真正的核心能力？還是要找到對的產品跟服務，然後提供好的價錢，或者提供好的價值給消費者。

湯：這聽起來很一般？

蔡：講起來很一般，但事實上就是這個樣子啊！

湯：這樣子的話，那你沒有什麼不能做啊？

蔡：不好意思講（意指什麼都能做）……。

湯：你是這樣想的？

蔡：我是沒有三頭六臂啦。

湯：那你真的想要什麼都可以做？

蔡：只要跟消費者有關，我都很有興趣。

湯：所以你只要挖到正確的人才，任何跟消費者有關的，都可以做嗎？

蔡：也不能這樣講啦。我們現在大部分主管的同事，在我們公司都做很久了。現在momo台的林福星跟林啟峰，一個董事長、一個總經理，他們在富邦都有不同的歷練，他們都是來十幾年。像林啟峰，他以前在直效行銷。

我們是所有金控公司中，第一家成立直效行銷公司（telemarketing），這也是從國外學來的。我們看到國外直效行銷很盛行，台灣都沒有。所以我們還沒有富邦金控的時候，就成立直效行銷，富邦金控旗下有一家子公司就叫直效行銷公司。所以我們做直效行銷也是虛擬通路，已經有一些基本經驗。

湯：所以培養了對的人，什麼多角化都可以做？

蔡：我想也不見得啦。

湯：還是你對範圍有個限制，你在做通路、數位匯流、金融服務？

蔡：大概就是這樣子了。

擴張版圖機會與能力並重

湯：但是在你的經營事業邏輯裡，到底是能力重要，還是機會重要？因為像當初購併台北銀行跟ＩＮＧ安泰人壽，都是對方要賣掉的機會。雖然富邦事前有研究過，但是最後是機會的釋出，才能抓到？

蔡：我覺得兩個都要並重。你沒有能力，有機會，你也沒辦法把握。

湯：你似乎有後發先至的能力。把既有經驗和知識運用在新的事業版圖上，例如把電視購物的經驗運用到網路。

蔡：對對。而且我們是電視購物先做了以後，使得我們對於台灣的有線電視生態有了解。我們才想到，因為有個大的數位匯流的方向。

湯：這幾個都跟你的銀行業看起來差很多。你是一個積極的經營者，還是一個被動的經營者？

蔡：都是積極經營者，像有線電視，我們都還是有一個團隊進去接管。

湯：你做通路，現在規模還很小吧？

蔡：其實，我們做了金融業以後，剛剛講就是飽和。你看，做銀行你要跟三十幾家同業競爭、做證券現在還是一百多家。所以電視購物，你只有兩個對手。然後他們又自己打自己。

湯：所以，可以說你專門進入比較寡占型的產業？

蔡：不是，我現在去做其他這些產業，都很有興趣的原因是很好玩，因為對手跟目標都很明確。你剛剛講銀行，有兆豐、臺灣銀行……，你看到它歷史建築，你都沒輸。你搶不到它的客戶、沒辦法跟它競爭，也沒辦法在同樣立足點上競爭，對不對。

湯：所以跨入不同領域時，你是不是本身已有一些能力，但仍是看到那個領域的機會，所以機會的成分比較大一點？

蔡：對！

湯：所以你還是核心擴張，不是核心事業版圖的擴張，而是核心知識的延伸。

蔡：沒有錯。

富邦集團版圖4大服務

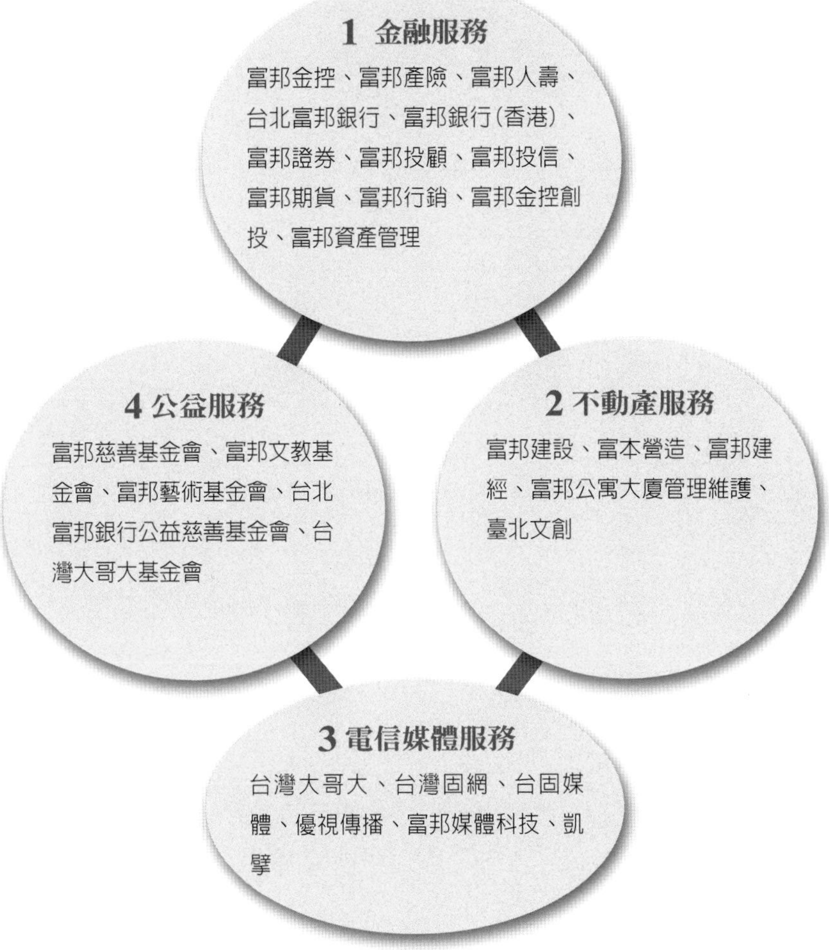
1 金融服務
富邦金控、富邦產險、富邦人壽、台北富邦銀行、富邦銀行(香港)、富邦證券、富邦投顧、富邦投信、富邦期貨、富邦行銷、富邦金控創投、富邦資產管理
2 不動產服務
富邦建設、富本營造、富邦建經、富邦公寓大廈管理維護、臺北文創
3 電信媒體服務
台灣大哥大、台灣固網、台固媒體、優視傳播、富邦媒體科技、凱擘
4 公益服務
富邦慈善基金會、富邦文教基金會、富邦藝術基金會、台北富邦銀行公益慈善基金會、台灣大哥大基金會

資料來源：富邦金控

策略名師 湯明哲

購併該**主動出擊**或**被動等待**？

李長榮化工發展近百年，
從合板公司轉型石化業者，
接班以來，公司市值成長七倍，
董事長李謀偉自有一套獨到的購併壯大心法。

湯明哲：你接手李長榮化工後的發展歷程，看起來是投資與購併兩路並進，一方面投資中東卡達以跨入甲醇，同時也購併公司擴張化工原料的布局，就李長榮的發展過程來看，多角化是「一定必須做的，但同時也很危險」的事嗎？

李長榮化工董事長李謀偉（以下簡稱李）：是的，必須但是危險。李長榮化工一九六五年成立（李謀偉祖父創業至今近百年），從木材（lumber）、做合板（Plywood）到做化學，一直在演變、一直伸出觸角。一九六〇年代初我們開始做化學

對談CEO **李謀偉**

經歷：李長榮化工總經理
現職：李長榮化工董事長

品，因為三夾板需要黏著劑、膠黏劑，我們就開始做膠黏劑，做甲醛、甲醇。

這非常的困難，可是購併重點在什麼地方？我認為購併是成長的好方法，最小的風險、最短的時間。

不計算最低資本回報率

湯：最小的市場風險，但卻是高財務風險，因為你很有可能就出價太高，一個不小心出價就出多了。

李：我絕對不會出價出多。

湯：你非常保守？

李：二〇〇九年殼牌化學（Shell Chemicals）全球經營會議請我去演講，他們其中一個人問我說：「李先生，你做那麼多購併還算滿成功的喔，你的hurdle rate（最低資本回報率，指投資者要達到一個最低的資本回報率，才願意投資）是多少？」

好問題！我說我沒有hurdle rate，我怎麼拚hurdle rate？你做購併，賣家找一個投資銀行家，每個都是ＭＢＡ頂尖學生，每個都很會算，你如果要去做hurdle rate的話，大家都會算。你一定要看這是正確的對象嗎？是不是正確的價格？這是正確的投資嗎？為什麼要問這是正確的對象？最重要就是，你有沒有那個能力去把它的價值發掘出來，如何把整合的效益發酵到最大，是最重要、是最難的。

湯：就是綜效。

李：你如果沒有辦法發掘這個綜效的話，這就是沒有用的購併。我們每年都看很多的購併對象，都在看，一直在看，因為我覺得我們要找出對的購併，對的價錢是什麼？你付太多價錢，你成功的機會就大幅減少，所以我很少去做那種競標，我對那種大家在那邊拚價格的事沒什麼興趣。

湯：那你是買一個大的呢？還是買好幾個小的？

李：好的就買啊，你要有這個價值就要買。

去競標常會買貴了

湯：你買小的要build，我們叫buy and build（買下再成長擴大），這是最好的策略。

李：所以要看這個潛力。去競標我不太喜歡做，那個有時候就是會被哄抬價格，買的很爽啊，才發現，啊！買得太貴了。

湯：一定是買貴的，大部分都買貴的。

李：競標都會買貴的。

湯：所以說你這幾個布局，這是靠機會來的，並不是主動去接觸購併對象。

李：喔！也有故意的，我說福聚這個案例（李長榮二〇〇六年以新台幣約二十七點五億元入主福聚公司）。我一九九二年就想買它了，只是沒有機會啊，人家不願意賣，他來的話，我馬上說YES，我有興趣。

湯：所以你跟蔡明忠也是一樣的，就是這個等、等、等、等，等到後來就是這個機會。

李：購併要常常看。你買一次，只要做一次的購併，這投資銀行家就認為你是一個認真的買家，好的案子就會拿來給你看。你永遠不買的話，他以為你在play（玩弄）他們，就不理你。你有買一次，你就有看十個、二十個的機會，你可以看喔，我有一個投資長，是個投資銀行家，我把他挖過來，他天天給我看案子。

李長榮化工擴張大事紀

1965年	李長榮化工成立
1995年	轉投資卡達QAFAC公司（主要生產甲醇及甲基第三丁基醚）
1997年	轉投資李長榮科技成立 轉投資大陸鎮江李長榮綜合石化成立 轉投資大陸鎮江李長榮石化倉儲成立
2003年	**購併義大利Polimer Europa S.A.P美國德州廠，TPE（熱可塑橡膠）產能躍居世界第2大**
2004年	**購併美國德州休士頓Baytown廠，成立LCY Elastomers LP**
2005年	轉投資大陸惠州李長榮橡膠成立
2006年	**購併福聚公司**
2008年	轉投資福聚太陽能成立
2010年	福聚太陽能產出第一爐多晶矽
2011年	高雄小港SEBS正式量產
2012年	與中鋼合資成立新能生物科技股份有限公司

資料來源：李長榮化工網站

快速成長或穩定獲利重要？

過去十一年，聚陽實業董事長周理平，以「翹翹板策略」突破成長與獲利的兩難困局，然而，金融海嘯後，全球紡織業出現變局，翹翹板策略勢必得面臨考驗。

李吉仁：快速成長（top line）重要？還是穩定獲利（bottom line）重要？

理論上，企業會重視營收的成長，主要是希望以規模的擴張降低平均營運成本，同時，只要自己的成長率大於整體產業，不僅可以壓制對手的成長空間，也可以改變自己對上下游廠商的議價實力。

反觀，重視獲利率的企業，則認為獲利率高代表企業特定資源的不可替代程度，反映了企業的相對競爭力。

實務上，企業訂定高成長目標，往往透露出領導者的企圖心，對內，可提高組織戰鬥意識，對外，則對資本市場傳遞正面訊息。如果目標設太低，你未來可能失去競爭地位；但若目標設太高而沒能達成，也會有副作用，組織內的管理紀律較不易建立。

若以台灣主要企業過去十年的營收與獲利資料觀察，營收總額大約成長三倍，然

策略名師 **李吉仁**

而，總獲利額卻只有成長兩倍，顯見維持獲利比追求成長相對不容易。您如何看待成長與獲利之間難以得兼的問題？

秉持先做好再做大原則

聚陽實業董事長周理平（以下簡稱周）：我們組織內所有人的了解，一直都是秉持「先做好、再做大」的原則，做好是偏向「獲利」，從這句話來看，似乎是把獲利能力放在比較優先的位置，但其實，我們把成長和獲利當作是同向的，獲利能力要提升，關鍵還是在成長；但如果兩者不同向時，我們才先追求「做好」。

李：打個比方，公司設的目標，成長達成不了，可是獲利到得了；另一種是，成長到得了，可是獲利到不了，這時，你怎麼評價經理人的表現？

周：我們是看一個「綜效」，這兩者乘起來是否大於你之前的績效。像這陣子的趨勢是國際原物料上漲、亞洲貨幣值上揚，所以對出口業者的成本壓力較大，相對獲利自然會調低，但如果成長這部分你能夠拉高，超過獲利下降的幅度，那綜效

對談CEO **周理平**

經歷：福星製衣生產部兼製造部經理
現職：聚陽實業董事長

是大的。

李：聽起來，獲利的總量比獲利率來得更重要？

周：對。總的獲利量，其實就是你的成長能力。成長與獲利基本上是一個「翹翹板」，它是一個變動的平衡概念。

我們每年會透過一個預算機制，把整個營運計畫設計出來，有總體的，有每個營業單位個別的。我們會畫出一個「四均分」的象限：有一條水平的線，一條垂直的線，分別代表營收成長率以及獲利。以組織內部平均值做為基準——我們會看，不同的客人，他們在哪個位置，是成長很大、獲利能力很高的位置？還是它在那種成長很小、獲利能力也不好的位置？我們從整體的觀點就很清楚，哪些是我們比較要更聚焦的，哪些又是我們應該要去減少的，哪些是要調整的。

這些計畫都根據去年、今年的表現，然後，對於未來一年、二、三年之後的期待來訂定。所以，經理人一個是跟整體比，另外一個是跟自己比，這個客戶，是在進步？還是退步？進步與退步看的就是營收與獲利。

從趨勢來看，紡織產業的毛利是逐步下降的，成長相對重要，所以我們接受這個現實，但是我們希望用比較高的成長來彌補。

經理人如果夠了解客戶，可以為客戶加值，賣掉的很快補貨，賣不好馬上減少庫存，才可能去創造出剛剛講翹翹板上的綜效總和。

淡季時取營收捨獲利

李：然而，開發新客戶、新業務、新產品，這些對公司來說，可以創造下個成長曲線的東西，營收與獲利上相對會吃虧！因為它可能需要兩年的時間去籌備，當老闆要看成長、要看獲利的綜效，啥都沒有，這怎麼解決？

周：我們會把它定位成「策略性接單」。新業務開始時，投入資源最多、產出是較少的，它不一定能夠賺錢，但它創造了一個未來。評量時，它一方面會被放在四均分的象限之中去看，但另一方面我們會再把它單獨拉出來，看我們講的「策略價值」到底是什麼？譬如說，今年接這個單是為了未來，結果第一年虧損，第二年虧損，第三年也虧損，那你到底是指未來五年？十年？還是什麼？我們也希望將策略價值予以量化。

我再舉一個例子，像沃爾瑪這一、兩年的狀況，我們很難從它的訂單來獲利，也就是說，它給我們的是策略性價值，因為它的訂單大，讓我們在淡季還有量，可以減少我們的損失。

成衣的淡旺季非常明顯。旺季如果要營業部門去接賠錢的訂單，他們都不願意，因為他的關鍵績效指標跟這個背道而馳；然而，在淡季，要是一個月少接了五萬打訂單，那可能要賠五百萬，可是如果接了一個賠三塊錢的訂單進來，可能只要賠五十萬，所以五十萬跟五百萬，這件事情是要被提出來講清楚。

我們就把這個當作是策略性接單，是「減損」。而業務部門創造的邊際貢獻，就用加分的方式，附加上去。

就營收與獲利的取捨來講。剛開始我們談的是整體正常的狀況，但淡季的時候，取的是營收，捨的是獲利；旺季的時候，當然以獲利為優先。

另立組織追求第二成長曲線

李：成長與獲利同步成長的關鍵，最難的是在新的業務模式出現時，還能維持舊業務的動能，同時達到整體成長與獲利目標。聚陽在一九九六年接到沃爾瑪訂單，從純OEM（代工生產）模式，逐漸轉型成通路私有品牌產品提供設計製造服務模式，這是聚陽在後來十年能達到高成長、高績效的關鍵。然而在〇八年金融海嘯後，所有業務都集中在單一市場（九成五以上在美國），雞蛋放在同一籃子裡，明顯衝擊到聚陽的成長和獲利，股東權益報酬率從〇七年超過三五%，下滑到〇八年的九・一六%，營收負成長一一%。

金融海嘯之後，您怎麼調整成長與獲利的翹翹板的戰略平衡點？尤其當聚陽在發展像ZARA等快速流行服飾連鎖店的業務時，控制成本的壓力是否也更為加劇？

周：成長來自於機會，然而，能否掌握機會要看能力。舉ZARA的例子，它那麼大，那麼多供應商在做它，不可能會是賠錢生意，別人能接，那麼我們也要能接。所以如果說，我們去做ZARA不能獲利，那就是我們的能力有問題。它剛開始規模小，你投入比較多，獲利比較差，但隨著規模的成長，會愈來愈好。但降低價格的壓力仍在，我們做的，就是怎麼樣能比其他同業更有競爭力。

至於Uniqlo（優衣庫）的模式則要求高度整合，所以我們不在它的第一線供應商名單裡，因為我們比較不是垂直整合的營運模式，而是聚焦在中下游。

金融風暴過後，我們更注意發展我們的第二成長曲線，過去我們強調「多元彈性」（以適應少量多樣的生產模式），但是現在我們也同步發展「大型專精」（以應付強調垂直整合業者的需求），因為不同的客戶，追求不同的東西。

李：但這兩者的資源配置、管理邏輯都不一樣，你會如何面對這個問題？

周：還是要各自有不同的關鍵績效指標啊！因為大型專精強調高效能、高產出，它的管理結構跟我們過去習慣的多元彈性是不同的，它在組織上必須要獨立。

李：所以我們可以預期，聚陽未來的組織結構一定會改變？

周：對，它有一部分會拉出來，大型事業部會拉出來。

李：就跟台積電現在會切成兩大事業群一樣，一塊是先進製程，一塊是主流技術。

周：所以，開始時要先去定義它的定位，要區隔策略性業務與一般業務，讓你在中長期的成長有動力。追求中長期的成長，短期獲利表現上一定是比較差的，這樣的事情一定是要由企業內的高階來推動。

聚陽打敗金融海嘯站起來

聚陽近5年業績

時間	營收	稅後淨利	毛利率(%)	股東權益報酬率(%)	EPS(元)
2007年	148.45	11.04	21.53	35.57	7.86
2008年	131.85	2.91	16.15	9.16	1.96
2009年	33.11	8.81	21.66	26.91	5.80
2010年	141.14	9.18	20.09	24.83	5.91
2011年	151.12	11.12	20.88	27.09	6.92
2012年	158.67	11.77	19.89	25.9	7.17

說明：紡織股王聚陽實業，在2008年金融海嘯後，迅速突破成長與獲利兩難困局，3年內讓營收、獲利和股東權益報酬率，再回到2007年高峰。

資料來源：公開資訊觀測站、鉅亨網

策略名師　李吉仁

海外經理人該外派或找當地人？

以品牌及代工並行做為市場策略的成霖集團，是全球最大水龍頭製造商，曾發動九次成功的國際購併，現有近萬名員工分布在九個國家。歐陽明靠專業經理人文化，解開海外人才派任的難題。

李吉仁：如何選派適合的海外事業或子公司負責人，是跨國企業經營最大的挑戰之一。由總部外派經理人，優點在於了解總公司的策略和價值觀，彼此信任關係佳，但可能缺乏當地化的掌握度與創新作為。反之，雇用當地優秀經理人，固然較能掌握當地市場動態，但其與總部的互信及對企業文化的認同，較為不易建立，尤其在主要市場的當地經理人，往往挾市場重要性與不可取代性，影響總公司的整體決策方向。成霖集團這些年來的跨國營運經驗，如何看待這個問題？

對談CEO **歐陽明**

經歷：崇峰實業業務經理
現職：成霖集團董事長

成霖集團董事長歐陽明（以下簡稱歐陽）：如果是注重SOP（標準作業程序）的生產型或代工企業，總部外派人員是「利大於弊」的決定，因為經理人非常理解總公司做事方法與作業程序。

管理營銷事務宜用當地人才

但如果經營的是銷售業務或品牌行銷，總部外派則是「弊大於利」，因為你必須先了解當地，才能成事，總部派出經理人固然容易指揮，但成功率不高，當地客戶的需求和客戶之間的多重關係，你都不見得清楚，尤其愈是成熟市場，理解的障礙更大，根本無法經營市場，就算指揮得動他也沒用，總部應克制從容易指揮的概念出發，派出經理人失敗機率太大，總部該想的是如何發展領導力（leadership）。

李：總部的領導力指的是什麼？

歐陽：最基礎的就是互相信任。當我們進行購併，可能這家公司原來的團隊不錯，當地領導人和總部建立互信關係就非常重要，這過程需要時間，但時間太長妨害企業發展，太短又不利建立關係。如果在當地外聘新經理人，問題更複雜，他不但要和總部建立信任，還要和員工建立信任，存在雙重複雜度。

李：聽起來，你寧可用原有購併進來的經理人，因為互信較容易建立？

歐陽：我們兩個例子都有。英國PJH和台灣麗舍這兩家購併進來的公司，他們原本就經營得很好，所以我們用原來經理人。但購併美國Gerber八十年的老廠，他們是經營效率差而被併，我們基本上不需要他們的人，只留下一、兩個象徵性的人扮演溝通橋樑，台灣工廠這邊派一組人過去做流程改造。

李：成霖大半海外公司仍仰賴當地經理人，台灣派出去的則是以工廠改造為主，那成霖台灣總部扮演什麼角色？哪些歸總部管、哪些歸分公司管？

歐陽：成霖總部不做生產、行銷和營運，但我們兩百多人還是滿忙的。最重要的第一件事，就是確立未來發展方向，包括每年舉行集團中長期策略會議及個別子公司策略方針發展。第二，日常例行工作就是各種錢與事權的核決權限。第三，發展關鍵績效指標和考核獎勵，進行資源分配。第四，新事業發展計畫。第五，其他行政事務及創造綜效的功能。

李：事情這麼多，總部的組織架構該如何對應？

歐陽：我底下有CFO（財務長）代表財務系統；COO（營運長）代表供應鏈，所有技術發展和生產都在這裡；e化流程改善是另一個供應鏈，包括發展系統軟件以及電子收款；直接歸我管的是設計中心，將前端市場的營銷設計語言轉給工廠；還有一個部門做市場分析，支援前端業務銷售員面對客戶時的資料需求。

六宮格自評表檢測主管績效

李：總公司要創造分公司做不出來的附加價值，所以產出綜效是最重要的事？

歐陽：完全是如此，總部也扮演監管以及內部背書單位，當然也是資源分配的單位。我除了每個月用量化的關鍵績效指標檢視主管績效，年底還有一個和主管面對面的討論，運用推行多年的六宮格自評表，內容包括過去一年，你對公司的主要貢獻、工作上的主要缺失等等。

李：六宮格的項目對導引高階經理人的績效非常重要，但不少項目屬於較為質化表現的評估，相對於關鍵績效指標的量化績效，你在整體考評上如何規畫比率？

歐陽：英國市場較成熟，量化關鍵績效指標占七

成霖全球經理人六宮格自評表		
Q1.過去一年你對公司主要貢獻是什麼？	Q3.過去一年，業務、個人或家庭的學習和成長是什麼？	Q5.未來一年的工作計畫和自我成長目標是什麼？
Q2.過去一年，你認為工作上主要缺失是什麼？	Q4.過去一年，促進部門成長以及培養團隊人才最主要的表現是什麼?	Q6.舉例說明你融入成霖企業文化的方式，而你希望公司可以怎樣幫助你？

○%；美國因為品牌還在發展中，關鍵績效指標只占五○%，這是可以討論的。

李：看來你認為總部是要抱著一個「有容乃大」的哲學，而不是一條鞭到底的管理？

歐陽：對，關鍵在於local（在地）的事，總部是不可能知道的，你要賺那地方的錢，就要激勵地方的人做地方的事。我始終認為，品牌營銷是很local的事。

李：成霖過去七年靠不少海外購併行動而成長，關於購併後的文化整合，你是如何處理的？還是說只要將總部的系統流程導入就好？

歐陽：老師問的是個複雜問題。雖然我們追求至高境界是文化融合，但不要說是跨國公司，本國的公司都很難，但你說這有絕對必要嗎？鐵打的營盤、流水的兵（指公司是固定的，人員是流動的）。

我的看法是，高階經理人很多的共識都是理性抉擇，但文化是一種價值觀，它並非理性，而當我們追尋共識經常使用同樣的方法，這種做事的行為準則和態度，久而久之就形成文化。這樣的文化和我們慣常講、拿來標舉的企業文化不同，那是要追尋的未來，但卻更重要，這是透過共同作業流程、追尋公式流程、對事情看法不斷互動所建立起來的共識，可以說是「專業經理人」的文化。每個人都能用專業的態度辯論，又能和別人合作協同，這是一個專業治理境界。

李：我很好奇，這樣一個專業管理文化的形成，是成霖早期建立就這樣，還是公司跨國經營複雜化之後才產生？

歐陽：我們一開始就選擇相信專業，二、三十年前，成霖才剛從貿易工作轉做工

成霖集團歷年營收、購併大事紀

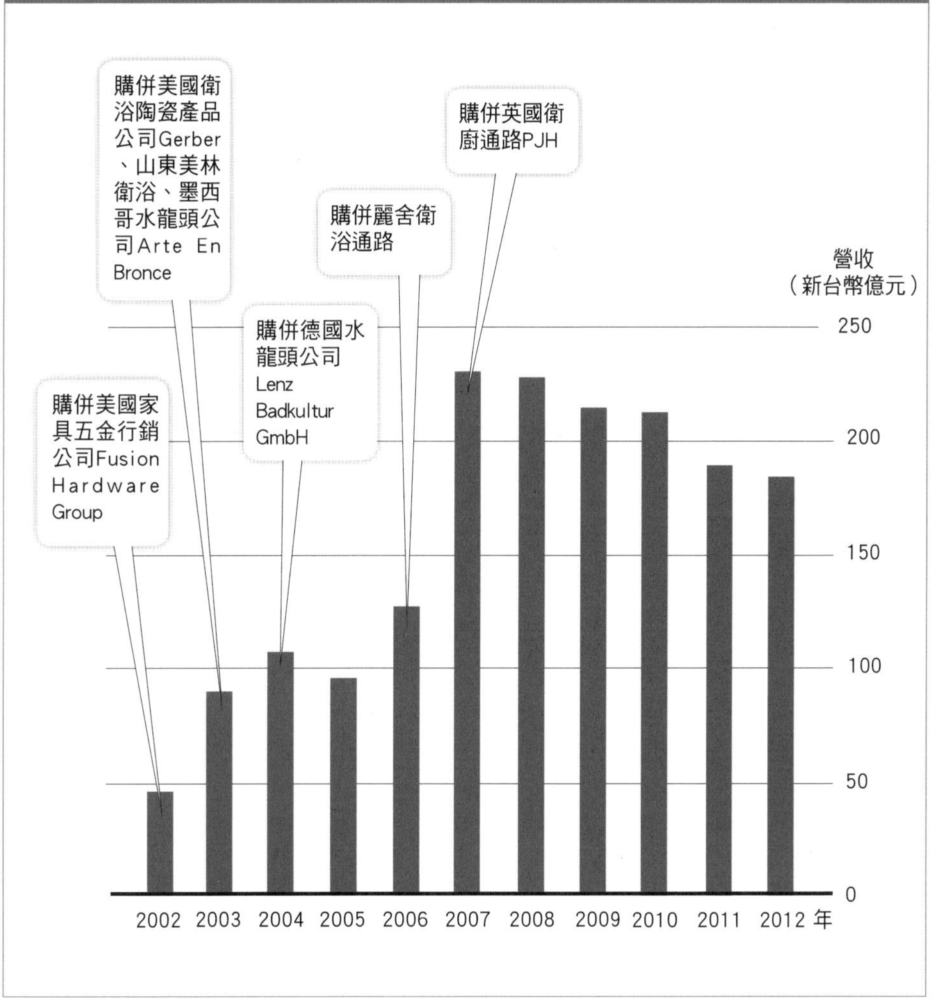

資料來源：成霖官網

廠，做生產組裝廠只有十一名員工時，我就花錢找生產力中心顧問。二〇〇三年購併美國公司，總部、分公司的權利義務關係有點亂，我們請麥肯錫顧問公司，這是他們接過企業規模最小的全球化個案，二〇〇五年又找了一次。

我不是說找麥肯錫一定OK，成霖從貿易公司變工廠、技術公司到品牌集團的演進過程，我相信架構、流程的管理屬性，幫助我們不會鬆散掉，和麥肯錫的方式接近。

總部要創造內部的相互倚賴性

李：台灣企業在架構老闆和經理人的信任關係上，似乎比較注重關係取向？

歐陽：同學、同鄉關係在我看來不是重點，最重要是誰能夠成事。信任是架構在公司內部的程序和法條，從互動之中培養起來，我很少想管理的事，我做的都是領導的事情，信任是領導的基石，管理只是標準作業程序，因為總部要推動因應未來經營環境的改變，領導力變得非常重要。

李：總部的功能是否應該包括跨國管理人才的培養？

歐陽：這確實是成霖接下來最大的挑戰，我希望海外分公司經理人能保有創業者的積極態度，但這樣的人才又要鼓勵他重視團隊，因此，總部要有很強的支援能力，換句話說就是致力創造內部的相互倚賴性，讓任何人認為留在這家公司是很值得的。總部功能持續不斷調整，也都是在創造這個氛圍。

競爭該看對手或照自己節奏走？

二〇〇二年前，阿瘦皮鞋創業五十週年，
店數不到對手一半，之後大舉展店，提升服務品質，
如今已躍升為全台連鎖鞋店龍頭，
董事長羅榮岳感謝對手激出成長動能，卻不願隨之起舞。

湯明哲：在探討競爭策略時，「競爭者的節奏」是經常被提起的決策兩難，經營者到底該照自己的節奏走，不去理會競爭者？還是先看對手動作，再決定自己的節奏？例如，經營連鎖通路，商品定價要不要貼著對手走？開店地點要不要重複還是避開對手店面，什麼時候該出招刺激對手，雙方正面競爭？或者，想辦法將對手逼到牆角，讓它將重心轉向其他地方？你是怎麼構思這個節奏？

阿瘦皮鞋董事長羅榮岳（以下簡稱羅）：我們連鎖業界有一句話，「連得快、還要鎖得緊」。「鎖得緊」和總部的管理力有關；「連得快」談的是和競爭對手的賽跑。

二〇〇二年，阿瘦創業五十週年，那年我又悶又慌，對手當時已經開快一百家店，營業額逼近十億元，我只有二十多家店，做五億多，占市場不到一％。我想，鞋店會不

策略名師 **湯明哲**

會像便利商店一樣？以前便利商店是小店為主的分散型市場，後來卻變成四大體系，龍頭7-Eleven可以做到千億元產值。我告訴同仁，有為者亦若是，決定大舉開店，到目前阿瘦全台超過兩百家店，對手過去幾年店數卻迅速萎縮，可能是（對手）判斷上太過樂觀。

開店設點不能跟著對手走

湯：你認為這是對手犯錯，還是你策略成功？

羅：我覺得它有犯錯，但我也沒多高明。阿瘦每年穩定成長，一年開三十到四十家店，非常注意店所在的商圈選擇，雖是進入相同商圈，對手過去卻曾在同一條街開二店、三店，但我們沒有。因為我們還考慮如何和房東維持長期關係，這家店若過去五年換三種業態，表示這個房東堅持高房租，我們就不碰。

事後證明，我們的評估較精準，阿瘦七年開兩百多家店，關的店加起來只有個位數，對手卻關掉將近兩百家門市。

湯：在美國，漢堡王會先看對手麥當勞開在哪，再選在它

對談CEO **羅榮岳**

現職：阿瘦皮鞋董事長、台灣連鎖暨加盟協會副理事長

隔壁開店。阿瘦選擇店面，會刻意選在對手隔壁，還是隔一百公尺避開它呢？

羅：我不能去管它開店的位置，管它就容易做出不正確的判斷。我只會去看，商圈內哪裡是一線連鎖品牌最密集的地方，且房租相對合理。例如，在忠孝東路四段，我就不選Sogo百貨、頂好這側，我選對街三角窗，房租少三成，和房東也有二十年的長期關係，但對手似乎比較相信快速展店的法則，不太重視這些評估。

湯：意思是說，你的對手連得快、但鎖不緊？

羅：你知道它連得有多快嗎？九二一地震之後三個月，它開始快速展店，隔年七個月就開出七十個店，平均每三天開一個店，幾乎創下台灣連鎖店的展店紀錄。

有對手才會刺激自己成長

湯：聽起來，你後來大舉展店，是受到對手的刺激？

羅：對，沒錯！

湯：後來你看到，對手似乎在選擇地點判斷上有錯誤，同時，你也看到當時阿瘦營業額只占總市場一％，心想有一天也要變台灣連鎖鞋店龍頭，於是利用對手錯誤，達到成長的目的。策略上是這樣嗎？

羅：除了展店之外，說到競爭者的節奏，還有一件事就是廣告投資。後來我研究對手，它先求店數達到經營規模，再投入營收一到兩成預算，進行廣告轟炸，讓消費者感到震撼，相對你如果沒有投入這部分資源，對手品牌知名度就會後發先至。不可否認，阿瘦後來跟著去做廣告，也是被對手刺激到，它花兩億元，我至少也投一億，所以競爭策略上，有些要跟，有些不必跟，才有差異性。

湯：你開店選點不去管對手，那定價策略呢？故意比它高、還是低？

羅：皮鞋市場大餅，男鞋占三成、女鞋占七成，阿瘦的營收構成，男女比也是三比七，對手商品比較講功能性、休閒導向，女鞋銷售比例一定比我少，也沒有正式的男鞋，因此，就定價來講，我的男鞋產品較齊，定價就比較高；休閒鞋是對手主打商品，我定價就比它低。至於女鞋定價，則參考百貨公司主要女鞋品牌。

另外，阿瘦有時會做第二雙九十九元的促銷活動，對消費者來說幾乎是五二折，短時間炒熱買氣吸引顧客上門，可立即創造獲利貢獻。

湯：阿瘦做這樣促銷，對手會跟進嗎？

羅：它從來不跟，對手產品強調功能取向，甚至喊出全年不二價，和我七成營收來自女鞋不一樣。競爭是這樣，會因此了解彼此個性，就像夫妻相處一樣。

湯：當你充分了解對手個性，就可以採用對手不願、也無法反擊招數，這是相當高明的策略。

羅：我從來不會去想如何把對手逼到牆角，其實，有一個競爭對手存在是好事，也才有今天的阿瘦。它三天開一家店真的刺激我很深，以前我只執著在每個縣市的中正路開店，非得要的商圈才願意去，存在多大的盲點。事實上，阿瘦的品牌沒那麼高貴嘛！

後來我開始去全台各大商圈走，才發現，哇！原來全省有許多不是那麼熱鬧的次級鄉鎮市，都有一條這樣熱鬧的街，店租一個月才四、五萬元，比起台北開店至少要準備十八、二十萬店租成本，簡直太划算了，才開始著手準備展店資金，訓練店長。

我真的想過，如果當時沒有對手的刺激，阿瘦現在最多也許只成長一倍，開到四十家。

強化服務力提升競爭優勢

湯：看起來你的做法是，先研究競爭者，發現它開店過快的盲點，然後選擇和它相反的邏輯。除此之外，你還建立怎樣的競爭優勢？

羅：除了展店策略和商品面之外，服務力是阿瘦最重視的企業價值觀。阿瘦的售貨員一定會蹲下替顧客穿鞋，手還要伸進鞋裡看看合不合腳。TCFA（台灣連鎖暨加盟協會）每年都會選拔全台連鎖店的傑出店長，阿瘦兩百多位店長，曾包辦TCFA一年選出的三十多位傑出店長其中七席，比擁有四千多家店的7-Eleven還多，這顯示，我們確實下工夫在提升服務品質。現在，我們不只看對手，也看航空業如何做服務。

阿瘦實業集團轉型大事紀

草創

1952年	羅水木（現任總裁）創立阿瘦皮鞋

由台北走向全台灣

1986年	阿瘦皮鞋只有台北4家店、幾千萬元營業額
1998年	發展「品牌工程」
2002年	阿瘦創業50週年、營業額約6億元

打破一級商圈迷思，遍地開花

2005年	05年前後，每年展店30～40家

跨向多國、多品牌

2010年	宣布朝「阿瘦時尚精品業集團」邁進
2011年	阿瘦國內外計有200多家門市
2012年	9月3日登錄興櫃，年營收35.87億元

資料來源：阿瘦皮鞋

辨文創該重**文化**或**產業化**？

海暢集團結束近三十年禮品代工、代設計業務，全力投入法藍瓷瓷器等兩大自有品牌營運。總裁陳立恆認為，文創產業成功關鍵，來自企業能否創造經營的意義。

李吉仁：台灣的產業發展，一直存在規模與量的迷思，但大家也開始認知到，文化創意、內容服務對未來產業發展的重要性。兩者不同在於，前者看的是規模擴大，後者重視價值創造，道理簡單，牽涉的卻是經營慣性、組織文化。你從代工、代設計，到轉變為一〇〇%自有品牌，這樣轉變最需要克服的是什麼？

法藍瓷總裁陳立恆（以下簡稱陳）：代工、代設計基本上是上不了廳堂、報不了名號，因為做得再精緻還是貼別人的牌，所以你是隱形的，隱形人基本上是沒有文化可言的。過去台灣經濟發展過程，大家認為有工作、能溫飽就夠了，忘了往前邁進的文化建設，可以變成向外走的文化服務力量。

策略名師 李吉仁

經由產品帶動文化改變

二〇〇一年我五十歲，下決心不想再扮隱形人，靠過去二十多年做國際貿易累積的錢脈、人脈和創意脈，建立法藍瓷品牌。我很清楚，做品牌如果不能掌握製造、研發、服務的一條龍式價值鏈，就算一開始有小成功，可能會因為代工廠商品管理、交貨問題，很容易就搞砸。很幸運的，隔年法藍瓷就得到紐約禮品展大獎，你也可說我們蹲馬步蹲得夠久，跳起來就比較高。

這過程當中，我感受較深的是，文化建設面要先有教育工程，然後才會有文化的服務面。當斯土斯人產生的文化產業往外走，於是形成文化交流或者說文化滲透，如同好萊塢電影，它一定是產品帶動文化改變。

李：方向上如此，但實際轉變過程最困難的是？

陳：很多公司談品牌轉變，但並沒有從人文化、藝術化進行自我內化；講技術、卻不談藝術。藝術是什麼呢？畫家竇加（Edgar Degas）說：「藝術不是你看見的，而是你讓人看見的。」感動人心，才能引起眾人共鳴。

對談CEO **陳立恆**

經歷：艾迪亞節目部經理、中德貿易業務代表
現職：法藍瓷總裁

品牌，就是實質物件加上感受，這個感受讓人產生共鳴、認同以及共識。就像我老婆總認為THE BODY SHOP（美體小舖）比較環保，這就是這個品牌帶給她的感受。懂得運用人文藝術創造價值，就是美學經濟。美學經濟不該只是附加價值，應該是所有商業、服務業的核心價值。台灣很不錯的是，早年的教育基礎傳承來自儒家思維的中華文化，擁有強調敬天、敬地、敬人，優於西方的人本價值傳統。

從品牌價值觀找到主客群

李：這樣的價值觀如何轉換成產品，還能通過消費市場的檢驗？

陳：以禮品為例，禮品表達愛、關心和分享，但消費者的需求往往是模糊的，例如我們常苦惱於買什麼東西送人。因此，我們先設定的是要把法藍瓷賣給怎樣的族群，他們可能喝星巴克、動不動就說不想生小孩，下班會去上瑜伽課，這群人可能是一％的人口，卻是有消費能耐的，同樣對美好生活充滿嚮往。

商品就像是個啞巴，當敬天、敬地、敬人的文化價值灌入產品，顧客打開禮盒時，就會開始不斷反思，這樣的工藝品是如何被創作出來，感受接近藝術的那份親切感。所以，我的客戶群不包括那一群經常爆肝工作，無暇進行自我投射的高科技族群。

李：這是全球化很好的一個詮釋，但你進入的是高階禮品區隔市場，法藍瓷又是後發品牌，如何能夠突破現況？

陳：這是如何選擇通路的技術面問題，我進美國市場，就先進駐和英國哈洛德（Harrods）同為貴族百貨的Neiman Marcus瓷器禮品區。因為長時間經營禮品業務，我們熟悉全球禮品通路，找通路不是太大問題。

至於，後發品牌如何被注意到，關鍵是我們將產品特色定位在獨特性，形狀不是過去傳統的圓盤，顏色也要很吸引人，讓消費者能第一眼就看到我們，因為有錢人三十秒就做決定，然後再透過刻意營造的親切感讓他接近，從而形成法藍瓷的五大設計風格：獨特、親切、時尚、人文、藝術。這個框框要很明確，曾經有一個設計師做出蜥蜴吐出長舌頭的杯子，喝水前還可以先和蜥蜴接吻，創意雖好，但並不符合法藍瓷的設計風格。

培養設計師而非藝術家

李：法藍瓷設計師是否會被你的五大風格，限制了他的創意空間？

陳：法藍瓷的設計師都很謙虛，人文藝術修為才是我的養成重點，每一個品牌都有根據主事者的商業敏感能力所設定的框架，設計師若是自我謙虛，這個框架是大的。我不是培養忠於自我的藝術家，而是要能掌握消費者模糊需求，產品能進行大量行銷的設計師。在法藍瓷，我們會把設計師畫出來的圖，送給全球經銷商讓大家投票，傾聽經銷商意見就等於掌握末端消費者，年終也會排行每位設計師作品的銷售金額統計，讓大家清楚自己的設計是否吻合市場，這個排名也連動到每位設計師的績效和分紅，既兼顧市場導向，又在我設定的框架裡。

李：聽起來，設計是法藍瓷的核心，你如何讓設計能量擴大，讓營收從十五億元變成一百五十億元？

陳：可能不容易擴大了，抱歉！因為科技金融服務業的發展，全世界願意從事手工藝的工作者愈來愈少，歐洲最具代表性的瓷器品牌麥森（Meissen），它的員工現在甚至比法藍瓷的員工還少，只剩下六百五十人，唉！工藝逐漸凋零是全球的現象，我也無法確定公司是否可以永續，但求我的產品可以永恆。

李：但至少你解決了從代工到品牌的轉型障礙，很多公司沒想通如何解決分母因代工而過大的問題，也就是甩掉產能、資本規模的包袱？

陳：過去海暢集團曾經是全球數一數二的禮品代工大廠，員工數一度達八千五百人，隨業務轉型人數自然減少，目前只剩下兩千多人。我們從來不主動裁員，轉型經營品牌，在對岸，我們就讓原本工廠員工學行銷，或者回內地參與八十家門市的經營。

我要強調的是，一個公司的文化建設很重要，資本主義急功近利，上市募資操作股價，往往很快侵蝕公司創立之初的根，經營公司不應只是賺錢，而是要能創造意義，因此，所有產業都可以成為文化創意產業，法藍瓷若「以瓷載道」，中鋼當然可以「以鋼載道」，中華電信也可以「以電信載道」。

法藍瓷品牌發展成績單

法藍瓷（母公司爲海暢集團）發展狀況

2001年法藍瓷創立

· 研發設計及行銷部門：台北，約200人

· 生產製造基地：台北內湖、中國廈門、深圳、景德鎮，約2,000人

· 分公司：歐洲、美國、上海、深圳等地

· 銷售據點：全球超過6,000個

· 雙品牌策略：2005年與迪士尼、故宮（郎世寧作品）合作；2006年與Kathy Ireland、2009年與法國設計師Jean Boggio合作

法藍瓷得獎紀錄

2002年	蝶舞系列獲紐約禮品展最佳禮品收藏獎
2004年	英國零售商協會最佳陶瓷禮品首獎
2005年	台灣國家產品形象金質獎
2006-2008年	連續3年獲頒聯合國教科文組織世界傑出手工藝品徽章
2010年	台灣文創精品獎
2011年	台灣精品銀質獎
2012年	聯合國「世界傑出手工藝獎章」、「華麗花園屏風」榮獲金質獎
2013年	台灣卓越中堅企業獎

資料來源：法藍瓷網站

策略名師 **湯明哲**

低價市場也能有藍海嗎？

從代工起家，如今成為兩岸最大女鞋連鎖通路品牌，達芙妮雖走平價路線，但毛利率高達五七%。創辦人之一陳賢民靠設計追流行，用自產、外購各半的平衡策略，在低價市場找到藍海。

湯明哲：一般的想法都認為低價市場一定是紅海，因為求勝是靠價格競爭，而價格又是最容易模仿的策略，誰都做得到，在激烈競爭下基本上無利可圖，多數經營品牌的公司避之唯恐不及。但有些公司卻在低價市場上打出一片天，例如百貨業沃爾瑪、時裝業ＺＡＲＡ、家具業宜家家居（ＩＫＥＡ）、電腦業以前的戴爾（Dell）也是將看似紅海的低價市場經營成藍海，達芙妮進入的也是競爭最激烈的中低價女鞋市場，你如何做贏別人？

達芙妮集團創辦人陳賢民（以下簡稱陳）：達芙妮一開始就定位價格低、數量大這個市場，目標是做鞋業的裕隆而不做

對談CEO **陳賢民**

經歷：誠美鞋業經理、瑞士海外公司驗貨主任、喬志企業經理、達芙妮國際控股副主席

現職：達芙妮集團創辦人

賓士。其實，當初做達芙妮只是想填補春夏、秋冬之間，工廠一個半月的閒置產能，將庫存料件做成低價的內銷鞋，直接抄外銷的款式。

鎖定中國工農階級

不過，達經濟規模之後，我們擁有五、六十人的創意設計團隊，他們也會飛去義大利看展，還有外部的合作設計師。隨中國國內生產毛額（GDP）平均每年成長八%，過去五、六年來，達芙妮平均銷售價格從人民幣一百八十元成長到二百三十一元。我們成立的另一個多品牌通路「鞋櫃」，平均銷售價格則從人民幣九十八元成長到一百三十七元，目前已有一千家設在大賣場的店，賣的是比達芙妮更便宜的自有品牌，現在是進駐中國家樂福營業額最多的連鎖店，比肯德基還多，價格帶瞄準工農階級，這塊才是真正的藍海。

未來達芙妮平均銷售價格如果逐漸提高到人民幣三百元，它就得和中高檔品牌硬碰硬了，但低價品牌沒有人會和我競爭，因為打不過我，對手不會做百分之百PU（聚氨酯）材質的人造皮革，台灣人造皮開發的技術是大陸工廠比不上的。

湯：但光靠便宜是不夠的，ZARA在歐洲走低價，贏在快速流行，一個新樣式十七小時就可以做好送到店內，達芙妮怎麼做？

陳：我們也很追流行，以前一年兩次對分公司的展銷會，現在兩個月一次，新品下午拿來，明天上班前樣品就在我桌上，生產線要求新商品六十天到店，追加訂單二十到三十天，物流甚至都用空運。由於中國從南到北溫差大，冬季的馬靴從東北先鋪貨，一路往南賣，夏季涼鞋則從海南島開始賣，市場的反應時間是足夠的，所以也是低價流行的策略。

店長決定七成進貨品項

湯：目前兩岸達芙妮和鞋櫃總計有近五千個銷售點，中國三十二個省市區域，每家店需求不一樣，由總部還是門市端決定訂貨種類和數量？

陳：以前是總部由上而下決定門市銷量，結果死得很慘，現在則是由下往上，店長決定進貨。不過新一季的商品不是每個店長都能看到，他守在五、六級城市也無從判斷流行趨勢。因此，達芙妮訂貨有分「菜」和「飯」，「飯」是總公司要求各據點一定要進的貨，比例占三成，這部分的銷售表現，不算在各店關鍵績效指標考核範圍，萬一真的賣不動，算是總公司犯錯；至於另外七成的「菜」，則由店長自己決定進貨品項和數量。

雖然中國市場很大，但我們統計過，達芙妮全中國三十個分公司，排行榜前十名的鞋款都一樣，流行商品的差別性並不是太大。

湯：走中低價，平均售價僅約人民幣兩百元的女鞋，卻能維持五七％的高毛利率，你是如何建立成本優勢？

陳：產銷我們分達芙妮外購比率五〇％，自產自銷五〇％，自產外銷五〇％（工廠五〇％的貨賣給達芙妮，五〇％外銷；另達芙妮須外購五〇％的貨）。保留外銷代工訂單，是因為很多市場訊息和點子可以從這裡來，況且仍有利潤，為何不接呢？外購的成本也不見得比自己生產來得貴，自己工廠生產的貨，不論好壞都要承受，但外購我是客戶，品質不好我可以退貨，對自己工廠也形成壓力，可以達到恐怖平衡的效果。

湯：有沒有想過，有一天達芙妮像耐吉（Nike）一樣，不再擁有自己的工廠？

陳：有可能，年輕一代就這樣想，不過我常說飲水要思源，達芙妮品牌是靠工廠代工的奶水長大的。另外，擁有工廠才能確保產能，過去幾年，達芙妮營業額維持每年三成以上的成長率，二〇一〇年上半年原本設定的成長目標是二五％，最後只達成一八％，問題就是出在外包廠缺工，導致延遲交貨；如果全部靠外購，可能還連一八％成長率都不一定能達到。

一級商圈開店公司補貼費用

湯：達芙妮走的是中低價位品牌，六級城市的銷售據點數最多，你如何有能力在上海淮海路一級商圈開店？

陳：淮海路店面一百九十平方米，租金一年人民幣四百八十萬元，業績可以做到一千兩百萬，扣掉營運成本，確實沒有賺錢，但因為店開在淮海路有品牌效應，總公司用廣告費補貼它，每個分公司都有兩到三家政策性補貼的店面。

湯：所以你靠其他店面賺錢？

陳：對！現在上海的店就賺輸廣東的店。

湯：達芙妮接下來的策略會是如何？

陳：應該可以成長到兩萬家店，我們預計二〇一六年，達芙妮可以從目前三千五百家開到五千至五千五百家店；鞋櫃從一千家開到八千至九千家店；另外是異業品牌杜拉拉，也會有兩千五百家店，我還是認為，達芙妮集團應固守低價市場，不該跟著去拚高價。

很多人談中國零售通路要怎麼經營，我的經驗是，它空間大，所以投入要更大，也就是口袋要深、氣要夠長。鞋櫃二〇〇四年成立，虧了人民幣兩億五千萬元才開始打平；台灣達芙妮門市也虧新台幣三億多元，二〇一〇年才打平，達芙妮回台灣設點倒不是搶低價藍海商機，著眼的是，走出中國的國際化布局。

達芙妮鞋業王國成長大事紀

1987年	永恩國際集團（達芙妮國際前身）在香港成立
1990年	自創品牌達芙妮（Daphne）進軍中國市場
1995年	在香港上市
2003年	每年在中國開設超過300家專賣店
2004年	創立第2個自有品牌「鞋櫃」（Shoebox）
2006年	進軍台灣市場
2008年	更名達芙妮國際控股有限公司
2009年	引進TPG Capital注資
2010年	收購中國中高檔品牌愛意及愛魅 斥資1.95億元購入Full Pearl的60%股權，增加約200個銷售點，並取得加拿大ALDO及美國Jessica Simpson中國總代理 與寶成合作，重組Full Pearl公司股權，納入愛意、愛魅、ALDO、Jessica、Simpson等中高端品牌
2011年	推出自創女鞋品牌杜拉拉，主打OL第一雙鞋 代理美國舒適鞋第一品牌愛柔仕（Aerosoles） 2011年銷售總金額86億港幣（約合新台幣330億元）
2012年	銷售據點6,369家

資料來源：達芙妮網站

策略名師 **湯明哲**

跨國策略該一致或因地制宜？

版圖橫跨三大洲的鼎泰豐，是台灣餐飲業國際能見度最高的品牌，第二代當家楊紀華認為，國際化成敗關鍵，在於能否找到理念相近的海外經營者。

湯明哲：企業全球布局有兩個策略選擇——全球一致策略和多國調適策略，兩者最大不同，在於當地化程度高低。全球一致策略指的是：在各國市場，採取完全一致的策略定位，其競爭優勢在於整合各個國家的研發、行銷、生產價值鏈，達到全球統一的目標。多國調適策略則是因地制宜，當地化程度高，各地採取的策略不同。

展現在跨國餐飲品牌的產品設計上，麥當勞採取的是全球策略，每家店的口味和餐點都相同，全球總部統一供應原料，

對談CEO **楊紀華**

經歷：花園新城交通調度員
現職：鼎泰豐董事長

經營績效在日本和歐洲迭創佳績，但麥當勞在中國市場的發展，卻遜於提供皮蛋瘦肉粥、榨菜肉絲湯等，迎合在地消費口味，採取多國調適策略的肯德基。對鼎泰豐而言，到底全球一致策略好，還是多國調適策略較好？各地推出的在地產品，由誰決定？

鼎泰豐董事長楊紀華（以下簡稱楊）：基本上鼎泰豐也會因地制宜進行品項調整，譬如回教徒不吃豬肉，印尼鼎泰豐特別賣雞肉小籠包；韓國人喜歡吃泡菜，就提供泡菜小籠包；上海鼎泰豐定位在高檔消費，平均每人消費約二十二美元，甚至比日本分店的二十美元還高，當地也提供單價較高的魚翅小籠包。

加盟店新菜要經總部審核

湯：當地化的口味和新菜色誰來決定？

楊：當然還是希望鼎泰豐的原味，可以在世界各地呈現，最好和台北本店沒有差別。像我們印尼店，醬油、醋都是從台北運過去，新加坡開店時連蝦仁蛋炒飯用的米，也是我們這邊過去。之前香港第一家直營店開幕，餃子和燒賣都是空運過去，蝦仁也是中央廚房挑好冷凍的送過去，現在香港店的豆沙餡仍是在台灣中央廚房做的。至於新菜色，就由各地授權的加盟主決定。

湯：除台灣之外，海外市場也設中央廚房嗎？是你設還是加盟主投資？

楊：海外都有央廚，上海、印尼、馬來西亞、新加坡也有中央廚房，都是加盟主投資的。

湯：但你們現場製作小籠包強調有一定的標準，餡料重量多少、外觀皺褶數都嚴格規範，韓國要發展泡菜小籠包，台北本店卻沒有做泡菜小籠包的標準作業程序，難道不會擔心各地自行開發的泡菜小籠包品質不佳，把品牌名聲搞壞掉了？

楊：會擔心啊！品牌授權的合約上都有寫，在鼎泰豐賣的創新菜色，一定要經本店同意才可以賣。所以，加盟主的經營理念就很重要。像二〇〇七年收回合作關係的深圳店，就是因為經營理念的差異，當時我過去看，心裡想，這家店怎麼會弄成這個樣子，他買人家倒掉的店稍微改裝，廁所看起來也髒髒的，當時，一個清潔阿姨月薪大概才人民幣八百元，經營者連這個錢都捨不得花。（編按：二〇一三年新的深圳直營店已重新開張）

湯：因為是加盟店，所以你沒有控制權？

楊：對，深圳不是直營店，它後來擅自推出滷肉飯和珍珠奶茶品項，因此，七年的授權時間一到，我們就結束合作關係。香港店也存在類似問題，這是為什麼後來香港鼎泰豐要變成直營店。但像日本加盟主就較接受合約規範，每次新菜開賣之前都會讓我們先品嘗。日本人喜歡吃煎餃，二〇一〇年三月大阪店開幕，就是鼎泰豐海外第一家賣煎餃的分店，試吃煎餃的時候，本店師傅建議他們，油量放少一點會更好，他們後來也接受，才開始對外販賣。

產品難一致，但理念要相同

湯：韓國發展出泡菜小籠包，如果說印尼消費者也喜歡這道菜色，你會讓各地開發的產品進行交流嗎？

楊：會。像是台灣九家店賣的辣味小黃瓜，就是上海鼎泰豐開發的，現在香港、美國鼎泰豐也都有賣，相當受到客人歡迎。紹興醉雞也是從上海店先開始賣，因為上海用的酒好，有客人去上海店吃覺得不錯，建議我們在台北也賣。

湯：這樣做法，台北總店成為全球知識匯流中心，全球各分店在總店交換新產品的知識，總店成為「heartquarter」而不是「headquarters」（意指總部從對海外子公司發號施令的頭，變成互利共生的心臟）。所以說，鼎泰豐並不像麥當勞，經營不同市場但產品力求一致？

楊：產品一致性對我們來說很難，麥當勞的產品是機器大量生產再加熱調理，跟鼎泰豐多數產品得靠手工不一樣，所以我們要求人，不是只有技術給人家，從內場到外場經營和服務理念也要相同。但也因國際化，像一九九六年，鼎泰豐在日本新宿開出海外第一個加盟店，我們真的在日本人身上學到很多東西，像是標準化的服務。

人才管理要克服國情差異

湯：你重視人才跟紀律，但到了印尼或菲律賓，他們不太在乎人才，你怎麼去控制人才方面的品質呢？

楊：鼎泰豐加盟主基本上都認同重視人才的理念，但的確也存在國情差異。像在韓國，業主認為加班不需給加班費，往往勞資就起衝突了，所以他們服務做得並不是很好。過去，鼎泰豐在海外開店都是以授權為主，未來原則上都將採取直營，或股份占半數以上取得經營控制權，像最近美國西雅圖開的新店，我們股份就占五一%。

湯：你豆沙餡做那麼好，會不會像星巴克一樣，賣現煮咖啡之外，也販售包裝的咖啡豆，有沒有考慮過出鼎泰豐豆沙餡、或鼎泰豐辣油、鼎泰豐醋，或冷凍即時的包子？

楊：有考慮過，小籠包因為蒸的時候需要一些技巧，不容易做成冷凍包子，但我們現在大包類產品、雞湯和鬆糕類的冷凍產品，在大型量販店也都有鋪貨，不過因並非主要的營業目標，目前占營業額比例並不高。

鼎泰豐跨國經營大事紀

1958年	楊秉彝創立鼎泰豐油行，至1972年轉型兼賣小籠包
1993年	榮獲美國《紐約時報》評選為世界十大美食餐廳
1996年	日本新宿店成立
2000年	美國加州店成立、台灣中央廚房成立
2001年	上海虹橋店成立、台灣忠孝店成立（全台第一家分店）
2003年	新加坡Paragon店成立、於美國紐約Sheraton Hotel首次舉辦美食展
2005年	印尼雅加達Senayan Arcadia店成立、韓國首爾明洞店成立
2007年	馬來西亞吉隆坡Gardens店成立 香港加盟主提供的餐飲水準不佳，終止授權
2008年	香港新港直營店成立、澳洲雪梨店成立
2010年	廣東加盟主擅自販售珍珠奶茶、滷肉飯，終止授權 杭州萬象城店、青島百麗店、北京西單店、美國西雅圖店、新加坡RWS、Marine Bay Link Mall、Serangoon店開幕、台灣新竹店成立 香港新港店獲米其林一星評鑑殊榮
2011年	印尼雅加達Mall of Indonesia店、Emporium Pluit Mall Branch店、馬來西亞吉隆坡Empire Subang店、新加坡Marina Bay Sands店、Katong店、日本福岡店、韓國首爾蠶室店、怡和店、寧波國金店、上海港匯店、泰國店、澳洲Star City店陸續開幕 台灣台北101店、台中店開幕 香港新港店、怡和店獲米其林一星評鑑、信義店獲The Miele Guide亞洲最佳餐廳
2012年	台灣板橋店開幕、香港新港店獲米其林一星評鑑
2013年	新加坡牛車水店、台灣高雄店、上海尚嘉店、天津泰達店、成都來福士店、深圳萬象城店、香港沙田店、洛杉磯Glendale、西雅圖University Village等店陸續開幕 香港新港店獲米其林一星評鑑 獲CNN網站評選最佳連鎖企業第二 獲美國The Daily Meal網站票選亞洲最佳餐廳第一名 獲國內《遠見》雜誌「傑出服務獎」餐飲業第一名
2014年	香港新港店蟬聯米其林一星評鑑

資料來源：鼎泰豐

策略名師 湯明哲

打國際市場該靠品牌或技術？

大甲小鎮發跡的捷安特自行車，連續兩年躋身台灣前十大國際品牌，所屬的巨大集團更是全球自行車業龍頭，執行長羅祥安指出，品牌始於高端技術突破。

湯明哲：有些品牌可以不依賴技術，像是愛馬仕、香奈兒，靠創造知覺上的產品差異化（perceived product differentiation），產品由任何人製造都沒關係，掛上品牌就會有人買；另一種是如BMW、豐田汽車，擁有生產與技術核心，靠創造實質產品的差異化（physical product differentiation），形成品牌印象吸引消費者。

但，隨時間過去，品牌形象深植人心，技術的比重則會淡化掉。巨大集團經營進入門檻相對低的自行車產業，成為全球

對談CEO **羅祥安**

經歷：中華貿易開發公司
現職：巨大集團執行長

市場冠軍，靠技術還是品牌效果？

巨大集團執行長羅祥安（以下簡稱羅）：巨大是自行車製造、代工起家的公司，一開始就非常重視品質，不只滿足代工客戶的需求，還不斷研究改進，基本上，我們在市場上的品質口碑很高，這是最重要的基礎。

切入高端產品塑造形象

第二個關鍵是，我們很早就建立自有品牌，也做對一件事，去歐洲市場推廣自有品牌，而且從最高端的碳纖維車款開始推（巨大一九七二年成立，一九八一年轉投資創立捷安特，建立自有品牌Giant，一九八六年在荷蘭成立歐洲總部）。

回想起來，我們當時也滿勇敢的，如果用奧運來比喻進入國際市場，我們可說沒拿到入場資格就想挑戰奧運。一開始就打高級車市場的原因是，自行車已有兩百多年歷史，我們要證明自己的唯一方法，就是做出市場最高端的產品。一九八五年巨大開始研究碳纖維材質的車架，那時只有法國、義大利幾間手工車廠在做，光一個車架就要三千美元。兩年後我們的碳纖維車上市，整部車賣三千美元，那時巨大銷美國的自行車，整車出廠價大概僅一百多美元。

湯：可是，一部自行車並不是只有車架，輪胎、把手也要是最高級的才行。

羅：對，但自行車是一個分工非常細的產業，其他東西世界上已有頂級的產品，最難突破的還是車架。車架是整部車結構的核心，我們花好幾年研發、吃盡苦頭，推出後在市場上還真的頗受歡迎。我們拿這個全世界最輕、最好的車子，贊助職業選手參加環法自行車賽等國際性比賽，拿了幾個冠軍，大家才開始注意到Giant品牌。我們慢慢建立起在高端市場的名聲，把品牌的戰略高度拉開，再把品牌效應逐漸往中高階產品延伸下去。

也因為做高端市場，我們不斷被逼著要做研發，職業選手提出要求，我們就要在技術上去突破。因為這些經驗，後來做其他自行車產品的時候，我們的設計理念和想法，就和一般從底下慢慢往上走、做代工的自行車廠不太一樣。

湯：是因為選擇先去歐洲市場才做碳纖維，還是因為碳纖維技術開發成功，才去歐洲市場，如果做不出來就不去了？

羅：做品牌得攻外銷市場，於是我們先去歐洲，一方面原因是，巨大主要的代工客人都在美國，攻美國市場，客人一定會有意見；那時歐洲還沒有什麼代工業務，去那邊做品牌比較順理成章。自行車文化從歐洲開始，當地才有高端市場，當時美國還沒有高端市場的需求。

湯：當時巨大憑什麼認為，可做出全世界最好的產品？

羅：這個的話，誠實講是不知天高地厚，異想天開認為，要做就做最好的。那時最好的就是碳纖維技術，認為這個如果做得出來，我們在市場上就有位置了。

創造差異化需求，再闢新藍海

湯：也就是說，技術的突破，是讓巨大有機會創造Giant這個品牌的關鍵？

羅：品質做好是一種技術，Giant不可能沒有自己的工廠，那樣就失去品牌核心。施振榮先生談微笑曲線，不要製造，我是不贊成的。做成全世界最大的自行車製造廠，供應鏈的管理，也是一種技術，這部分巨大二十多年前就開始向豐田學習；現在我們更包括全球上萬家通路管理，以及經營全球第一家自行車女性店，服務女性騎乘者的技術。

不過，我們十五年前也碰到瓶頸，去參展時發現，別人有的我們都有了，該學的又通通都學完了，沒什麼可創新的。於是，我當時提出「自行車運動全方位解決方案」的概念，一部登山車因為使用者差異化的需求，可以衍生出七、八種不同產品，有長途旅行用的、騎到山裡的，也有下坡衝刺用的。

湯：消費者真有這樣的差異化需求？

羅：這樣講好了，就像品紅酒一樣，以前大家講紅酒就紅酒嘛，乾杯就喝掉了，但當你喝到好一點的紅酒才發現，還真的不太一樣，以前那個酒怎麼能喝啊！自行車也是一樣，當使用者的水準進步，他就能體會到這些差別。

現在，我們又覺得這樣的創新還不夠，所以要從全方位解決方案，進到「自行車運動科學」的層次，研究自行車運動和疾病預防、減肥的健康關係。接下來，我們要做的，是發展量測出消費者生理數據，再提供最適的自行車運動方法等獨特的體驗服務。

巨大雖是一家小公司，不過經營得很複雜，從製造、供應鏈管理、設計和品牌，再搞通路、教大家怎麼騎自行車健身，還開旅行社帶大家去國外騎車，這樣的一串價值鏈就相當長了，每一段裡面，我們都發現有很多技術。在這一片看似紅海的自行車市場，我們就是做其他人不願意做、不會做的，然後用生命去做。

湯：做為全球最大的自行車大廠，一定會追求規模經濟，但賣個人化的自行車，每個消費者需求不同，無法達到規模經濟，這不是好主意吧？

羅：在台灣先做，累積門市 know-how，下一階段海外的捷安特門市都可以複製，一方面提升品牌價值，另一方面也讓我們的產品和服務更專業化，仍可創造規模化的效果。

巨大機械成長歷程

1972年	成立巨大機械公司
1980年	成為台灣第一、亞洲第二大自行車製造商
1981年	創立捷安特品牌及台灣捷安特銷售公司
1986年	在荷蘭創立歐洲總部
1987年	開發碳纖維車架成功，開啓採用複合材料的新紀元；實施GPS建立巨大獨特生產體系；創立美國總部
1989年	創立日本銷售公司
1991年	創立加拿大銷售公司 創立澳洲銷售公司
1992年	成功開發一體成型碳纖維自行車及鋁合金自行車 創立中國銷售公司
1994年	巨大股票上市
1996年	歐洲廠投產
1997年	設立昆山捷安特輕合金公司，生產鋁擠型製品
1998年	電動自行車Lafree在台上市、買進日本HODAKA 30%股份
2004年	成立捷安特（成都）有限公司
2011年	與台北交通局簽訂台北市公共自行車UBike BOT案。由捷安特建置營運

資料來源：巨大機械

策略名師 李吉仁

成熟企業成長該靠**創新**或**購併**？

成立三十年來，全球工業電腦設備廠商龍頭研華科技，二〇一〇年首次發動大規模購併。董事長劉克振認為，要靠購併而成長，關鍵在於先建立內部的創新平台。

李吉仁：漸趨成熟的企業需要建構新事業，才能保持成長與獲利動能，其途徑不外乎內部創新，進行新技術發展，或透過外部購併新創事業，進入新應用市場。然而，前者受限於組織慣性，老狗常會玩不出新把戲，難以產生突破性的創新；外部購併雖可避免此一局限，但雙方如何進行策略與管理風格的整合，卻又充滿變數。從研華的管理經驗，你如何取捨？

研華科技董事長劉克振（以下簡稱劉）：我長期實踐《從A到A+》該書提出的主張，這本書最後一章提到「飛輪效

對談CEO **劉克振**

經歷：台灣惠普電子儀器部副理
現職：研華科技董事長

應」，用來比喻一個優秀企業俱足成功條件要開始快速成長的啟動效應。研華一九八三年成立，到二〇一〇年才開始談購併（研華二〇一〇年公告購併德國DLoG、英國Innocore Gaming、先進數位科技ACA等三家工業電腦公司），我認為，購併是飛輪效應的加速器而非啟動器，真正的創新還是要靠內發驅動，用購併當創新啟動器，不可行也不合理，等輪子轉起來一點，再靠購併進行有紀律的創新並加速成長，這樣的創新購併才不會跑到經營核心之外。

李：所以，購併不只是先看雙方的互補性？

由下而上發動公司創新

劉：應該是看大方向、經營方針。研華的經營使命是提供智慧地球平台，它有醫療、汽車電子、博弈等應用領域，透過購併，可以將非源頭創新的工業電腦模組，複製在不同目標市場，加速成長引擎；但要達成創新購併，內部要先建立起創新平台、流程和紀律。我用「IMAX」來描述研華的創新平台，I（Incubation）是指內部育成、M（Merger）是購併、A

（Alliance）是外部策略結盟、X（X Product）則是透過產學合作，進行未知、高未來性的早期創新產品研發。

四個象限齊頭並進、相輔相成，每個事業部門「由下而上」依此將創新需求填入表單，在年度業務計畫會議上提出來討論。

李：大部分公司的創新，特別是購併計畫，多「由上而下」驅動，你認為這樣會有什麼問題？

劉：研華成立前面十五年，老實說，很多創意都是我在外面跑，想出來的。但最近五年，大部分創意已無法從我這邊出去，多是從下面來，我們高階經營者則是扮演支持和指導的角色。

由上而下發動購併並不容易，因為購併機會在CEO的雷達幕上不一定能看到，要靠每天在外面跑業務「潛在水裡」的同事。我們發展出「IMAX」平台，可以鼓勵基層同事提出購併和育成的機會，過去他不敢講，也缺乏這樣的提案機制，現在大家的企圖心就變得很強，研華上千個業務接觸到的購併機會都可以提到CEO這邊來。

李：建立這套開放式創新的平台，鼓勵員工藉助外頭力量進行創新，會不會因此削弱內部的創意動機，養成依賴外部尋找創新的心態？

劉：研華從工業用計算機開始，如今已發展出七個事業群、三十五個事業部，過去十幾年，最大的成長動能是內部育成。我比喻，就像是經營7-Eleven這類的連鎖超商，強調的是展店的概念，我們把開發新事業當成展店，都是在相同的核心能力和經營目標下展店，一旦模式確認，店是開不完的。

原型設計不能為量產考量

過去十年來，研華把產學合作，當成導入創新文化的最重要方法，我們明確主導研究議題，和台大、交大進行管理性、產業探索與技術性議題的合作。以產業探索為例，我們的做法是，規定學生設計的原型產品，和概念車一樣，不能有量產的設計考量，研華的專案擔當者（負責人）也一起發想，因為學生的想像力是無遠弗屆的，如果一開始就考慮開模，創新一下子就局限在狹隘的產業邏輯裡了。但若待原型產品出現，再進入工業設計的另一階段，企業端框架就很容易被突破，且兼顧設計創意的實現。

李：由內部育成新事業，常存在新事業部門領導人如何產生的問題，你是靠內升還是從外面找？

劉：新事業一開始不存在領導人也可以。研華的做法是，當發現新事業機會，通常會讓這個業務附在某一個很賺錢的舊事業，就像媽媽帶小孩一樣，等待成熟再切割出去。

通常當新事業未來兩年內可以開始獲利，我就會逐步切割出去，先在年底把該事業部門的業績統計表拆成兩個產品線，因為員工是看業績表，產生對公司組織的理解。當新事業剛獨立時，仍由舊事業主管兼任領導人，或更高一階的主管看管，因為每個領導人都有缺陷，若一開始是某個特定的人，個人的缺陷就變成新事業的缺陷。而當新事業的機會逐漸浮現時，通常領導人自然就會出現，CEO也很容易挑選勝任的內部優秀員工或外聘人選，出任該新事業領導人。

李：這很像 7-Eleven 在一些特定地點先開店，再找人委託經營。那研華又是如何評估每個部門產生新事業的創新績效？

劉：老實說，這部分目前研華還沒有設明確的關鍵績效指標，現在雖有進行相關的績效統計，但要發展成可操作的管理邏輯，成熟度恐怕還不夠。不過，副總級經營層面的主管，創新表現一定會在他考績占重要因素。

李：透過IMAX平台產生的新事業單位，要獨立成立公司，還是保留在公司內部較佳？

劉：企業經營最困難的就是建立領導模式，研華強調一個核心邏輯下，不斷展店的概念，整合在一起展現的力量和價值都是最大的，就像 7-Eleven也不能把其中一家店切割出來的道理一樣。尤其工業電腦門檻不在資金規模，最大的挑戰是多而複雜的客戶關係，以及少量多樣的產品需求，所以我說和 7-Eleven很像，如果能靠建立領導模式把這些複雜的經營邏輯釐清，就能展現連鎖店的強大威力。

研華IMAX創新平台

內部育成

I Incubation

是7大事業群、
35個事業部門主要動力

發動購併

M Merger & Controlling JV

2013年陸續併購3個不同領域企業
台灣AdvanPOS（POS系統）
台灣LNC寶元（Machine Automation領域）
英國GPEG（Gaming Display）

產學合作

X X Product 先驅創新產品

和工研院等外部單位
開發智能生活產業商機

策略聯盟

A Alliance & Outsourcing

與台大、交大產學合作
進行創新產品研發

資料來源：研華科技

策略名師 **黃崇興**

台商國際化用自己人或外人好？

旭榮集團是全球最大針織休閒服代工廠，布局遍及美、亞、非，建立多國籍的經營團隊，購併美國貿易商，進駐後卻吃了軟釘子？它如何破除只用自己人的魔咒？

黃崇興：台灣談自己的國際化已有多少年，多少是幫自己吹牛。從管理角度看，早年台商做國際貿易只是「交易」處理訂單，沒有國際營運問題，後來慢慢有全球運籌，真正更上一層樓談全球布局，涉及全球人才、策略，是現在才浮現的挑戰。

不管是兩岸，還是全球布局，核心經營團隊該用自己人還是在地人，似乎答案理所當然：不用在地人就無法建立在地市場競爭力，成長必然受限。然而，實務上許多台商經營骨幹仍

對談CEO **黃冠華**

經歷：優仕網共同創辦人
現職：旭榮集團執行董事

以台灣人為主，即使已走向歐美市場的台商，也仍有融合混血國際團隊的困難。原因當然很多，不過有個關鍵是所謂「信任成本」。台商經常覺得，用台灣本地人，沒有文化隔閡問題，做事好溝通，制度上的變革不用太多；相對的，用在地人如果管不好，出包、出錯的成本相對更高。

旭榮集團營運的範疇，跨越亞洲、非洲與美國，建立了多國籍的經營團隊。這在傳統產業中非常少見。你是家族企業第二代，又實際負責管理營運，旭榮集團如何組織調整因應國際化治理上的需求？

用雙軌共治降低「信任成本」

旭榮集團執行董事黃冠華（以下簡稱華）：所謂台商用人的「信任成本」，其實心魔出在老闆身上，老闆抓人事權與財務權，一旦制度化就得釋出權力。

旭榮二〇〇五年起進行組織改造，營運國際化。有幾個關鍵字：矩陣式組織、雙軌、共治。

矩陣式組織，總部處理人力資源、公共關係、財務與

MIS（資訊系統），我們沒有什麼「將在外，君命有所不受」，因為主要功能中央統籌。另外，所有分部的技術職與管理職是雙軌制，舉例來講，銷售辦公室除了業務主管，還有一位行政管理主管；另外，每個地方辦公室最高行政權責都是「經營管理委員會」，有一個奇數的主管團隊，決策採取共識決，所以沒有人可以獨大，也沒有人可以一手遮天。

黃：你講的這種跨國管理制度，早年外商來台灣設電子業也常看到。但這套方法有缺點，像是事業單位往往太強，矩陣式組織更有權責劃分和效率問題。你為什麼覺得可行？

華：管理模式是舊的，但我們透過各種方法，讓剛才講的信任成本降低。像很多公司做共識決，最後因企業文化不夠，結果變成鬥爭。所以我們強調主管要能擅於合作。例如我們每年總部都會跟各地員工收取「給公司的一封信」，當中我們問，「你在你的主管下面做事情，有沒有成長？」「他有沒有分享？」各種問題。信都是由總部派人直接去當地收，不經過當地主管。我們相信人，但是我們做trust but recheck（信任與再確認）。

另外，除了制度上硬的部分，軟的我們用企業文化管。惠普（HP）有hp way（惠普之道），旭榮有New Wide Way（New Wide Group是旭榮集團英文名稱）。小至做筆記的方式，大至你一個主管如何用管理語言；小至業務團隊，大到幾百個人幾千個人的廠，該怎麼做，都要靠這本「聖經」。

專責部門調和文化差異

黃：對我來講，你的New Wide Way似乎是很強的文化工具，所有人進來，你跟他洗腦，說這是我的工作模式，告訴他們要書同文、車同軌，用這樣的方式來溝通。

華：對。我們購併美國公司時，文化差異很大。白人、猶太人的公司，被東方人拿下大股，它有排斥的問題，總部派人過去，他們還故意忽略，過幾年之後，我們變成一條供應鏈，它在前端做銷售，連續兩年拿到沃爾瑪全球最佳紡織成衣供應商。但是為了與他們連結在一起，我們花了很多時間做文化調和。

我們有一個部門負責文化調和，它結合HR（人力資源主管）、PR（公共關係）的團隊負責去教。像是它要教東方人怎麼跟老外當同事。

因我們要跨太多文化，每個國家文化不一樣，有的信阿拉的、有的信天主教、有的拜祖先、拜菩薩。

黃：在制度、文化上做精細的統整，好處是？

華：有一個好處，我可以進行「無痛調動」，因我們全球部署方式一樣，你今天在美國，我把你調去非洲；你今天在非洲，我調回台灣，環境都一樣。

還有，我用人不必看國籍決定。旭榮現在非洲最高行政主管是模里西斯人，中階主管多為斯里蘭卡人，整個非洲只有三個台灣人。我們有十八國籍的員工，高階團隊也跨五、六個國籍。

黃：所謂的New Wide Way有經過「演化」的過程嗎？就是說，它能不能因時因地而變？

保留二〇%因地制宜空間

華：New Wide Way涵蓋八〇%事情，但二〇%因地制宜。

在非洲由於太原始，所以人的原始本能很強烈，譬如說工廠生產線上，一名員工可能跟帶線組長發生口角衝突，他很不高興，就開始唱他們族的戰歌，很像電影《賽德克·巴萊》演的那樣，他們會用喉嚨發出你難以想像的聲音，十分鐘內，全部的廠……哇哇哇，唱歌了。

我問他們：「請問你為什麼要唱歌？那兩個人發生衝突跟你有什麼關係？」他說，「我不知道。」因為他的身體感覺到音樂，他就抓狂起來。

那我怎麼管理？我找到的管理解方是帶入宗教，我們在非洲上下班的鐘，是經文的禱告聲，非洲的ＨＲ都有牧師背景。不同國家的信仰不一樣。我讓他們溫馴、和善。

黃：台灣老闆竟是上帝代理人。看起來，你的管理制度強調的是流程控制，連軟性企業文化也是？

華：不是。他們因為很窮，銀行系統跟他們是很遠的，但婚喪喜慶時，沒辦法貸款怎麼辦？我把台灣的標會、互助會用工廠帶到村莊裡，還出錢幫他們營運。結果呆帳率超低，你跑掉就完蛋，全村都要抓你。所以你想，這樣怎麼會有離職率？他標會就來跟你了。

但中國要因地制宜方法不同，在台灣，一人可兼兩人用，但在中國一個位置會有「雙備位」。我多點成本，讓整個系統營運能夠不間斷。

我們有各種研討會，透過各種成功失敗經驗談，研討最好的解決方案。讓管理的制度和New Wide Way可以演進。

旭榮集團海外布局的管理學

旭榮近10年的國際布局是先兩岸、後來到非洲設置工廠，接著購併美國貿易公司掌握銷售通路。目前在全球員工有1萬2,000名、跨18國籍，有200個知名國際服飾與運動品牌是它的客戶。2012年營收約新台幣170億元，即使是金融海嘯期間，營收也沒停止成長，規模已接近紡織股王聚陽。

★集結1,000個問題

旭榮集團的管理制度經常可以見到一流外商的影子。舉例來說，每7年旭榮就會辦一次全球員工大型教育訓練，仿效「豐田精神」，鼓勵每一個員工提出問題，集合1,000個問題之後進行篩選，再分配給全球員工回答。這個過程經常可以發現管理制度上的問題，甚至形成策略。舉例來說，有員工出題，「未來的5大客戶是誰？」員工接到解題任務之後，公司會給簡報訓練，讓他們上台，表現好的還有獎勵。

★中國新進儲備幹部流動率5%

旭榮大陸新進儲備幹部流動率僅5%，由於強調新進員工對自家的企業文化認同度，並提供個人生涯量身打造輔導計畫，流動率遠低於業界對於八〇後、九〇後年輕人動輒50%至60%高跳槽率的印象。

策略名師 **黃崇興**

滿足異國顧客
全球化或在地化重要？

地中海會旅行社在全球有超過八十個度假村，員工與顧客來自上百個不同國家，它如何管理文化差異、創造統一的顧客體驗，並建立回客率四〇%，成為國際旅遊領先品牌？

黃崇興：企業國際化常會遇到全球化與在地化的兩難，就觀光服務業來說，過於中央集權，就無法提供因地制宜的服務；過於授權地方，不利於企業建立統一的品牌形象。

我們在學校教企業個案研究，經常會用到地中海會（Club Med）的教案，不只因它從一九五〇年創立後，就以度假村統包式（all inclusive，意即食宿全包）服務，成為旅遊品牌標竿，更值得注意的是，你們能管理複雜的文化差異，創造對顧客來說統一的服務經驗，甚至因此創造品牌價值與顧客忠誠

對談CEO **郝禮文**

經歷：Club Med亞太區總裁
現職：Club Med大中華區執行長

度。

第一個問題要請教的是，你認為與競爭對手相較，地中海會的競爭優勢何在？

地中海會旅行社大中華區執行長郝禮文（Olivier Horps，以下簡稱郝）：我認為是企業文化。最初地中海會旅行社創辦人創立這個事業，是因為他看到在布魯塞爾、巴黎等歐洲城市，人們困於城市忙碌的生活，他想要提供一種遠離城市、讓人們開心的體驗。「讓人們開心」就成為我們的企業使命。

授權主管提供客製化服務

黃：「讓人們開心」聽起來容易，做起來難。你們在全球五大洲有超過八十個度假村、來自近百個不同的國家約兩萬名員工，還有來自世界各地的旅客。每個國家都有不同的風俗習慣，如何管理這麼複雜的文化差異？

郝：的確，服務來自不同地區的旅客是很大的挑戰。舉例來說，我們在歐洲度假村提供托兒服務，很受歐洲旅客的歡迎，歐洲的父母們會很開心的將孩子交給專業的人，自己享受一天放鬆的假期。可是同樣的服務在亞洲，例如中國與台灣，母親與祖母們非常保護幼兒，不可能放心讓孩子離開視線。

這時，我們在普吉島度假村提供的親子嬰兒按摩服務就是好主意。我們將在不同的地區提供怎麼樣的服務，交給地區主管負責，對於地區顧客的需求，保持高度的察覺力。

另一方面，一九八〇年代開始，地中海會就有一個資訊平台，我們在這個系統累計投資金額以「億」歐元為計算單位，不斷修正改進。透過這套系統，台灣的消費者可以預訂北海道的行程，新加坡的旅客可以預訂中國度假村的行程。

資訊平台是非常中央集權的，可是，行銷需求則全交給市場決定，藉此調和需求與快速的市場價格變化。

黃：我看到的企業個案研究，地中海會顧客忠誠度很高，回頭的旅客平均到訪次數是四次，這遠高於業界平均水準。你們如何調和中央集權與地方授權的矛盾，同時創造出旅客的高忠誠度？

郝：我們是全球化企業，必須在中央集權與地方授權之間取得平衡，這是一個長期動態調整的過程，重點是分層負責。

我們有清楚的管理制度輔助，以財務來說，每個度假村的經理人要清楚成本支出、營運績效，地區則要管輪調、薪資等，而總部則要處理投資事宜等。

但你說的對，地區差異這麼大，我們怎麼維繫來自各地旅客的需求，又避免各自為政？我們相信，在度假村製造一種「國際村」的氛圍，同時靠企業文化去統合，是很好的方法。

輪調員工學習文化差異

舉例來說，我們在全球各地的度假村，來自中國的孩子與來自法國的孩子，可以玩在一起、交朋友；而不同國家的旅客來到度假村，有超過上萬名講各種語言、各種膚色的GOs（法語Gentil Organisateur，親切東道主的縮寫、度假村的親善大使），給予歡迎擁抱、為他們歌唱表演，如同家人、朋友般的與旅客相處。很多旅客離開度假村時，都會捨不得的掉下淚來，這不是所有觀光服務業都做得到的。

我們不是只有經理人才要輪調，我們也「催促」（push）GOs每年或每兩年就輪調到不同國家的度假村，我們為他們上語言課、幫助他們理解不同文化。這麼大量的輪調與訓練是昂貴的，但也因此，消費者在地中海或是峇里島不同度假村所經歷的快樂氛圍也就一樣。

黃：你用了一個很有趣的字眼，你「催促」度假村裡實際擔負服務任務的員工們到不同國家輪調。

我的理解是，地中海會有很精準的目標族群，你們瞄準城市中上收入的中產階級，銷售一種屬於歐洲度假生活方式的消費經驗，一種放鬆的、不受手機、電郵干擾的度假氣氛，其中 GOs 擔任很重要的角色，如果這種氛圍維持得很好，不僅可以建立與消費者之間深度的關聯，品牌的統整性也可以建立。

但我知道，管理 GOs 並不容易，他們的離職率非常高。你如何靠 GOs 建立快樂氛圍？

郝：你無法強迫員工去擁抱顧客，所以我們設法維繫快樂氛圍，最重視的是一開始在挑選員工時，就希望找到有正面樂觀、樂於助人特質的人。

GOs 離職不見得是不滿意工作，有時只是因為不想離家太久。許多人在工作兩到三年後會離開，但我們待得最久的 GOs，在度假村裡一服務就超過二十四年。

黃：然而我們在歐洲、美國看到地中海會的競爭者，也看到價格戰的威脅。你們在維持在地化服務模式時，是否也感受到價格競爭的壓力？看來價格較高的地中海會統包式策略，會有所調整嗎？

「家的氛圍」換得客戶忠誠

郝：在亞洲，地中海會提供的商業模式還沒有競爭者，在美國或歐洲有，這些競爭者很多是從城市、由旅館起家（與度假村起家的品牌思維不同），他們經營概念與我們不同。我們提供統包式服務，所以看起來似乎價格較高，但是，這是個關於「價值」的概念。

我們希望給消費者的印象，是物超所值（premium）的消費體驗，我們想要創造像家一般的氛圍，讓旅客願意一來再來，而不是「一次消費商品」。

這種模式比較不是那種觀光經驗還停留在景點拍照、購物的消費偏好，而是那些已經有旅遊經驗，希望在一個地方與親友、家人共度的消費者。就中國來說，也許九八%消費者都不是我們的目標族群，然而，就算我們瞄準的是占市場比例較少的利基市場，消費者總數還是驚人的。當然，我們總是面臨著必須更為創新、創造更好服務品質的挑戰。

地中海會高回客率的品牌學

沒有電話，不必帶錢包，簡單的生活，完全隔絕了工作煩惱。1970到1980年代，地中海會（Club Med）很「潮」的度假主張，幫助它在北美及亞洲市場快速擴張。

根據《哈佛商業評論》，消費者願意付50%品牌溢價去買它的度假體驗。然而，今日國際旅遊業市場競爭激烈，加上金融海嘯重擊，地中海會也面臨著組織變革壓力，不過它的品牌競爭力仍然強勁。

★旅客回客比率40%

曾經到過地中海會消費的旅客回客比率40%，是業界平均水準的一倍。

★回頭客平均造訪4次

《哈佛商業評論》報導，地中海會回頭客平均造訪的次數約4次。

第五章
創新與轉型變革

【導讀】

轉型變革四大成敗關鍵

創新，是每個企業經營者夢寐以求的活動，因為唯有創新，方能擺脫同質競爭，實現真正的價值。

對新創企業而言，創新原本就是進入市場的必要條件，但創新未必是存活的充分條件。蘋果電腦在一九七六年開創了個人電腦的雛形，以及諸多創新應用，卻因堅持封閉式系統，沒能在其後快速成長的市場裡，擴大占有率、成為主流，即為最著名的案例之一。儘管如此，為了能夠存活，新創公司仍然必須再接再厲從失敗中汲取教訓，創新求變，終底于成。

保持內部創新能量，破除贏家魔咒

但是，對於已經站穩腳步的企業而言，要持續創新反而不容易，甚至是困難的事；因為，創新的本質就是推翻既往的成功模式；而既往的成功，不僅是組織既有成員存在的價值，更是行為慣性與舒適圈之所繫，因此，如果沒有足夠的（內外在）壓力與有效的（管理）方法，經營者很難驅動組織內部創新；這也就是「贏家的魔咒（winner's curse）」常會發生的原因。

例如：領導PC時代的兩大巨擘——英特爾與微軟，非常成功的在八〇與九〇年代，聯手建立起產業的技術標準與生態體系，創造了極大的企業價值，微軟全盛時期甚至是市值六千億美元的公司。但是，當數位技術典範移轉，兩家公司在過去十年的創新，明顯無以支撐其領導地位；英特爾在手機晶片領域上的競爭力不敵高通（Qualcomm）、安謀（ARM），微軟更在搜尋引擎、手機作業系統、App（Applications）等失去市場影響力。

進入數位通訊時代後，英特爾無法再全部仰賴內部創新，而需要透過外部購併，擴大技術實力；然而，新舊事業的購後整合（post-merger integration），顯然成了購入事業創新的障礙。加上，不同於英特爾銷售晶片的方法，安謀採取技術授權與設計服務模式，較能有效支援終端產品的多樣化，也使得英特爾無法在手機晶片市場，重演其在PC市場的傳奇。

無獨有偶，微軟雖然在PC作業系統與應用軟體上，透過廣大的建置基礎（install base），持續提出系列的創新與更新，但是在數位匯流環境下，儘管微軟很早就參與搜尋引擎、入口網站等服務模式，但由於提供服務時並無有效的收費模式，迥異於微軟在PC世界以提供軟體服務（software as service）為商業模式的成功經驗，也因此讓微軟的持續投資行動產生遲疑。

等到谷歌開始探索以廣告收入支持免費搜尋的雙邊市場（two-sided market）模式成

功後，微軟再想從落後趕上，就如同當年ＩＢＭ想以更優的作業系統（ＯＳ２）取代微軟的MS-DOS，一樣是來不及了。

除了搜尋引擎業務外，微軟無法在手機作業系統競爭中搶得先機，以致迄今仍陷苦戰，歸咎其因，也可說是為過去的成功所拖累。當初，微軟所推出的手機作業系統，是將手機當作ＰＣ的延伸，所以，檔案在ＰＣ與手機間的轉換相容性，是設計的必要考量，也因此讓作業系統變得複雜且效能較差；而谷歌為了串接行動通訊的搜尋，提供了安卓（Android）作業系統，開放給系統開發業者使用，由於谷歌的收益九成五以上來自廣告，授權作業系統給第三方時可以不賺錢，相對於採用微軟的作業系統需要較高的授權，微軟的競爭力自然較差。

再者，蘋果經過iTunes與iPod的成功經驗後，二〇〇七年推出iPhone時，雖然仍採專屬封閉的作業系統，但不同於ＰＣ時代做法的是，蘋果將應用內容的開發工作，以低門檻的方式授權給眾多的第三方App開發者去創造，好用的硬體加上豐富的內容軟體，將一群高忠誠度用戶圈成一個生態體系，微軟縱然先進入市場，但光有軟體、缺乏有競爭力的硬體夥伴，自然很難與蘋果對抗。

這些鮮明的案例顯示「贏家魔咒」的歷史會一再重演，因此，大型、成功的企業如何能夠持續保持內部創新的能量，便成為企業能否永續經營的關鍵。

內部創新的兩大偏誤

組織內部要能成功發展新事業，需要克服諸多從策略、營運、組織、到人才層面上的障礙。

首先，策略層面上，既有組織的（成功）決策者在面對創新產品或事業選擇時，常會做出判斷失準的決策，究其原因並非全然為主觀認知的偏誤，許多還是理性的分析與選擇所致。上述的決策偏誤可以用創新的S曲線來說明。（見下圖）

當企業處在既有的S曲線有利的位置，亦即創新投入小於創新產出、創新生產力為正時，決策者在看待另一條尚在萌芽階段、與原有技術軌跡不連續的創新曲線，通常會有多種看似合理的決策行為。

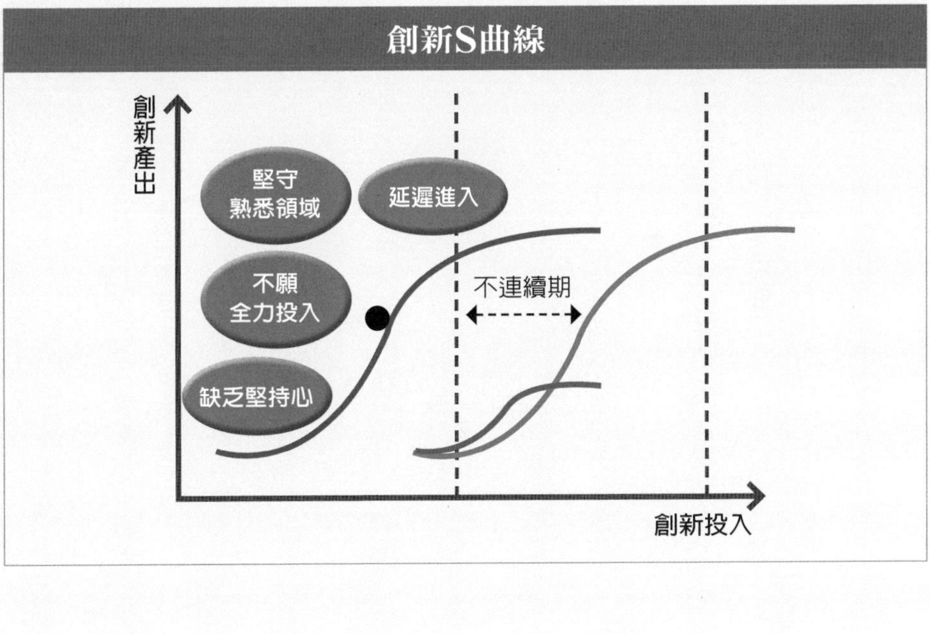

其一，決策者通常會對新舊技術進行成本效益分析，但因既有技術早已經投入固定資產，新技術則需要有新的固定投資，比較時通常會以既有技術邊際成本（marginal costs）與新技術的總成本（total cost）為基礎。除非新技術有絕對的成本優越性，否則新技術的成本效益一定無法與既有的技術相抗衡，因此，決策上若非傾向於堅守既有技術，便是選擇延遲進入新技術領域；選擇後者時，通常會以小額投資保持後續可擴大的選擇權（options），或者選擇適當時機採取購併進入（acquisitive entry）策略。

其二，即使決定在新技術萌芽初期便開始投資，既有事業的決策者也常會因（對既有技術優越性的）認知慣性，對新技術的表現給予較保守的評價，投資時間一久，如果新技術的產出績效仍有限，依據內部績效管理的紀律，新技術事業單位便會有極高的機率被縮減規模，甚至裁撤[1]。

曾經是影像代名詞的柯達公司（Kodak），從八〇年代初期便積極因應數位影像技術的興起，甚至投入過半的研發費用於數位技術的開發，開發全球領先的數位影像感測晶片，並推出數位影像播放裝置。

然而，柯達整體事業往數位化的轉型，卻非常遲疑與緩慢，等到九〇年中期以後，數位影像應用產品逐漸向消費市場擴散後，柯達便顯出無以因應的疲態，即使公司跨業從外部找來執行長——摩托羅拉前執行長喬治．費雪（George Fisher），仍無法扭轉組織對於現有以影像沖洗與耗材為主的營利模式的堅持，使得公司業績節節敗退到一百億美元規模，到了二〇一二年初更聲請破產保護，進入嚴峻的重整階段。

柯達案例讓我們深刻體會到，大型企業面對創新技術，尤其是從根本動搖既有競爭優勢的新技術，而須大幅轉型的窘境時，即使給予足夠的反應時間，內部的組織慣性，包括認知與行為面的慣性，可能是導致企業無法轉型的「元凶」[2]。

事實上，組織慣性源自於既有的營運常規與績效管理模式，新事業如果與既有事業採用同樣績效指標進行考核，通常很快就會從「再看看」變成「留校察看」，最後變成「莎喲娜拉」。產業的最佳實務經驗顯示，新事業應該依據特性與發展階段，採用里程碑指標（milestone goals）考核，例如：原型（prototype）產出、第一個採用客戶等，這些指標的決定與（動態）調整，必須要有能深入輔導新事業，且能影響現有組織的領導人拍板，方能在兼具彈性與紀律的前提下，驅策新事業的發展。

發展新事業難處：組織與人才

再者，新事業發展更常會面臨到的困境是組織問題，究竟新事業該放在既有組織架構下，還是成為獨立的事業單位？放在既有組織架構下的優點，在於槓桿現有供應鏈、

---

1 參考自Day, G. S. and Paul JH Schoemaker (2000) "Avoiding the Pitfalls of Emerging Technologies," in G.S. Day and P.J.H. Schoemaker (eds), *Wharton on Managing Emerging Technologies*, Chapter 2, pp. 24-56, Hoboken, NJ: John Wiley and Sons, Inc.

2 參考自Tripsas and G. Gavetti. (2000) "Capabilities, Cognition and Inertia: Evidence from Digital Imaging", *Strategic Management Journal*, 21, pp. 1147-1161.

製造或通路資源，可以發揮母雞帶小雞的效果，但缺點卻是既有事業單位必須面對短期績效目標，而新事業在這些（短期）壓力下，長期資源的需求自然會受到短期營業需求的排擠，甚至，新事業很快就需要面對財務績效的要求，很可能導致中途夭折。

然而，將新事業獨立成新的組織單位亦非萬靈丹，因為若獨立於原事業單位外，除了缺少資源槓桿的效益外，無形中將與既有事業單位競逐內部資源，除非企業總部有足夠策略領導力，否則新事業能夠茁壯長大的機率也會大打折扣。

此外，新事業發展還會遇到創業人才誘因不足或短缺的問題。基本上，新事業單位很難派遣一軍擔綱，原因很簡單，除了因一軍必須鎮守既有事業以穩定短期績效外，新事業發展成敗風險未知，一般站穩重要位置的高階經理多半不會為一個正在萌芽、成敗未定的新事業，賭上他的生涯發展。再考慮到萬一新事業發展不成，不僅「一世英名」全毀，難以面對「江東父老」外，日後能否回任原職，更存在諸多不確定性，故願意冒險投入新事業擔綱的意願自然不高。

當調動一軍的機率不高時，公司內的二軍或許有意願嘗試，但決策者的疑慮是，二軍是否有足夠能力負責新事業？除非公司內部有完善的人才培育體系（詳見第三章），否則二軍人選的潛力通常難以評估。

多年前，國內知名餐飲集團前往中國擴點時，由於考慮台灣市場仍有成長空間，一軍也較無意願前往，因此拔擢了不少二軍前往中國，但幾年下來，發現原本商業模式的適地調整不足，加上企業軟實力複製亦不到位，導致成長發展遠不如預期。

當企業內的一軍、二軍皆有難用之處時，是否可以引進外頭的「生力軍」發展新事業？此做法看似合乎邏輯，因為新事業原本就需要有新能力與觀點的挹注，但外部的生力軍鏈結內部資源的能力較弱，融入既有文化的障礙也相對偏多，這些都可能成為生力軍提早陣亡的關鍵因素。

綜合上述可以看出，策略、營運、組織與人才等多層次的因素，將形成成熟企業想發展新事業的根本兩難[3]。

儘管如此，任何一個成熟的企業都面臨這個管理挑戰，因為企業成長是不進則退的，更何況沒有一個成功的事業模式，可以延續超過二十年的成長。因此，企業的經營者除了對於發展新事業的兩難有所警惕外，更需要積極建立有效的新事業發展制度。

南僑關係企業會的陳飛龍會長，對內部創新曾提出相當精闢的見解。他認為人才與文化融合是成敗關鍵：「我比較相信人對了，事情就對了。基本上這個人要能幹，然後再看他有無機會融入南僑的企業文化，如果他願意被融入或我有能力融入他，這個人能發揮的功效就是無窮的。」此外，他重視事業領導人的經營邏輯與策略選擇方向，亦即經營的「道」必須要能上下有共識，至於短期績效則讓經理人產生自發性的當責。

3 參考自Garvin, A. D. and Lynne C. Levesque. (2006) "Meeting the Challenges of Corporate Entrepreneurship," *Harvard Business Review,* Oct.-Nov.

階段性的轉型是必經過程

轉型與變革，也是企業希望成為百年企業的必經之路；因為，很少有一個成功的經營模式可以延續多年。例如：戴爾電腦（Dell Computer）以高效率的全球供應鏈管理支撐其「直銷模式（direct model）」，在一九九五年開始逐步侵蝕高度仰賴傳統經銷商模式的市場，使得戴爾快速成長為全球PC一哥，二〇〇〇年初期更達股價的頂峰。

然而，隨著直銷模式的知識擴散，模仿障礙日漸降低，及至二〇〇五年之後，戴爾受制於筆電市場萎縮，加上沒有持續的策略創新，使得公司逐步走上衰退，乃至二〇一三年初準備下市後重整。

因此，企業面臨階段性轉型，似乎是必經過程。事實上，國內企業多數正面臨轉型成長的困境，尤其是亟需提高產品或服務的附加價值，主要原因包括數位匯流與技術進步導致快速的典範移轉，產業價值重心從硬體往應用與服務方向移動，平台商業模式逐漸勝過單一產品服務的供應關係，甚至產生贏家通吃（winner-take-all）的包覆（enveloping）現象。更嚴重的是，過去賴以成功的效率代工模式，讓許多廠商失去對終端市場需求的敏感度，加上內部組織的慣性，使得轉型與變革成為許多企業的當務之急。

轉型的樣貌相當多元（例如：承平盛世或危機下的轉型），變革幅度的差異也可能很大。在此我們較為關注的是，事業組合與商業模式的大幅轉變；因為，這類轉型通常需要牽動策略選擇、組織調整、甚至文化改造，通常不是一兩年內可以完成，因此需要由上而下驅動，從而形成對經營者的重要考驗。IBM在九〇年初期所遭逢的巨大虧損，以及引進葛斯納進行巨大的企業轉型，讓IBM放棄電腦與硬體，走向服務與解決方案的定位，便是經典的轉型案例。

以下讓我們以另一個大型跨國企業的經驗為背景，來說明轉型的諸多挑戰。

飛利浦的轉型經驗

荷蘭皇家飛利浦公司（Royal Philips）成立於一八九二年，迄今超過一百二十年歷史，是歐洲企業的象徵。飛利浦素以技術創新聞名，舉凡早期的白熾燈泡、X光造影、卡式錄音帶、光碟與光碟機、乃至刮鬍刀等許多小家電產品，若非成為產業標準、便是市場領導品牌。

飛利浦的榮景到了九〇年初開始顯露疲態，主因來自美日家電廠商以全球效率生產模式，提供高品質低成本產品滲透市場，而飛利浦過度分散的生產布局，難以與美日競爭者相抗衡，營運開始發生虧損，虧損最嚴重達二十三億歐元。

本業虧損刺激飛利浦積極進行多角化，卻未能扭轉頹勢。一九九五年決定首度從外部聘請在莎拉李（Sara Lee）食品公司執行瘦身有功的彭世創（Cor Boonstra）擔任CEO。他一方面建立財務紀律、整頓虧損與非核心事業（三年內處分四十個事業單位）外，另一方面積極進行消費電子的垂直整合布局（從半導體、零組件到消費電子產品），做為成長的引擎。在他五年任期，不僅打平財務虧損，二〇〇〇年卸任時，更交出一張五年規模成長四〇%、獲利率達一二．五%的漂亮成績單。

可惜的是，二〇〇〇至二〇〇一年的網際網路泡沫與電信過度投資，使得飛利浦從前一年九十六億歐元的獲利，變成二十六億歐元的虧損，其中超過七成（十九億）來自電子業的虧損；使得內部升上來接棒的柯慈雷（Gerard Kleisterlee）必須重新思考飛利浦該何去何從。

於是，柯慈雷啟動了一波更大的轉型變革。他除了採取必要的裁員以短期止血外，在內部也推動整合以改善成本結構與現金流，更從創造股東價值（shareholder value）的角度，思考飛利浦在電子業的定位；逐步採取製造外包或出售重資產單位，以提高企業整體的獲利性。

在整合與提升價值的經營原則下，飛利浦於二〇〇一至二〇〇七年間，除了策略性的剝離（sell-off）了數十個非核心與策略性退出的事業外，更積極購併了多個照明與醫療領域的新公司，買進賣出的事業規模金額均超過兩百億歐元，明顯地讓飛利浦從電子業垂直整合的布局，轉型成由消費電子、照明與醫療三大事業構成的水平布局。

此外，柯慈雷更於二〇〇四年提出品牌重新定位（Sense & Simplicity），揭示飛利浦對消費者的承諾，將從技術領先進化到更貼近消費需求。在此基礎上，柯慈雷在二〇〇七年提出「願景2010」（Vision 2010），將事業布局明確化為醫療保健、照明與生活形態（Consumer Lifestyle）三個區塊，以聚焦價值主張在健康（Healthcare）與福祉（Well-being）兩個領域。完成轉型布局後，柯慈雷在二〇一〇年交棒給萬豪敦（Frans van Houten）。（見四二〇頁圖）

綜觀飛利浦自一九九五年以來的轉型，集團整體營業額雖然只回到二百五十億歐元的水準，但企業員工人數從二十四萬人降為十二萬人，營業成長率與營業利益率維持在一〇％水準，資產報酬率則維持在一一％，品牌價值提升到八十三億美元；顯著地反映出轉型的價值與成效。

轉型成敗的四個核心關鍵

綜觀飛利浦的轉型案例，以下我們將討論四項攸關轉型成敗的核心問題。

關鍵一、如何決定轉型方向？

轉型的首要之務在於，該如何決定新方向？依照策略思考邏輯，這部分必須考慮新的事業方向是否足以支持企業未來的成長能量，另一方面還得考慮公司（現在與未來）能力所及之處；過度考慮前者，會擔心轉型方向過大，難以成功；而過度考慮後者，又怕會原地打轉，無法脫離現有的遲滯成長局面。

飛利浦在彭世創主事時，選擇往電子產業垂直整合布局，期望能在多元、大量的電

飛利浦轉型布局過程

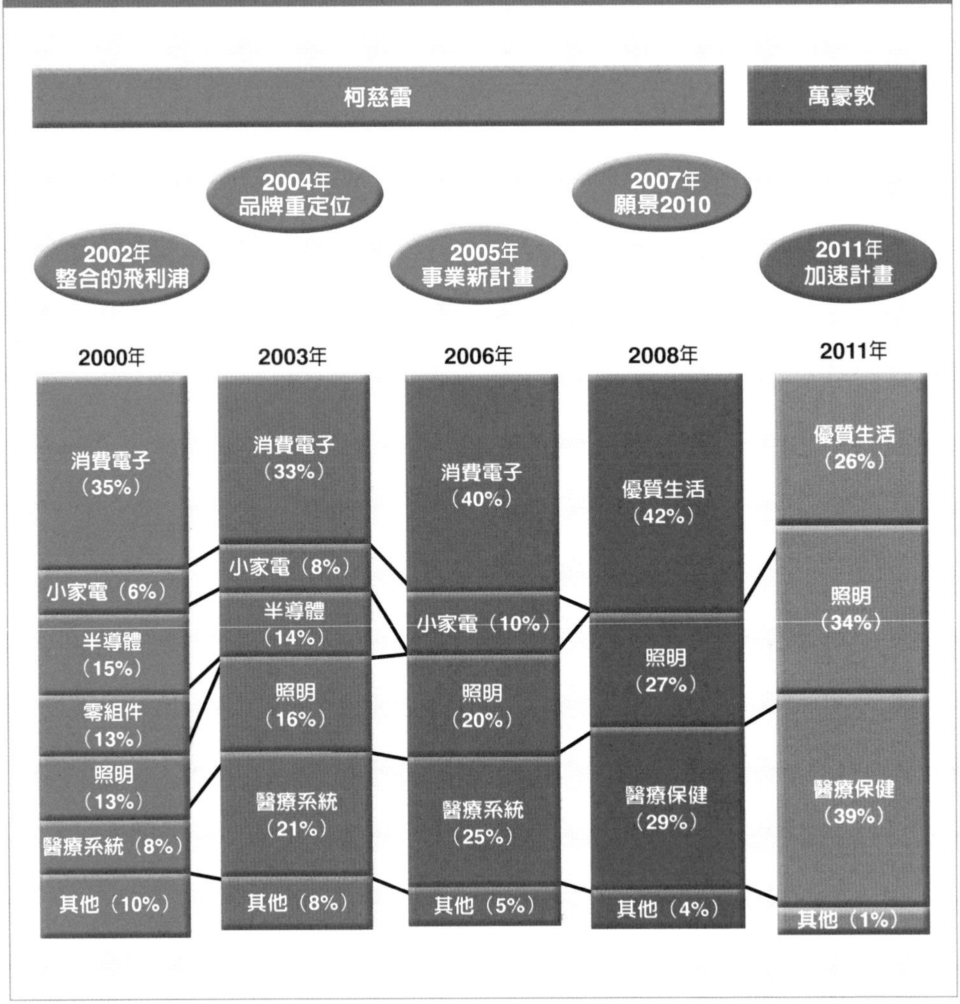
柯慈雷
萬豪敦
2002年
整合的飛利浦
2004年
品牌重定位
2005年
事業新計畫
2007年
願景2010
2011年
加速計畫
2000年
消費電子（35%）
小家電（6%）
半導體（15%）
零組件（13%）
照明（13%）
醫療系統（8%）
其他（10%）
2003年
消費電子（33%）
小家電（8%）
半導體（14%）
照明（16%）
醫療系統（21%）
其他（8%）
2006年
消費電子（40%）
小家電（10%）
照明（20%）
醫療系統（25%）
其他（5%）
2008年
優質生活（42%）
照明（27%）
醫療保健（29%）
其他（4%）
2011年
優質生活（26%）
照明（34%）
醫療保健（39%）
其他（1%）

子產品（high volume electronics）市場上，建立集團成長動能。然而，二〇〇〇年初期電子通訊產業的過度投資，導致供過於求與衰退，使得飛利浦不得不重新思考策略布局。柯慈雷接棒後，顯然做成了困難的決定，放棄電子一條龍的布局，轉向醫療、照明與生活形態的投資。

台灣飛利浦總經理柏健生回顧這段轉型歷程表示，飛利浦當時的決定，一則係考慮事業體的「財務可預測性」，對於股東價值期望的影響，因此策略性選擇退出如半導體這種產業循環太明顯的產業，二則是考量內部組織的DNA，更適合需直接面對終端消費者（B2C）、主打品牌的健康醫療、照明與生活事業。

換句話說，飛利浦的策略選擇反映其對價值創造模式（高附加價值成長空間、品牌與差異化機會），而非僅對產業獲利性的判斷。轉型目的既是為了未來的成長，此一成長就不應只考量規模的成長，而應為長期股東價值的成長。事實上，飛利浦目前的營業規模雖僅與十五年前開始轉型時相當，但員工產值加倍、獲利性趨穩、品牌價值回溫，顯見其轉型後之成效。

關鍵二、如何掌握轉型節奏？

一旦確立轉型方向，轉型的節奏究竟該快？該慢？何者才適當？邏輯上，快慢應該要看企業啟動轉型的原因與危急程度而定；若有內外在的急迫性，如財務危機，則快絕對比慢好。例如：彭世創在一九九六年接掌飛利浦CEO後，五年內共處理掉九十七個非核心或不賺錢的事業單位，此時的轉型可能是以財務紀律、而非策略洞見為優先考量。

但是，即便不是因重大的財務壓力而轉型，變革基本上仍需要激發組織的急迫感(sense of urgency)，方能奏效。台泥董事長辜成允以其多年來領導台泥變革的經驗總結：「沒有漸進式的改革，漸進式的改革就是失敗！……因為在漸進式的過程，你給大家的訊息就是——可以不必改。」宏碁集團創辦人施振榮帶領宏碁歷經多次轉型變革，他也認為「兩次改革，我們都是龍頭先抓住，由少數人啟動，要變化的時候再把溝通的資訊『為什麼要這樣？』傳達出去。……所以第一次宣布，就是整個組織都已經敲定，這樣才會把無所適從的時間壓到最低。」

關鍵三、變革決心要堅定！

轉型變革的決心要堅定，同時要能積小勝為大勝。辜成允董事長也提示：「在發動改革之前，你一定要先知道，打算怎麼贏，贏的策略是什麼。因為改革一定元氣大傷，如果過程中沒辦法累積小贏的話，是挺不住外面壓力！」

因此，轉型過程要能夠在「決策係由上而下決定，但執行卻須上下合力完成」的現實下達成目標，如何取得各利益攸關群體的支持，降低不想改變群體的阻力，甚至化阻力為助力，便成為能否成功變革的關鍵因素。

飛利浦在多年轉型過程中，剝離與購併（M&A）的企業數超過兩百個，總金額各在二百至二百五十億歐元的規模，但做法上非常強調決策後的員工溝通，讓員工了解單位轉移後的舞台潛力，同時，傾向採取逐步剝離（而非一次切割）模式，並確保員工轉移後的待遇福利不致受損，以取得組織成員對轉型的支持。

不只員工，飛利浦的利益平衡做法更及於廣大股東，尤其轉型過程中股價總是高低起伏，過去十五年來，飛利浦則以非常明確的股利政策，提供穩定上揚的股利，照顧股東權益。

施振榮董事長在領導宏碁的轉型過程中，不管是組織拆分或合併過程，都非常強調以「利益共同體」（而非「生命共同體」）的概念指導實踐，用創造整體的利益降低個別的阻力，塑造變革的組織氛圍，同時，持續溝通小勝利，「因為變革的過程，相對的大家是比較辛苦的，那辛苦的代價，除了口頭的appreciate（感謝）之外，也要拿出數字，有戰果出來，員工才有動力繼續。」

關鍵四、最高領導人扮演關鍵角色！

儘管如此，組織慣性與對改變後的不確定性，加上轉型的本質總是先定調策略方向、再思考規畫細部執行，使得轉型過程一定存在組織內的抗頡因子。此時，最高領導人的信念與堅持，絕對是關鍵因素。施振榮董事長的經驗是：「在改革過渡期一定會有阻力，但大方向不能變，一變就亂了；細的東西，你要有一點讓他們去調的，但大原則如果變的話，就不是改革了。」

飛利浦新任總裁萬豪敦，回顧參與集團轉型的經驗，傳神地表達了組織轉型過程的特色；「如果我有艘船設定了航道、鎖定了目的地，即使中途需要調整方向，你還是要先離開港口再說，不然你永遠走不了。……一邊航行一邊學習，一邊修正航道，總有一天你會到目的地。」

轉型，由現任領導人或外人來發動？

由此，我們更可確認轉型成敗與領導人（或決策團隊）對轉型的決心、認知與實踐堅持，有極大的關係。但是，轉型的本質既然是改變現狀，究竟是該由現有領導人與團隊來執行，還是外部領導人來帶領較有效？

基本上，現任領導人（團隊）要帶領轉型，會受限於己身慣性，以及可信度等包袱問題，因此，諸多個案經驗都顯示：必須引進外部領導人，方能大力改革、有效轉型。例如：ＩＢＭ在一九九三年首次引進外部ＣＥＯ葛斯納，不僅讓ＩＢＭ轉虧為盈，更帶領ＩＢＭ轉型為軟體服務與解決方案提供廠商的新定位。飛利浦也是在一九九六年財務狀況下滑之際，首度引進非內升的ＣＥＯ彭世創，進行止血與轉型任務。

然而，外部人的改革固然可以沒有包袱，但也常會「改過頭」，導致部分組織文化遭到「破壞」，使得企業或許成功轉型，但衍生員工對組織新樣貌認同度降低的問題。因此，ＩＢＭ在葛斯納八年卸任後，由內部升任帕米沙諾（Sam Palmisano）接棒，他上台後便花了一兩年時間，讓全體ＩＢＭ員工重新檢視、調整ＩＢＭ的固有價值觀。飛利浦也是在彭世創卸任後，由內部升任柯慈雷，上台後重要的工作之一便是建立整合的飛利浦與品牌精神重建，以支持後續更深遠的轉型。

上述案例經驗說明，在轉型過程中，內部與外部領導人猶如棒球比賽中的先發與中繼投手，各有專長與適合的角色。因此，有人提議若能在內部找到具有外部人特質的領導者（inside outsiders），或許可以產生內外優點兼具的效果。

西方企業由於歷史較久，組織制度化程度較高，較為習慣高階專業經理人的進退；加上公司內部人才的培育制度較有深度，較可能辨識內部的異質經理人。然而，多數華人企業尚在創業者經營的階段，制度涵蓋面與深度較低，因此，組織內部具外部人特性的經理人，恐怕較難被發現與拔擢。計畫性引進外部經理人協助轉型變革，便成為必要措施。

台泥的辜成允董事長進行變革時，便從外部引進不少新鮮人才，「我引進外面的人，其實是給台泥的人一個非常重要的示範，讓台泥的人知道這世界上還有不同的做事方法，」但是「真正變革的力量是來自內部質變，而不是從外面找一堆人來改！」

換句話說，轉型過程中善用外部人力資源，誘發內部的組織與能力改變，是重要的成功因素。特力集團總裁何湯雄更認為，家族企業應該建立治理制度，引進高素質、高EQ的高階領導人，為企業建立制度、傳承專業管理能力，尤其是擔任創業者與二代的傳承橋樑，創業老闆除掌握經營方向、充分賦權外，更要自我節制、不插手管事，這樣或許可以開創具東方特色的「內部外部人」模式。

★對已經站穩腳步的企業而言，組織慣性使經營者很難驅動組織內部創新，這也就是「贏家的魔咒」常會發生的原因；即使如英特爾與微軟兩大巨擘，也無法在數位技術典範移轉時，以創新支撐其領導地位。

產業的最佳實務經驗顯示，新事業不應沿用既有的營運常規與績效管理模式，而應依據特性與發展階段，採用里程碑指標考核，例如：原型產出、第一個採用客戶等，這些指標的決定與調整，必須要有能深入輔導新事業、且能影響現有組織的領導人拍板，方能在兼具彈性與紀律的前提下，驅策新事業的發展。

★轉型與變革是企業希望成為百年企業時的必經之路，尤其事業組合與商業模式大幅轉變的轉型，通常需要牽動策略選擇、組織調整、甚至文化改造，通常不是一、兩年內可以完成，因此需要由上而下驅動，從而形成對經營者的重要考驗。

★轉型成敗的四個核心關鍵：

一、決定轉型方向

必須考慮新事業方向是否足以支持企業未來的成長能量，以及公司（現在與未來）能力所及之處；過度考慮前者，會擔心轉型方向過大，難以成功；而過度考慮後者，又怕會原地打轉，無法脫離現有的遲滯成長局面。

二、掌握轉型節奏

要看企業啟動轉型的原因與危急程度而定；若有內外在的急迫性，如財務危機，快絕對比慢好。即便不是因重大財務壓力而轉型，變革基本上仍需要激發組織的急迫感，方能奏效。

三、變革決心要堅定

轉型變革決心要堅定，同時要能積小勝為大勝。轉型過程要能在「決策係由上而下決定，但執行卻須上下合力完成」的現實下達成目標，如何取得各利益攸關群體的支持，降低不想改變群體的阻力，甚至化阻力為助力，攸關變革能否成功。

四、最高領導人扮演關鍵角色

組織慣性與對改變後的不確定性，加上轉型總是先定調策略方向、再規畫細部執行，過程一定存在組織內的抗頡因子。此時，領導人的信念與堅持絕對是關鍵。

★轉型該由現有領導人與團隊來執行，還是外部領導人來帶領？

．現任領導人（團隊）帶領轉型，會受限於己身慣性、可信度等包袱。外部人固然沒有包袱，但也常會「改過頭」，導致部分組織文化遭到「破壞」。若能在內部找到具有外部人特質的領導者，或許可以產生內外優點兼具的效果。

．多數華人企業尚在創業者經營的階段，制度涵蓋面與深度較低，因此，組織內部具外部人特性的經理人，恐怕較難被發現與拔擢。計畫性引進外部經理人協助轉型變革，便成為必要措施。

組織變革　**快**還是**慢**好？

宏碁兩度成功進行組織變革，
從醞釀改革的氣氛開始，
到真正啓動前與同仁的溝通，
主導者施振榮是如何一步步做到的？

湯明哲：您帶領宏碁兩次變革都滿成功，其中最重要的因素是什麼？

智榮基金會董事長施振榮（以下簡稱施）：我想，是整個企業文化。「變」早就在所有同仁的腦袋裡，這個環境未來可能發生什麼，已經都洗過腦的。這是第一個。第二個是，我所有的組織架構都是「利益共同體」，不是「生命共同體」，因為沒有人生命跟你放在一起。

湯：利益共同？

施：利益共同。合理的換股方式，就是變成更大的利益共同體。譬如說，在宏碁剛成立，高雄、台中有分公司，當時發展太快了，需要人才；我又發現林憲銘（現任緯創資通董事長），這位高雄的合夥人，他們是舞台太小了，所以就動了腦筋把它合併。

重要的是，當啟動公司變革時，要讓所有人對公司有信心。舉個例子，就像「微笑

策略名師 **湯明哲**

曲線」產生的原因，是因為當初要把裝配工作移到海外去，我就找同仁來溝通，畫出附加價值的曲線，跟他說：「這塊沒有什麼附加價值，我們移到海外去好嗎？」這個過程中，我要說服同仁，把沒有價值的部分移到海外，對大家都有利。不只是高階主管，基層員工也可以去做更高附加價值的工作。

抓住龍頭，速度就快

湯：有一派理論認為，組織改革應該採取「震撼療法」（Shock Therapy），在最短的時間內，撤換高階主管，解雇不認同新組織文化或者績效差的員工，例如ＩＢＭ當年執行長葛斯納、奇異的前任執行長傑克．威爾許。另一派則認為，「震撼療法」對組織的破壞太大，事後往往造成員工對於工作態度，以及公司的忠誠度負面影響。從宏碁的經驗看來，您如何掌握變革速度？

施：兩次改革，我們都是龍頭先抓住，由少數人啟動，要變化的時候再把溝通的資訊，「為什麼要這樣？」傳達出去。變革一公布，組織都已經 lay out（規畫）好了。接著往下再授

對談CEO **施振榮**

經歷：泛宏碁集團創辦人
現職：智榮基金會董事長

權，把未來調整的原則都講好。所以第一次宣布，就是整個組織都已經敲定，這樣才會把無所適從的時間壓到最低。

湯：兩次變革的做法都一樣？

施：一九九二年組織改造，在宣布變革之前，我們一路上warm up（暖身），舉辦「天蠶變」（宏碁召集三百位主管開變革研討會），早就洗過腦，所以需要變的時候員工可以接受。第二，則是不得不變，不變的話，大家同一條船，都沉下去。第三個就是溝通。我會講為什麼要變，還要有口號，那時的口號叫「要分才會拚、要合才會贏。」譬如說，品牌全球化的理念要結合地緣，我的子公司也要結合子公司的地緣，也就是要在地化的意思。

與一九九二年比，二〇〇〇年並不是財務有壓力，但這次變，沒有辦法像九二年一樣，割一割，大家都有一個山頭。所以，我事前就找高階主管來說，「要換腦袋，不然要換人。」我已經先提出警告。

湯：所以您是先醞釀一個改革的氣氛，一宣布就很快的進行？

施：真正來講只有兩個關鍵，一個是林憲銘，要他放棄品牌，專心做製造；一個是王振堂本來管台灣，現在要他管全球。一個是要分一點權，一個是要扛更大的責任，因為那時做品牌是不賺錢的。

掌握組織氣候，變革易行

湯：那他們為什麼會願意放棄本來有的利益？

施：就是剛剛講的利益共同體，因為有他的利益在。他們是股東，我們大家合夥了；既然合夥，大家要分工，那要打贏這場球，該我投球就投球，該我當後衛就當後衛。

但我當時的講法是，「只有這條路可以走。」我跟林憲銘講，品牌與代工一定要分割，現在誰有能力來扛？集團內除了你，不作第二人想，他為了公司好，所以不得不扛；既然要扛，原則就是他不能做品牌了，所以他為了公司好，不得不放棄。

那碰到王振堂（時任宏碁台灣區總經理），我問他說，現在全球有誰能扛？你要坐這個位置，以前虧過本的，不足以服眾，當時只有他偏安台灣（指賺錢）。

只要他們點頭，速度就很快。

湯：所以，這兩次的改革，是由下而上，還是由上而下？

施：由上而下的決策，但所有的決策，都是有很多內外的、由下而上的information（資訊）。我記得看《十倍速時代》，英特爾放棄DRAM，本來以為變革要溝通很難，結果卻發現，員工早就認為應該放棄了。所以我們由下而上就是要蒐集資訊，才不會像英特爾弄那麼久才知道員工真正的想法。所以變革成功的前提是，你要了解整個組織的氣候。

宣布階段戰果，鼓舞士氣

湯：您的經驗，企業改革，從宣布到完成，要花多少時間？

施：敲定計畫應該一、兩個月。

湯：很快

施：大概就是大方向，但要看到成效，我會說大概要花兩、三年。結果，事實上第二次變革一年半左右已經有績效出來。

過程之中，所有的transition（轉變）期間，每兩個星期，甚至每個禮拜就有進度的說明，初期比較密，慢慢的把它變成一個月，甚至一季。比如說，我們要把一百個機種降低成三十種，我們會宣布說：「這個月進度已經到六十個了。」為什麼要做這個？因為變革的過程，相對的大家是比較辛苦的，那辛苦的代價，除了口頭的appreciate（感謝）之外，也要拿出數字，有戰果出來，員工才有動力繼續。

湯：這兩次改革，您講來好像雲淡風清，水到渠成，但我看到的改革都是腥風血雨，沒那麼簡單呢！

施：我只做決定，所有的阻力都是高層主管去面對：劉英武（宏碁前任總經理）、李焜耀、JT（王振堂）、林憲銘，他們要面對改革。

頭大的讓他們去做，煩惱的事情都是在前線，都不是我。有問題，我全力backup，和他們一起動腦筋。所以講來講去，我都是只動嘴巴，責任當然要扛得最重！當初大家並不看好品牌，品牌能夠成功，蘭奇（宏碁前任執行長）很重要，還有一個，我做對了「支持」。分家後JT做了決定，向廣達、仁寶買貨時，緯創當然……，不要說林憲銘了，下面的人都會哇哇叫。

當時有人問我，為什麼要這樣？但如果我講一句話，「請JT你手下留情，」那就垮了。沒有尚方寶劍，他做不下去。

湯：您嘆了一口氣，當時改革壓力很大嗎？

施：不不，我的感覺是……，那種時候都是關鍵，只要我抓不住原則，幫緯創講情，今天這個局面會不一樣。我才不會中人家的計，我不會讓我下面的人有excuse（藉口），「欸，這是你要我這樣做的，」所以成敗他不必負責。

在我們公司裡，改善、變革的太多了，因為我們有一個文化就是「唯一不變的就是變」，所以在變革的時候，我一定要做溝通會議，說明策略與調整的方向。因為變革時，下面的人有一種習慣，因為龍頭比較會甩，變來變去，龍尾慢慢再說，等到甩到龍尾，他們會質疑，組織對於這個變革「是不是玩真的？」這個尚方寶劍你要給。

在改革過渡期一定會有阻力，但大方向不能變，一變就亂了；細的東西，你要有一點讓他們去調的，但大原則如果變的話，就不是改革了。

內部人操刀，讓員工服氣

湯：一般認為，外人改革比較沒有包袱；但也有人認為，外人對組織的歷史不了解。當初傑克・威爾許接奇異執行長，原來只是奇異塑膠部門的頭，塑膠部門在奇異只是小咖，不是主流。但奇異的董事會看中他沒有感染官僚文化，還有他年輕，才四十五歲，找他來，可以大刀闊斧。對於組織用「內部的外部人」來改革，您的看法是？

施：楊國安（中歐國際工商學院教授）在講變革管理時，曾提出這問題，他把JT當成內部的外部人。

湯：但國外很多成功的企業變革，都是由外面的人來操刀，像IBM，兩年轉虧為盈。可是在華人的文化之中，為了讓人心服口服，似乎只有內部人才能做到？

施：美式管理與我們的組織文化有衝突。比如說，美式管理比較是由上而下威權式的領導模式，很多溝通，領導者認為對了就是對了，員工只要依擬定的策略及目標去執行；但宏碁的組織文化，我認為對，還要make sure你們也認為對，大家有共識後再一起落實策略及目標。兩邊的文化很不一樣，在台灣，我們華人，你得讓員工心服口服才行。

湯：算起來您是不是很reward loyalty（獎勵忠誠）？就是說像是大家長式領導，照顧到家庭裡每個人的利益？

施：我的loyalty不是來自「他與我比較接近」，而是為公司。我看遍了社會所有的現象，「傳子不傳賢」、「一盤散沙」，大家都覺得不對，但是因為人性，九八%都不照著理想走。

所以設計組織的機制，要保障大家的利益，這樣的思維必須在組織裡面已經有信用，當然溝通也非常重要。改革其實是政治問題。你可能受傷害，那這個傷害我來compensate（補償），但我也給你壓力，你要升級。

組織改革……，任何眾人之事都是政治，不是泛政治喔。既然是眾人之事，眾人的利益要全部照顧到。

施董事長後記：本文對談於二〇一〇年三月時刊出，時至今日，大環境又已有許多的變化，在二〇一三年底宏碁也正式展開第三次的再造工程，我也臨危受命，不得不重披戰袍再次擔任宏碁公司董事長的重責大任。這次我推動宏碁的變革轉型與本文的理念並無出入，雖然外在的環境更惡劣，組織內部也更爲複雜，但我的變革思維仍然一致，未來將秉持王道精神重塑Acer組織文化，一方面要找到創造價值的新空間，另一方面則要建構一個可共創價值且利益平衡的新機制，朝此方向努力。

泛宏碁集團發展及變革

1976年	施振榮等人創辦宏碁
1988年	宏碁上市
1989年	過度擴張，面臨虧損，召回300位主管舉辦「天蠶變」變革共識會議，引進美式獎懲制度，為改革暖身
1992年	將吃「大鍋飯」的組織改為盈虧自負的事業單位
1993年	提出全球品牌策略
1996年	發展全員入股、內部創業策略
1997年	購併德州儀器美洲筆記型電腦部門，宏碁前任全球執行長蘭奇為被購併部門主管
2000年	施振榮親自操刀，將泛宏碁集團切割為宏碁、明基與緯創3個集團，把品牌、通路與代工事業分家
2003年	分拆後的宏碁轉虧為盈
2007年	購併美國Gateway及歐洲Packard Bell，確立全球布局
2010年	泛宏碁集團品牌、代工分家10週年，1月4日宏碁股價創分家後歷史新高

資料來源：宏碁集團

策略名師 湯明哲

創意不能被管理嗎？

一九九九年，智冠科技年營收不到七億元，
二〇一二年前三季已成長至七十六億元，十年來每年獲利。
智冠集團董事長王俊博認為，光有創意不夠，
有紀律的管理，才能把創意變成長期獲利的產品。

湯明哲：國外研究顯示，創新是競爭的利器，創新要靠創意的人才。但如果你給創意人才太多限制，容易扼殺創意；如果不管理，風險又很高，尤其在遊戲產業，創新決定了遊戲的生死。以你的經驗，該怎麼在創意和管理紀律間找到平衡？

智冠集團董事長王俊博答（以下簡稱王）：如果創意不加以管理，它就會像天女散花一樣，到處都是花，但沒有一個可以綻放出光芒來。

十多年前，我就開始做研發，為什麼那時候的研發團隊存活下來的不多？其實每一個研發團隊都有他的創意，你每天看到他，都在地板上睡覺，因為他昨天晚上加班，而且很多創意

是在半夜想出來的。後來發現這是錯的，因為管理脫序，這些公司到最後都失敗了。

我講的管理，比較簡單的概念是商品化，創意要如何變成有價值的商品？有價值的創意如果沒有管理，是沒辦法成功的。研發團隊最難管的是你看不到他的生產線，你看不到他的良率，一般是良率不行，我就不要生產，但是我們產品不一樣，你必須做到最後，才知道他做不做得出來。

創意也須評估市場價值

湯：智冠長期都在替創意尋找市場價值，可否解釋一下你幫創意找到最大價值的邏輯？

王：創意的發想，我們先叫「原創」，原創之後有「主創」。原創是說，這是個創新的東西，主創是確認它可以做成線上遊戲，進入生產線。接下來主創跟原創寫一個企畫書出來，交給公司評估，包括投資多少錢、需要多少時間、我們有沒有能力做。

在進入生產線前，我們必須有個評估會議，會議裡有市場的負責人、有技術的、有營運、有服務，還有我。什麼東西都要評估，它的成本，甚至它的成功率，我們這五個單位評估確定之後，就開始進入生產線。

之後，他就要寫一個明細，說明每個階段要完成的任務，交到公司來，由公司各方面的技術人力按階段去評估，他有沒有做到。

評估包括市場變化，不是只看生產流程有沒有按進度走，而是市場還要不要你這個東西。跟著市場節奏、需求做調整，他有可能時間往後延，有可能案子會停，都有可能。

遊戲要能商品化，自由度要高，才能創造差異化，深度要夠，才能黏住顧客，後續服務也要到位。要做到這些，必須有完整團隊，不只是創意人才，各種專長人才都要有，這些都是管理。

資金、人才、經驗三方考量

湯：你說成本是一定要管理，但又要有創意，兩者衝突時如何處理？

王：我們先從創意講。譬如說，我現在有十個創意，我整理到最後，因為我的資金問題，或是我的公司方向問題，可能最後可以生產兩個創意，然後我全力做這兩個創意，這是精品化的概念。

另外一種是，我現在有十個創意，我認為這裡面有八個都不錯，但是因為我現在沒有辦法做八個，可能我挑五個，這五個創意同時到市場上的時候，就是五次的機會，那你怎麼決定從兩個創意變五個創意？

當然第一個是資金，你有沒有足夠的錢？再來你有沒有足夠的人才？再來你有沒有足夠的經驗，你對市場的經驗，這些你都評估了，資金、人才、經驗都好，那就做五個。以前是做兩個，這兩個決定公司的生死，現在我是做五個，原來這兩個還是做，但是我加了三個創意的產品在裡面。

湯：經驗是創意最大敵人？

王：那是針對大創意而言，沒有失敗的經驗不知自己缺什麼。遊戲產業從單機板轉到網路板後，研發失敗率馬上竄升。

湯：你看《阿凡達》是大創意還是小創意？如果人家拿《阿凡達》來找你，你會不會做？

王：《阿凡達》是大創意，沒錯，這個我做不到。我們是務實看市場，看我們的能力。

所以才說五個創意裡，必須要有三個有市場的概念。我這東西出去至少有六〇%的需求，剩下四〇%我能不能創造很高的賣點，這賣點就是後面自己想出來的特性。這兩個賣點（指獨特的創意）被接受了，就一百分了，有一個賣點就八十分了；如果兩個賣點都不行，至少六十分，不會變零。大創意可能是從一百到零。

湯：像迪士尼是一年把資源集中在少數幾個大的創意上，全力去做，你會這樣做嗎？還是就是保守為主，分散風險？

王：我不是完全以保守的方式經營，我大概是在五年前，投資了3D引擎開發的計畫，這個計畫每年大概花掉我一億多，這個對台灣的遊戲公司來說，是一個比較大的風險投資。

提高產品成功率法則

台灣和中國的遊戲公司都購買美國的3D引擎，這樣做出來的遊戲都差不多，沒有新鮮感，但新的創意放到我這個新的引擎，我的遊戲可以表現一個跟市場不一樣的東西，自由度高，這種投資會比在創意上的投資更重要。所以我也不是保守的經營，但你要投資對，而不是去冒一個很大的風險，等著市場決定你要死還是要活。我們在技術力不到、人才不到的情況下，是不可能有很大的創意執行，你要人才、技術力各方面都完備，創意丟進來才能變成最大化的商品。

湯：你要如何提高產品的成功率？如果市場變了，你怎麼隨時調整產品內容？

王：中國最厲害的點就是在這裡，他們為什麼能收那麼多錢？玩家願意付那麼長的時間？他不是只把遊戲放在那邊，他不斷加新的東西在裡頭。

像玩家因為一套遊戲有騎寵的新功能，所以搶著玩，但中國就很厲害，他有辦法在一個月內把那個騎寵系統加進去。而且因為加入騎寵系統，又有新玩家進來，所以他是人拉人，可以從十萬人變二十萬、五十萬，台灣哪有這樣？台灣遊戲上線到了十萬人時，就掉下來，他們是往上拉，我們是一上去就往下掉，所以我們在學的是中國的產品自由度、擴充的速度。

網路遊戲不是一開始的時候讓人家眼睛一亮就可以，而是你如何不斷加一些元素，這些元素是市場要的，然後最快的時間，把這些元素加進去。所以原創只是開始，到後面你不斷加入東西，真正決戰點是在這裡。

智冠靠管理創意稱霸

遊戲商品開發流程圖

原創
（創意）

↓

主創
（確認可生產）

↓

企畫書
（說明細節）

↓

評估
（投資時間、金錢）

↓

評估會議
（董事長、市場、技術、營運、服務部門參與）

↓

進入生產線

↓

階段任務明細

↓

依階段評估
（視市場需求調整）

↓

完成產品

說明：智冠集團為國內最大的遊戲社群，營運遊戲超過100款。王俊博認為，成功的商品，除了創意，更要靠管理。

資料來源：智冠網站

策略名師 **湯明哲**

漸進改革不如血腥革命？

辜成允接任台泥董事長時，裁掉一半台灣員工，五位高階副總三年內悉數換掉，離職員工拉白布條抗議，過程可以「血腥」形容，但改革成果獲得投資人掌聲。他說，漸進式改革是失敗的同義詞！

湯明哲：冰凍三尺非一日之寒，當組織面臨改革，須有魄力的改革者進行去蕪存菁，外人比較沒有包袱，可以進行大刀闊斧的改革，但卻有可能對於組織的歷史傳承、利益糾葛不了解，因此可能事倍功半，改革未能竟全功。您認為，組織改革應由外人（outsider）還是內部人（insider）操刀較好？漸進式好還是快刀斬亂麻好？

台灣水泥董事長辜成允（以下簡稱辜）：沒有漸進式，漸進式的改革就是失敗！

湯：中國人的環境，如果你不是漸進讓他接受的話，不擔心反撲力量會讓你的改革失敗？

對談CEO **辜成允**

經歷：台灣水泥總經理、台灣水泥企畫室主任、勤業會計師事務所查帳員
現職：台灣水泥董事長

「拖」會讓反改革力量集結

辜：我開始變革的時候，引用三句話。「如果你要樹敵，你就變革、改變」、「推動變革的人，絕對不會想繼續待在這家公司裡」，還有管理大師杜拉克講的，「公司存在是為了它的業績」，這代表那時候的一個決定。

之所以武斷的說改革沒有漸進式，是因為我每一次採取漸進式，最後都失敗，因為在漸進式的過程，你給大家的訊息就是——可以不必改。

湯：慢慢來？

辜：沒有時間壓力嘛，你說要改、要改，可是大家會想說，反正你說慢慢來，就是不必改、不必改，不然就是先改他，不是我。

湯：這樣一來，反而讓反改革的力量集結起來？

辜：對，變革之所以那麼多失敗，是因為CEO、董事長決定要讓它失敗，因為失敗是最容易的下台階。比如說，今天大家是資深經理團隊一員……。

湯：哥兒倆……。

辜：哥兒倆，我們要改革把業績拉上來，可能一開始是可以執行的，但當動到他的舒適圈（comfort zone），問題就來了，大家會覺得說，「欸，你不是說漸進式嗎，為什麼要這麼激烈？反正是慢一點，他們先啊，為什麼要我先呢？」每個人都這樣想，你說這個改革改得動嗎？改不動，絕對改不動，所以沒有漸進式的，這是一個理由。

第二，改革也沒有分哪一個單位先試的。很多的變革會講說，那個部門先試，成效好的話再擴大，或者說從外頭找顧問公司，那又是傳達怎樣的message（訊息）呢？大家會想，「看這些人可以玩出什麼把戲，等他們真的成了，我們再來動。」那你覺得改革能成功嗎？所以一樣的，請外面的人來做變革，絕大部分一定失敗，為什麼呢？理由就是，「讓他失敗，我們就不必改！」

湯：給外人穿小鞋最容易了。

辜：另一個說法是，「我們自己改就好，也不用引進外面的人。我們的人都會進步。」我問你，如果自己就可以改，還要談改嗎？這也不可能改革成功。

最大絆腳石是高階主管

湯：這是台泥的經驗？

辜：不是，台泥是我第二個改的，我第一個改的是和信電訊。和信電訊開始的時候很糟，後來我就進去，我說做些比較不一樣的管理方式，二十五個協理以上主管，除了一個人以外，其他二十四個我全部換掉。

湯：你推動改革的方式，就是大幅撤換高階管理者？

辜：因為改革最大絆腳石經常就是你的資深主管。

湯：是這些人把公司搞爛掉，所以一定要讓他們走路！你採取的是top down（由上而下）決策，絕對不會問大家說，「我們要不要改革呀，來開個會吧。」

辜：絕對不可能。

湯：但你快刀斬亂麻啟動變革，卻發生離職員工心生不滿，在股東會拉白布條，甚至把令尊的清譽都扯進來，一定要這麼劇烈嗎？

辜：我覺得沒有更好的方法，只能說這些衝突是一個非常大的遺憾。我在和信電訊做變革的時候，就看到台泥的問題，所以那時我一回台泥，就跟所有的人講，我們應該自我調整，但我那時犯了兩個錯誤：

第一，我讓大家覺得說，我們可以一起改。另外一個就是，台泥主管心想，那個辜成允他想自己玩，你讓他去玩就好，都是和信電訊太爛，台泥這邊沒關係。這就是漸進式走到最後的問題。

湯：你是說在台泥你曾經嘗試漸進式改革，但完全無效？

辜：其實，和信電訊我就嘗試過，台泥、中橡，集團裡每一個公司我都嘗試過漸進式，但是很抱歉，每一次下場不止是失敗，還是慘痛的對抗。

湯：組織改革談四個要件，「策略、組織、文化」，還有「人」，你先改哪一個？

還是四個一起動？

辜：在發動改革之前，你一定要先知道，打算怎麼贏，贏的策略是什麼。因為改革一定元氣大傷，如果過程中沒辦法累積小贏的話，是挺不住外面壓力，所以你要很確定那個贏，是能抱住股東大腿的公司利益。

湯：利益外部化，讓股東和董事支持？

辜：你的任務是去除既有利益，是不是？所以一定要把那些利益，轉成股東本身的利益，至少因為你股價有上漲、每股獲利（EPS）有升高，讓他們可以相信你。沒有一個這樣的策略、邏輯的話，你千萬不要改革，因為你會自討苦吃。所以，基本上人家如果說要做變革，我都會跟他講，你們不要改，除非你有贏的策略，否則下場一定死得很慘。在和信，Hala900（率先推出網內通話零元的資費方案）就是贏的策略。

接下來，你才需要一個組織和人去執行，最後凝聚一個文化。所以我們現在來講，到第七年，才開始進入到凝聚文化的階段。

對員工不放棄也不手軟

湯：華人企業講人情，人情不在裡面嗎？

辜：人情沒有什麼，你要不要競爭嘛？台泥不是一個玩自己老爸口袋裡錢的私人公司，它是一個要對股東負責的上市公司。所以，我會跟我的小孩講說，我很歡迎你來台泥，但是你有沒有能力可以坐到那個位子，要看自己有沒有那個本領。

湯：這樣說是沒錯，但中國人要面子啊，台泥推動美式的績效制度，對你來說似乎沒有調適的問題，反正就是翻臉不認人、六親不認，做不好就給我滾蛋？

辜：當然不可能，這裡是每一個人我們都絕對不放棄，也絕對不手軟。

湯：又不放棄、又不手軟，那你要到什麼時候才放棄？

辜：強調絕不放棄任何一個人，是因為我們都會先給機會。什麼叫放棄？就是他開始發現問題時你不告訴他，或任由他發展，就是不去coach（訓練）。

也就是說，如果員工的行為模式你覺得應該被調整，就要一直跟他講，讓他知道怎樣做事才對，跟著公司一起學習，但若他不改或老跟不上，我們就不手軟；但這個過程我們如果都不和他溝通，我覺得主管不對。

湯：所以對你來說，裁員砍人的決策，都不存在個人情感的干擾因素？

辜：這個情感要怎麼講……，這就是台泥剛開始變革，最艱苦那段路的代價，不是嗎？是非常非常血腥的，或是說讓大家非常非常難過。

湯：你同意「血腥」這個形容詞？

辜：我當然同意，但回頭來看，為什麼會發生那個事情，就是因為過去我們都太……。

湯：和稀泥？

辜：對，和稀泥。被逼著到最後，我只有兩個選擇，要做一個走入夕陽，或被人家遺忘的公司董事長，反正水泥本來就是夕陽工業？還是發動變革，把它完全反過來？

組織需要變革，就是上、下距離太遠，上情沒有下達，或是下情無法上通，這樣這間公司跟市場也愈來愈遙遠，經營效率差，之所以會變成這樣，原因就是中間有很多人在玩所謂時間差、資訊差的遊戲，就是做官，他不做事，這批人一手遮天，然後唬老闆，另一手去嚇唬員工，這層人不被整理，下面的人也就上不來。比如說我們現在的業務副總，如果按照台泥過去排資論輩等升遷的慣例，他是永遠升不上來這個位子。

湯：因為以前靠年資嘛。

引進外來人才觸發內部質變

辜：對。絕大部分的公司裡，都有很多「隱藏的人才」，他們對公司該如何經營也有看法，但卻不敢講出來。我後來才發現，事實上這種人很多。我舉最簡單的例子，公務員中臥虎藏龍的多得不得了，他只是沒有把精力放在上班而已。

湯：是啊，高考進來的呀，每個人都很優秀。

辜：如果你讓他們知道，一定要把他們的精力、能力發揮在公司的事情上，然後他們也真的願意這樣做的話，那個力量才是真正的大。所以很多人誤以為，變革就是找會念經的外來和尚來做，不是，他們的比例事實上是非常低的。

我引進外面的人，其實是給台泥的人一個非常重要的示範，讓台泥的人知道這世界上還有一種animal（動物），是用這樣的方法做事，觸發他們去想，「咦，我們從前這樣做事是對的嗎？」然後，原來台泥的人只要願意這樣做，都受到了肯定，整個公司的人就開始想，「咦，如果我也來改，那是不是也可以受到肯定？」只要你也肯定他，他就會改，所以那個真正的力量才會產生。所以，真正變革的力量是來自內部質變，而不是從外面找一堆人來改。

湯：這有點像韓國三星（Samsung）的做法，它在二〇〇〇年網路泡沫之後，找一批海外的韓國人回來，三年後這些人全都走了，他們留下的是IBM、英特爾的做事方式。這些人走了反而更好，因為下面開始有些人往上走了。

辜：事實上我們就是這樣子的經驗。

湯：畢竟，對CEO來說，砍人還是很難的事情，尤其台泥是一個老公司，這些老臣甚至是從小看著你長大，今天你要把他砍掉，情何以堪？他會不會去向你媽媽告狀？

辜：當然去向我媽告狀，還去我爸爸那邊告狀哩！

我對他們說，到後面我們只會愈來愈辛苦、愈來愈難看，每次開會大家總是吹鬍子瞪眼睛，幾十年的交情為什麼要搞成這樣子呢？以後連朋友都做不成，何必呢？於是就提一個package（報酬）請他離開。

不砍老臣就等著被對手砍

湯：所以當初處理老臣，都是你自己跟他們說？

辜：對，都是我自己跟他們說，我一個個跟他們講。最後都是最親近、最死忠的那批人在跟你對抗，很多還是我老師，提拔我長大的。

湯：這真的很難。

辜：有時候講到真的是眼淚鼻涕一大堆，但是就是這樣講啊。

湯：你哭還是他哭？

辜：當然是我哭啊，因為很難過嘛。

湯：你做完變革，會不會覺得手上都是沾了血？

辜：沒有。就是編《台泥五十》的時候，我跟我父親講說，按照台泥現在的情況，我不覺得我們還有五十年。我到底是要為台泥的股東負責，還是為現在這些老師們負責？我到底是要為那些年輕的同仁或以後要進台泥的人負責，還是這些等著要退休的人負責？就這樣。

我要強調，CEO的責任不是砍人，而是要保護員工不被砍，不要被股東賣掉、被競爭對手砍……。

辜成允血腥革命有理！

近年台泥業績逐年提升

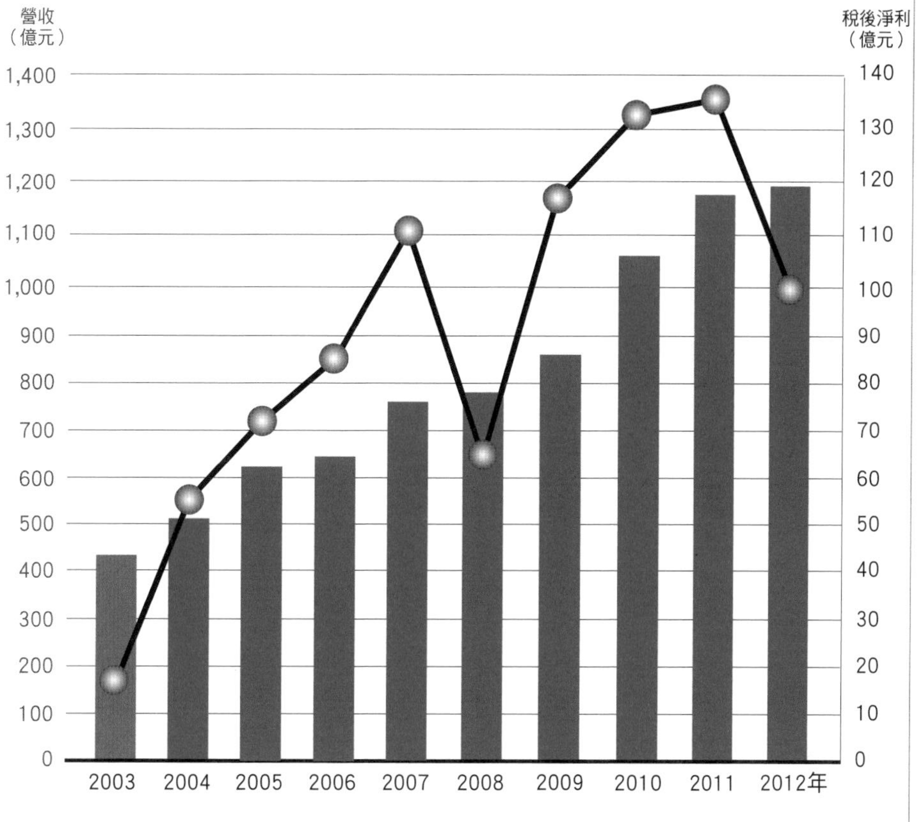

說明：辜成允2003年6月接任台泥董事長，10年來台泥營收成長1.8倍，稅後淨利成長4.5倍。

資料來源：公開資訊觀測站

策略名師 李吉仁

做新事業該看**機會**或**能力**？

過去十六年南僑化工切入餐飲事業，兩岸開出三十多家餐廳，成為油脂本業外最主要獲利來源之一，在不斷的投資經營新事業之下，集團沉潛十年不賺錢的代價，南僑會長陳飛龍分享轉型歷程。

李吉仁：傳統產業轉型進行創新事業，企業常面臨機會與能力的考驗。既然要轉型，勢必尋找不同於本業的機會，但本業能力往往不足以實現新事業，因此需要外來專業經理人協助，然而，外來專業經理人卻常陷入組織資源與文化，以及開創新局中取得平衡的衝突。南僑從生產油脂製品跨入餐飲服務業，如何面對這個兩難？你認為找到新事業機會較重要，還是要確保內部有能力執行重要？

南僑關係企業會會長陳飛龍（以下簡稱陳）：機會、能力其實我們都看。南僑轉型是從民國六〇年代的多角化經營開

對談CEO **陳飛龍**

經歷：第五屆不分區立委、全國經發諮詢委員
現職：南僑關係企業會會長

始，我們能力有限，所以只選擇做相關的：市場相關、通路相關、製造方法相關、文化相關。

也就是說，企業裡面的人不會因為多做一件事，背離了原來的價值和做法。因為有四大相關的考量，不像其他傳產公司，跳脫核心進入運輸業、銀行業。

以顧問式銷售區隔市場

李：這四大相關，哪個最重要？

陳：還是文化相關最重要。

李：能否進一步說明，南僑集團過去半世紀不變的文化是什麼？

陳：就是創辦人（民國四十一年，華僑陳其志創立南僑化工）說的：以人為本、財務公開、人事公開、注重知識、打造學習型組織。因此，從生產肥皂、洗劑，到發展食品烘焙油脂和包裝食品及餐飲服務，雖然領域不同，但對我們來說，都是用差異化思考經營、區隔市場。

例如，我們從做水晶肥皂的消費品（B2C），轉做

B2B（商業用戶）的烘焙油脂生意，當時這個行業有八、九家同業，都是用販售大宗物資的想法在經營，但我把做肥皂的差異化觀念帶進來，發展不一樣經營客戶的方法，設計顧問型的銷售模式，賣油也同時賣服務，一家爸爸媽媽家庭式的麵包店，總會需要做蛋糕和麵包的新知識和新配方，這些資訊趨勢、軟件服務，南僑都可以提供。

李：這樣做，等於墊高競爭對手的進入門檻？

陳：我的競爭者不會用我的模式，太難、太複雜了，後來我們去中國發展烘焙油脂事業十七年了，也是建立這樣模式，從零成長到成為這行業中高端烘焙用油的第二大，第一大的則是當地國營公司。

改變遊戲規則就能賺錢

李：後來南僑發展餐廳服務業，也都是建立在差異化的經營策略，但畢竟做油脂和做餐飲業的人才很不一樣？

陳：人是不一樣，但觀念價值一致，過去經驗就可以複製。南僑投資新事業的原則是一樣的，小生意大投資，在區隔市場建立高的進入障礙。人家做餅乾投資一千萬元，我投資五千萬元；上海第一個餐廳寶萊納，投資六百萬美元，初期每月營業額僅人民幣三百萬元，且人事成本將近人民幣一百萬元，這種投資誰要做？沒人要做！

李：大投資顯然回收期需要比較長？

陳：大投資是用來建構人的資源、低的成本和高的品質（沒有大投資怎麼做得出這麼高品質、低單價的優良產品），但當你可以複製時，回本速度就很快。

李：很多傳產創新事業面臨的另一個兩難是，新事業還沒兩平時，需要靠老闆加持，但問題是要等多久？如果不能很快賺錢，你又是如何斷定這事業可以繼續走下去？

陳：新事業當然不可能馬上賺錢，如果我落地就能賺錢，豈不是誰都能賺錢？因為比我內行、錢多的人多得是。

我看的是，有沒有機會在這個產業做到龍頭，帶動這產業並改變遊戲規則，這樣就有機會賺錢。如果你只是跟人家走，我不知道那賺的是什麼錢？這些都不是經理人層次可以決策的，他無法替這個事業何時可以賺錢負責。

李：改變產業遊戲規則，想法固然很好，但一個新進廠商憑什麼改變遊戲規則？成功的關鍵是什麼？

陳：有時候是因為競爭者弱，但是這產業是有機會，只是既有經營者沒有看到機會，我用大投資且不同的經營模式切入，就有能力主導市場，例如油脂。另外，就是市場還在擴充，可以容納不同主題的東西，我來開創新項目和主題，例如寶萊納餐廳。

李：這樣看來，經營者對創新事業的加持就變得非常關鍵，但如果經理人無法替賺不賺錢負責，你是如何評估新事業經理人的績效？

陳：南僑已經發展出很明確的文化，各事業經理人清楚長期目標，也知道短期要做什麼事。例如杜老爺，要做領導品牌第一名的冰淇淋，因此，凡是能往第一名目標邁進的，都是經理人要做的，對達成這個目標沒有幫助的事，就不准去做。

李：畢竟對經理人來講，花的不是他自己口袋的錢，股東的壓力落在你一人身上，少了投資報酬的具體壓力，經理人的績效表現會比較好嗎？

陳：其實他們每個人都很有壓力，只是這壓力不是來自他負責的事業有沒有賺錢，而是有沒有做對的事情，這壓力是來自內在的，經理人沒有賺錢，心裡真的會沒有壓力嗎？我不相信，差別只是這壓力是從裡面來的，還是上面來的。

先道後術的師徒制

李：更具體問，你對各事業經理人，年終評估他的績效表現，看的是什麼？

陳：大概就看經營方向對不對，有沒有做事？對的事是不是比錯的多，可以說沒有量化的指標。

李：你也期望你的經理人用這樣方法帶下面的人？

陳：對對對，我們講的是師父帶徒弟的傳承。

李：你用來開創新事業的人選，哪些特質是你關注的？

陳：表面上看起來憨憨的，可是他很有主意，不多話，但說的都是重點，做事很落實，只要他有意願，能力可以慢慢培養。

李：我還是很好奇，有些企業強調短期目標，藉以強化管理紀律，你怎樣轉化你的經理人自我要求有盈虧的觀念？

陳：我講一個案例，點水樓總經理周明芬，她還沒做事業負責人之前，頭兩年從行銷做起，一開始接冰淇淋事業，我都會參加產品試吃，但後來我就不問了；第一年她犯了些錯誤我也不講，後來她自己學會修正。

李：聽起來你比較像是教練，球是經理人在打，得自己從輸球中找經驗，你不是用關鍵績效指標做績效管理，而是用軟的文化綁住大家朝績效的目標邁進，這是不容易的。

陳：我常說，因為是師徒制，南僑的規模還沒到設有人資主管（人資長），除了人事行政之外，每個事業主管都是人資主管。

李：家族企業持續成長需要管理，南僑的管理思維顯然不是西方的管理方式，你如何避免因老闆好惡產生的人治色彩？

陳：如果你問的是，南僑有沒有管事的工具、決策的過程？這一定有，我的特助有一百多個圖章，每個章都代表一個流程的控管。

我們喜歡用中國人的說法，先建立自己的「道」，也就是對商業機會的看法和主張，提出來和經理人討論後，形成共識建立策略；接下來才是談「術」，我們很重視管理流程，因為流程很長所以很慢，於是就提早執行。

例如寶萊納的啤酒節，前七個月最上面就開始動起來，為何要把流程拉長？就是要建立團隊，政策由上而下，方法由下而上，關鍵事情提早決定，下面執行者就很好做事。

李：創新轉型成敗皆取決於人，但人總要活在制度之下。你認為人對了，事情就對了大半？還是制度對，就算不是一百分的人進來，事業也可以逐漸茁壯？

陳：我比較相信人對了，事情就對了。基本上這個人要能幹、有學習力，特質要對，然後再看他有無機會融入南僑的企業文化，如果他願意被融入或我有能力融入他，這個人在南僑集團能發揮的功效就是無窮的。

對的人，頭腦裡有哪些東西，要靠你經常去問、去配套他的需求，所以，我花七成以上時間，都是在管理人跟人之間的事情。

南僑關係企業版圖與營收占比

製造事業群 總計 85%

- 洗劑 4%
- 食品加工油脂 52%
- 杜老爺冰淇淋 10%
- 泰南僑（米果/速食麵）11%
- 冷凍麵糰、急凍熟麵、常溫米飯 8%

餐飲服務業 總計 15%

- **上海餐飲 10%**
  寶萊納、仙炙軒、濱江一號樓、貝可利麵包坊、DOS西班牙餐廳、UNO義大利餐廳
- **台灣餐飲 5%**
  本場流、點水樓、俄羅斯餐廳、小王子的飛行旅程、台北寶萊納

註：截至2010年　資料來源：南僑化工

組織改造　自己做或引進外部人才？

台灣最大貿易集團特力為進行組織改造，二〇〇九年找來IBM台灣區前總經理當CEO，引進國外管理制度進行改革。特力要如何打破創業家與外來戰將的矛盾？

湯明哲：台灣家族企業需要轉型之際，尋找外商戰將建立制度，提升競爭力是常見做法。然而，過去經驗顯示，外商人才在家族企業陣亡率偏高，根據DDI人力資源調查，失敗率逾六〇％。一來外商與本土企業文化和管理邏輯不同，一個重視制度，一個以人和關係為導向，因此外商經理人常有適應問題；二來，本土企業老闆難做到外商經理人期望的信任授權。

過去也有本土企業找過外商戰將進入組織，不過，〇九年特力集團找到IBM台灣區前總經理童至祥，仍令人意外。首先，一個傳統企業引進一個像IBM這種外商，管理哲學和能力的差距是相當大的，一般來說，企業即使是想要尋求改革，提升本身更為精進的管理能力，也很少採取這樣的做法。你為什麼決定要用「引進外人CEO」的方

策略名師 **湯明哲**

式來做改革？

企業主要有改變決心

特力集團總裁何湯雄（以下簡稱何）：我覺得不是換人不換人，而是今天這個老闆的心態。一旦你認為，「我有個很大的問題，我必須改變，」改革才會開始。

二〇〇三年我買了一間美國公司，八個月虧了新台幣六億元。老闆對員工說每年業績要成長，利潤要成長，結果老闆隨便做了個錯誤決定，我們那時一年每股賺兩元左右，結果那年每人獎金縮水，本來要發一塊錢的只剩四分之一。

尾牙我就找果陀劇團演話劇，穿著戲服哦，演員拿牌子寫著：「決策錯誤，錢沉大海，全力以赴，從頭開始。」然後我自己再舉了個牌子出來：「剃頭謝罪」；所有台下的人都搞不清楚狀況。

我請了個barber（理髮師傅），等頭剃光後，我站在台前跟同仁說：「對不起！全力以赴！從頭開始。」然後我在每桌敬酒時，同仁都說：董事長，別擔心，我們一定會賺回來的。

對談CEO 何湯雄
經歷：特力貿易共同創辦人
現職：特力集團總裁

買這個公司，主意絕對不差，是公司管理跟不上來，沒有去控管財務、控制好過程。

湯：決策是對的，但管理能力跟不上來？

何：對。那之後才認真的說：我必須改變，我已經不適合幹公司的CEO了。

二〇〇四年後，我們陸續找三個顧問協助公司改革。他們大約是二〇〇五年三、四月簽約進駐進來的。這三個人教我怎麼做正向溝通、徵才。有一次他們要求我和Judy（特力集團共同創辦人、何湯雄妻子李麗秋）依「目標優先順序」各寫下我們認為總經理最重要的條件，結果他們問：「你以前的總經理符合這五個條件的有多少？」我們說最多兩個。

想清楚選才邏輯與條件

所以企業家想改革，先開出符合的找人條件，你就成功一半。像我是很靈光的人，今天特力不缺創意、策略，可我的組織化管理是一塌糊塗，今年給你一百萬元獎金，你不行給你五十萬元，都是憑感覺。

所以，我們開出條件，這個人要非常well trained（訓練有素），要非常有組織化管理的能力，能夠把我的願景化成制度，還要有「政治嗅覺（political sense）。」

湯：家族企業都需要政治嗅覺。所以你的條件是這個CEO要能承上啟下，能夠實現你的願景？

何：條件開出來，我們花了整整兩年，去找CEO。有的我不喜歡，有些是不來的。

湯：找CEO花這麼長時間？

何：哪那麼容易？如果失敗，會更慘。

湯：這個轉折，就是因為犯錯之後，你覺得光照老闆的想法做決策邏輯不對了，必須引進管理人才是不是？

何：開玩笑的講，很多企業家都認為自己是經營之神。公司小還可以，當公司大到一個規模，一定要有嚴密的組織化管理模式，如果沒有一個受過良好訓練的執行長，老闆不會做的。

湯：其實成功的老闆，多半有自己的邏輯，直覺很強。我這樣說沒有任何不敬的意思，比起名校畢業生，像你、像台灣大多數的CEO一樣，你們打仗不照課本的XYZ來。

何：不是不想照XYZ來，我不懂XYZ，街頭博士嘛，但今天特力最缺的就是，因為快速成長，這個ＸＹＺ我們都不懂。

湯：你是照你的邏輯來做，那一套可能不是ＭＢＡ訓練經理人的方法，而是超越這套的做法。可是有點不一樣的地方是，你開始希望在組織裡引進ＸＹＺ，但更多企業家是不認為這套方法有用的。

何：唉唷，我剛才講到目標優先順序，我以前是「唷！這個idea（主意）我做！」我覺得這個是good idea（好主意）、那個也是good idea。

老闆不能插手壞規矩

Sophia（特力集團執行長童至祥）來之後，我們成立一個委員會，如果有任何主意，一定要透過這個委員會，有程序、研究過後才進來。像是我們有個品牌，做有機產品的，日本人覺得很好，要去日本百貨上櫃，結果Sophia對我說ＮＯ，以前公司的同仁哪會跟我說ＮＯ啊。講起來是個小店，但以前就是有太多像這樣小的地方，浪費人力、時間。

湯：那你當老闆就沒意思啦？

何：講到永續經營，你要當多久的老闆？

湯：你不會說，「我告訴你啊，一年裡應有五次，你們說ＮＯ，我說ＹＥＳ的機會！」

何：這行不通，你改革絕對會失敗。因為做老闆的有太多的例外！愈多例外，公司的毛病就愈多。有一天顧問教我：「They spent the most time on me!（員工把時間都花在老闆身上）。」

以前同仁一聽說：「何董事長要來參加簡報，」每個人緊張得一塌糊塗。為什麼？常常我一聽就想：「你根本就站在自己的框框做文章！」我就說：「重做！」這已經很客氣的了。這麼兇悍的耶！

放手不管的感覺，其實還是有一點點不是很舒服的。要忍耐一點！

我將公司管理交出去剛開始的前三個月，每天心裡都不太對勁，有時候看了手又想伸進去。但又不行，這種煎熬哦！

湯：對呀！這個是玩假的，你沒有授權。

何：改革，you have to show the wind.（你必須預示風向，送出改革訊號）。我為什麼煎熬？就是要忍住，手不伸進去。就是說，今天一個企業主如果沒有打從心裡覺得「我必須改變！」不管CEO多優秀，你自己不改變，不可能的。

把長期策略變管理機制

湯：可是老闆常會著急，會想：「今天我這個方法可以到一百分，外來CEO的方法只有七、八十分，」你還照他們的方法做？你沒有說為什麼把我打折了？

何：我覺得討論啦，他們的七〇％、八〇％搞不好才是一〇〇％。一般人看不太出來我的耐性，雖然你這只能做到七〇％，過程中我會繼續溝通。

湯：我們試著再釐清一些。不是說要擇善固執？可是你又說要懸崖勒馬，什麼情況要固執？什麼情況你會聽屬下的？

何：我們共同同意一個經營策略，像我前面提到的，我們成立一個委員會，如果我的意見，其他經營委員會的成員不同意，我真要做就只能在體制外，花自己的錢，找外人去辦。

湯：決策拍板時，你和CEO各占幾成決定權？

何：策略十之八九都是我提出的，但重大決定，童至祥來跟我討論時，泰半都已經有很好的準備，她非常專業，至於一般營運都由她自己決策。

我現在有什麼事情覺得該馬上做的，會直接找執行長，你不跟她溝通，她感受會不好。事實上，我們集團持續落實創新整合、追求營利性成長的策略，在全球一連串金融風暴、歐債危機之中，已經創下連十三個季度EPS（每股盈餘）持續成長，取得很好的成果。

湯：你授權CEO，可是老臣呢？忠臣呢？不會有人找你耳語、打小報告？

何：我會找他們一起來，兩個人坐到我面前，把事情說清楚、弄明白。如果你有不可告人的秘密，你就不夠資格。

湯：多少人離開？

何：我們是漸進式改革，並不激進，可是光是零售還是走了兩個總經理、三個副總，這種磨合是不容易的。

湯：你引進外商經理人三年多時間，西方制度、他們的管理哲學，你百分之百肯定？

何：百分之百肯定！

湯：你是第一個這樣說的企業家，台泥的辜成允也有和你同樣的想法。他也談到改革時引進更為精緻、制度化管理時，要含淚送走老臣。

何：不同的是，他是第二代改革，我是第一代改革。

我們做外貿，有很多合作外商，經理人當家的都看得很短，而像沃爾瑪這種家族的，反而看得很長。今天創業者為什麼找外商戰將進來？最棒的，就是長遠想法可制度化，變成管理機制，然後整個公司改過來。所以我說，最棒的公司是創業家仍然在上位，但把營運交給專業經理人負責，有意見、溝通、形成共識，再去執行公司決策。

特力用外商CEO提升戰力

2012年稅後純益率創新高

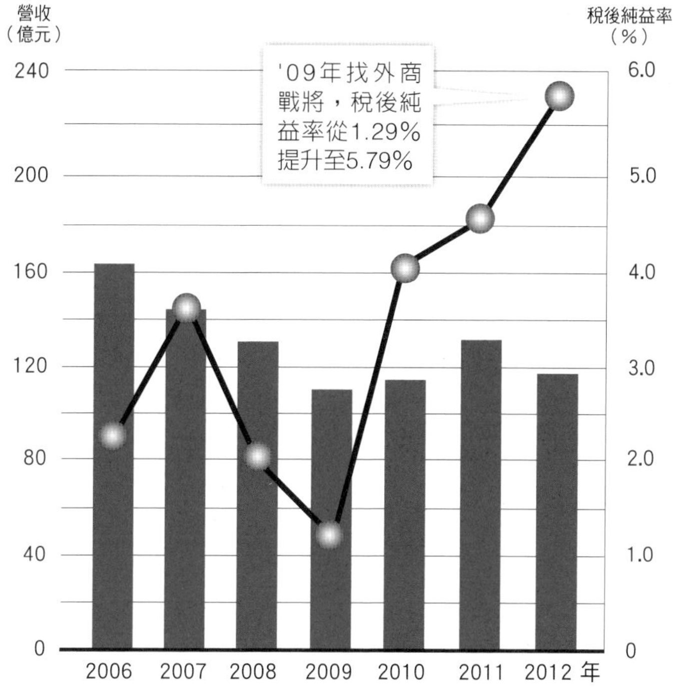

說明：特力集團在專業經理人執行組織改革後，2012年第一季稅後純益率緩步上揚至9.27%，與2009年第一季2.92%相比，迄今成長超過6個百分點。

註：個別非合併營收　資料來源：股市公開觀測站

策略名師 **李吉仁**

創新成敗取決**策略**或**執行力**？

誰說代工就會淪落到毛利保衛戰？
飲料包材大廠宏全國際，從傳統產業經驗出發，
靠創新商業模式成為亞洲前三大，
究竟，它如何靠執行力大賺管理財？

李吉仁：企業的成功要有對的策略與精準的執行；以往認為只要採取對的策略，執行略有差池，結果雖不中亦不遠矣，但如果策略不對，執行力再強也難產生預期的策略效果。而隨著競爭模仿加速，不同策略間的差異有限，企業競爭力反而取決於執行力的強弱。

台灣電子代工產業一度是高成長與獲利的產業，然而，近年來的毛利率一路從保五保六，降為人們戲稱的「茅山道士（毛利率只有三到四）」，以紀律與效率為基礎的執行力似乎

對談CEO **曹世忠**

經歷：宏全國際創辦人暨總經理
現職：宏全國際集團總裁

無法為企業創造足夠的價值。

「策略重要、還是執行力重要？」這是個持續在辯論的問題。像國內的電子代工產業，策略模式已經非常成熟，執行力高低便成為競爭力的決定因素。

從商業模式進行創新

但執行力越強的公司，似乎策略創新便越難，因為難以跳脫現有的執行力窠臼。沒有策略創新與變革，規模或可持續擴張，但獲利常會嚴重犧牲。

傳統產業過去較少談這個議題，請你來分享，主要因為宏全國際也是以提供一條龍式的製造代工服務，成為大中華區前三大的飲料包材製造商，不僅獲利表現不錯，營運模式也逐步在創新。

做為宏全的創辦人與領導者，你如何去驅動一個執行紀律很強的組織，讓它跳脫現有框架去做創新？

宏全國際集團總裁曹世忠（以下簡稱曹）：宏全的創新是從商業模式著手。第一就是從單一的包材做到系統化，讓客戶每一種包材都跟我買，還替客戶省下成本。

李：即一次購足的概念？

曹：對。不過，不要將系統化的整合創新看得太簡單。做罐子有罐子的技術、蓋子有蓋子的技術、飲料有飲料的技術。一個塑蓋機也要好幾億，我們有六十四台、吹瓶機大約也有四、五十台，這是多少投資？為什麼台灣沒人跟上來？因為我肯努力、敢冒險，其他的人不敢這樣做！

至於，第二個創新就是in-house（駐廠連線生產）的創新，去客戶那邊生產（將宏全機器設備等放在對方廠房內生產）。第三就是「包廠」的創新；第四，就是「模擬合資」。包廠和模擬合資概念有點相似，我們為客戶量身打造生產線或廠房，包材也由我們負責，客戶則給我們生產銷售量的長約保證，不夠的部分對方賠償，包材價格則跟著原物料價格波動。

「模擬合資」確保長期關係

但模擬合資的想法則更進一步，就是說，宏全國際建這個廠總共設備的開支多少？十年間每一年攤提多少？工人多少、電費多少，都攤開給客戶透明來講，高層管理人員也可以由客戶來派（等於客戶直接介入宏全的經營管理）。因為大公司喜歡透明化，透明化可以產生客戶對你的信任。

我們已經跟好幾家很有名的國際品牌（例如可口可樂、蒙牛等）開始做模擬合資了。這種模式毛利率大約一七％到一八％，比我們自己做更好。

李：我可以理解這種商業模式對宏全起碼有兩個好處：第一個好處是長期合作關係的保證，也就是在長約期間內，我只要能如期讓客戶實現預期利益，它就不會跑掉；第二個，如果獲利不足，我要靠自己的努力降低成本，就可以賺錢，等於你們可以賺管理財。但這對客戶有什麼好處呢？它雖然少了一次去蓋廠的投資資金，但是，它要承諾你十年的產能與工廠營運費用？

曹：我問客戶，為什麼你們會答應？他們說，要用這種模式給第一線業務單位市場經營壓力。所有的策略，如果只有自己得到好處，那是做不起來的。可能他們有人會覺得吃虧，可能我們自己也有人覺得，簽個約，名字三個字出去，就要花十幾億元，也是吃虧。

日本一個投資者，跟我們接觸談合作時，知道我們跟客戶的合約關係都是十年以上的，他說，這在日本是不成立的。隨便一個問題就可以將合約改變了。客戶虧錢更不認帳，完全不會認為這是有保障的！但是，我說我們行業沒有比這個還更有保障的。

因為我們到這個規模，客戶跟你買賣這麼大，買下去都以千萬、億元來算，它不可能永遠被你佔便宜。策略最重要的事，就是要給客戶得到好處。

我也跟我們合作模擬合資的客戶說，沒有一家公司會像我們，蓋廠投下十幾億，又保證十年以上的品質。

李：所以，事實上你是用「動態雙贏」的想法來盤算這件事情，而不在於說我準備抓你的小辮子，從這個合約上得到短期的好處。

二○○九年諾貝爾獎得主威廉森（Oliver Williamson）的交易成本理論，便解釋這種具有潛在高交易成本的上下游關係，要能夠效率化的進行，若非用單方垂直整合、便得用雙方長期合約來保護。

「模擬合資」的做法實則是讓雙方交互套牢（mutual hold-up），來確保長期供應關係。能做成這樣的關係滿不容易的。

做好執行就是最好的策略

回到我們的兩難主題來講，你覺得執行力重要？策略重要？似乎如果宏全沒有策略上的創新，很難有今天的成績？

曹：做一個領導人，要形成一個可長可久的策略，才能穩住人才，讓客戶、投資人放心。但是如果一定要選一個，我會說執行力比較重要。

我們這個行業，假使你執行差了，把客戶做壞了，那你以後再找他，跪也沒有用。如果你執行夠好，即使沒有什麼策略，跟著市場跑、跟著客戶跑，無形之中執行就會變成策略。執行做好，就是最好的策略。

我們的策略現在在台灣還沒有人跟，是因為市場小，但宏全的資本投資大，所以形成門檻，可是中國太大，一定最後有人要跟，加上他們規模資金都比我們多，關係也比我們好。即使策略對了，你要蓋廠，但你去試永遠進去不了；但如果你執行好，人脈經營好，客戶會保護你，因為習慣用你的，東西也沒有比較貴，別人進來可能是麻煩進來。

李：那創新策略的角色由誰扮演？

曹：策略是上層的經營者訂定，然後中層以下執行。

李：策略又如何落實到執行力？

曹：有的公司是這樣，策略形成以後，他沒有再轉換為中層負責，授權就等於棄權。我們公司策略形成以後，全部要盯住中層的執行內容，因為你策略對了，執行對，你會產生周邊效益，比如說，我們一個模式執行好，客戶會說我哪裡需要廠，你再弄一個一樣的廠。

好像台達電董事長講過一個名言，事情沒做好，第一就是方法不對；第二就是努力不夠，第三就是換人。

我常常跟我們幹部講，我今天宏全要的幹部就是能夠解決事情的人。你做得好，平常你表現，到年終由我表現，財散人聚，我是這樣相信啦！

宏全國際的in-house創新策略

2012年營收比11年前增近10倍

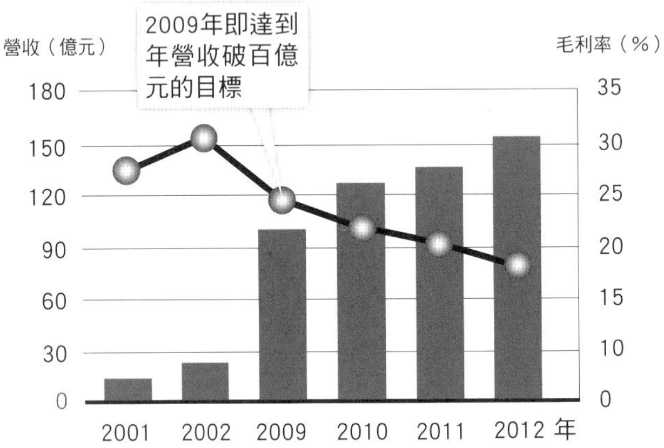

說明：宏全國際2001年營收僅約14.58億元，透過創新商業模式與精準的執行力，第9年就達到營收破百億目標，成為亞洲前三大的飲料包材專業代工業者。

★毛利率推估17-18%

宏全國際採取「模擬合資」策略模式推估的毛利率。這套「我蓋廠，由客戶簽下10年保證約」合作模式產生的毛利率約17%至18%，不僅遠高於電子代工業3%到4%，營運風險也比較低。

★40個海內外包材廠

靠著精準的執行力，宏全國際將在台灣試驗成功的創新商業模式複製到東南亞與中國，目前有40個海內外包材廠與客戶有深度合作。

★員工獎金加25%

2010年宏全將中下層員工獎金加25%，上層加10%至15%，經理級年薪百萬，為確保執行力，中下層加薪比主管更多；決策主管年薪800萬也很平常，傳統產業比高科技業更有含金量。

作品要賺錢 **創意**或**管理**重要？

在電影界，創意不是隨便產出，仍須很多機制與管理，《海角七號》與《賽德克．巴萊》兩部票房結果即證明，更多投資，不保證收益率越高，製片黃志明以自己的經驗現身說法。

黃崇興：電影也許被認為是愈突破、愈創新、愈容易取得票房上的成功，可是回頭來講，史上也不乏創意成功，但商業失敗的例子。如果拿美國跟台灣比，一九八〇年代之後，好萊塢在全球建立起資金與專業競爭門檻，並擁有行銷全球的能力；相對的，國片一直談不上具有系統性。

這當然有主、客觀因素限制。因此，國片似乎在風險衡量與商業機會的掌握上，總是像打游擊戰一樣。

電影製片的角色就是要平衡創意與管理根本上的兩難。你是兩部賣座國片《海角七號》與《賽德克．巴萊》的製片。有趣的是，《海角七號》是投入少但票房收入高的案例，《賽德克．巴萊》則是投入最大但回本挑戰極大的案例。你認為創意重要或管理能力重要？

策略名師 **黃崇興**

創意決定五〇%成敗

電影製片黃志明（以下簡稱明）：我還是覺得「創意」重要。好創意就是好故事，尤其是好劇本。它大概占了成敗的五〇%，甚至更高。當然也有創意成功，但管理失敗的例子。

儘管如此，電影要稱之為成功，就是要賣錢，創意評估仍是電影的最核心。但是，什麼叫作好創意？當創意還沒有被執行、經過市場測試之前，你怎麼知道它會不會賣錢？

電影人與創業投資人的思考是不一樣的。

我們講版權價值，所以我們談的是，「你看這創意多好？」「我有這樣的卡司，它會在日本、在哪裡賣錢……，你應該相信我。」但我發現，跟VC（venture capital，風險資本投資人）談這些是對牛彈琴。

他們只要知道風險控管還有財務分析：市占率可以達到多少？有多少報酬？他只想控制資本風險。我告訴風險資本投資人，「你把我們的ROI（投資報酬率）算到三〇%、四〇%，如果電影導演可以賺這麼高，他幹嘛找你？」

因為電影製作（回收）時間上是很快的，一年就可以看到

對談CEO **黃志明**

經歷：中影編審、
台灣累積製作成本最高的國片製片、
《賽德克．巴萊》製片

創意被市場檢視的結果，導演如果可以賺這麼多，找朋友、找銀行借就可以了。

黃：風險投資人期待電影人有一套資金控管流程出來，但對你來說，有沒有這套流程存在？

不能用科技業思維模式

明：有，其實有，但這是程序先後的問題。

現在台灣電影（含國片與外片）一年總收入約是新台幣五十億到六十億元，但你回頭看過去二十年，國片最慘時市占率不到一%，其他都是好萊塢的片子，台灣過去沒有可供國片預估市場潛力的歷史數字。

今天隨便講，如果我告訴風險投資人《痞子英雄》是警匪片，所以我用布魯斯．威利（Bruce Willis）的《終極警探》（Die Hard）來套，可是怎麼套得起來？

一個片從開始找錢到行銷是兩個頭，需要打開的是那兩頭。中間執行這段管理的問題還好，找到對的人、有效率，都做得到，但他們（VC）只在意中間那一塊。

黃：科技業的新創商業模式比較成熟，它有比較多的關鍵指標來評估，對市場調查、市場管理做得很多。

另外，搞一個新科技，可能五年十年才知道成敗，這些特性與電影都不同；可是從另一方面看，台灣電影產業早晚還是要面對「機制化（institutional）」的問題，就像科技新創要有所謂「孵蛋器」，做為銜接創新與商業介面。這幾年你有沒有看到電影產業機制化要成形了呢？

明：有。人們講台灣沒有電影產業，是講台灣沒有像是香港的英皇電影公司、寰亞電影公司這種平台，讓所有懂版權和懂股權的人能在裡面交換。如果這波一百億或兩百億電影資金潮，能夠長出兩到三家公司來，我覺得會是很大的成就。

這產業很悲哀的，拍十部片，可能只成功兩到三部，風險實在太高了。像是中國華誼兄弟，這樣完全靠票房收入的上市公司，全球很少有這樣的例子。我們講，電影是文創火車頭，要有公司從食、衣、住、行、育、樂去產出東西來。一家電影公司一定要有周邊的東西開發……。

黃：但台灣現在連靠票房的電影公司都沒有！

明：對。但現在開始，在創投之外，已有公司來管理製作，導演或是能創造版權價值的人也有股份，以後香港、美國要來台灣找合作，這公司就會出來談了。單就個案與風險投資人談是不通的。

台灣需要建立一種平台機制

黃：你的意思是說，以前都是電影人拿個案去跟風險投資人談，但以後風險投資人就可以對公司或平台談，機制就可以建立。但如果公司和平台都沒有出來呢？

明：那我們就只能繼續靠熱血拍電影。台灣的電影是怎麼拍出來的？魏德聖拍《賽德克・巴萊》在自己的studio（製片工作室）投資了三〇％、《艋舺》豆子（導演鈕承澤）投了二五％。

我假設一個狀況，拍《阿凡達》（Avatar）的柯麥隆（James Cameron），在拍《阿凡達》的時候同時投資了三〇％在裡面，你覺得製作會變成什麼狀況？他一定覺得你們這些studio的人不要來搞我的劇本，他有發言權。管理上最不想碰到這樣的狀況，因為沒得談。這不是製片制或導演制的問題，而是資金結構就在那裡。

為什麼我一直覺得應該有一個平台，導演來這邊，有賺錢就分紅，有個管理機制在，但現在就是憑熱血、憑激情。

黃：台灣可以從好萊塢建立電影工業的經驗中取經嗎？

明：台灣永遠複製不了好萊塢。

好萊塢每個major studio（主要電影製片廠）都有專屬的律師樓，很多製片本身就是律師，每天都有一堆合約產出；還有工會，一部片要拍，光辦個保險，電腦裡有上萬種不同製作模式可以選，我們哪有這些機制呀？路還很遠。

以前台灣可能一年拍個八部、十部國片，現在可能會到三十部、四十部，資金面和市場面管理，現在都是空的。這比製作預算是三十億還是三百億重要。只有到機制成熟時，我們才能不用再憑熱血去拍電影。

台灣本土電影迎來新熱潮

★2011年國片市占率15%

國片2011年在台灣總電影票房營收市占率15%。過去20年，台灣的國片市占率最差時甚至只有1%，而《海角七號》在2008年的票房紀錄反轉了台灣市場被西片占據的局面，此後，《冏男孩》、《父後七日》、《雞排英雄》到2012年的《賽德克．巴萊》與《那一年，我們一起追的女孩》……，各種創意類型的國片成功，迎來了國片20年未見的新熱潮。

★100億資金潮

國片熱門，科技業的企業強人王雪紅、郭台強都陸續投入電影文創產業，預計未來3到5年內，官方加上創投合計的文創基金將達新台幣40億元額度，未來10年的資金更將突破百億，這一波國片熱吸引的資金潮，也是前所未有。

企業轉型 何者**該變**或**不變**？

飛利浦集團從一九九九年到二〇一〇年，歷經劇烈變革，
它賣掉占營收三分之一的IT相關主體事業、
將垂直整合的多角化事業轉為水平整合，
雖然營收下降，獲利卻大躍進。它如何捨舊立新？

李吉仁：國內許多企業面臨轉型與成長的問題，其中最核心挑戰在於：如何改變既有的事業組合，又如何掌握轉型的節奏；前者考驗轉型方向的變與不變，後者則攸關轉型速度的快與慢。飛利浦在過去十五年裡，在兩任執行長掌舵下，進行大規模的企業瘦身、非核心部門的裁撤、甚至改變企業與品牌的定位。是否能就飛利浦的轉型經驗，跟我們分享如何驅動企業轉型、如何剝離舊事業，建構新能力。

首先，企業轉型有因成長衰退、也有因機會驅動。請問飛利浦在一九九〇年中期轉型的動機何在？

台灣飛利浦總經理柏健生（以下簡稱柏）：兩個部分都有。真正轉變是，前兩任的執行長彭世創開始，一九九六年，飛利浦的營運狀況非常不好，彭世創從外部進來，當時決定退出（divest）的事業，大大小小有九十七個，譬如說寶麗金唱片是其中一個，這

專欄主持人 李吉仁

個時期，飛利浦承認組織改造是為存活，要讓財務健全。

策略轉向「財務可預測性」

但二〇〇〇年，變革的方向有點不太一樣。當時，開始進入網際網路泡沫。上游半導體產業循環非常明顯，幾個大的循環，一個景氣好起來，整個產業出貨金額大概成長四〇%，然後一下來又變成負一〇%。過去它邊際利潤好，但利潤下降時，飛利浦便決定，策略要轉為維持「財務可預測性」，要遠離產業循環太明顯的產業，就是半導體跟電子零組件。

若考量股東結構跟想法：不同事業體的股東需求一樣嗎？把錢放在醫療事業的股東，想要的是可預測的穩健事業，願把錢放在今年可能大賺，但明年可能沒有的半導體上？

第二個考量點則是來自於內部DNA。退出半導體跟零組件不是代表這產業不行，而是內部DNA不合。例如健康醫療、照明與生活風格面對的都是終端消費者，需要靠品牌，但半導體與電子零組件不是，它是企業對企業的市場。二〇〇〇年之後的變革比較多是在這裡。

對談CEO **柏健生**

經歷：飛利浦亞太區行銷經理
現職：台灣飛利浦總經理

李：換句話說，飛利浦發展到這時，原本垂直整合的布局，內部管理成本在增加，垂直整合的效能，過去是有利的，但現在沒辦法管理；因為如果是垂直整合，一定會同時碰到B2B（企業對企業）跟B2C（企業對消費者），而你們最後選擇面對終端消費者？

柏：我們還是有很多事業最終客戶是企業。應說當時飛利浦發展垂直整合時，很多產品關鍵零組件很重要，如電視，它在產業往電漿或液晶電視發展尚不明確時，飛利浦投資了電漿，那時我們必須要掌握這個技術，但此時，我們在消費產品上重視的是「解決方案」。以照明為例，整合控制系統比關鍵零組件就來得重要。

李：這樣看來，飛利浦的轉型其實多且廣。首先，是由過去的垂直整合架構，走向解決方案的提供，同時重視的創新方向也不一樣了。面對這樣的轉變，企業內部如何形成共識的呢？是由領導人把它綱舉目張的講清楚，還是經過一番部門角力後的結果？如何能夠以較低的阻力往新方向移動呢？

改採「國家群聚」式決策模式

柏：飛利浦的組織，這十幾年下來，來回變了非常多次。最初是一百多個國家自己做自己的決定，接下來，看到產品跟國家中間有矩陣型組織，代表國家決策的權力須與事業群（business group）共享，國家的決策權慢慢被收回去。

李：你是說，當CEO有意往那方向驅動時，他的方法就是，把組織權力慢慢朝他要去的方向傾斜，讓負責產品的領導力增加，國家權力減少？

柏：現在又變了，我們把全世界市場分成十七個，叫事業群（business combination）或國家群聚（country cluster），以消費者需求相似度、文化等區分全球市場，決策權也放在這裡。

再回來剛剛提到的變革過程，因一九九六年到二〇一〇年，我們要解決財務問題，要的是效率，所以它從一百多個決策單位整合，但當過度集中後，就會忽略市場需求，可是你的策略是要提供客戶整合解決方案，這時就變成國家群聚。

李：我們也看到飛利浦在變革過程中，在北美裁掉很多人，消費性電子部門規模變小，加上內部整併，變到消費生活形態、事業組合的轉換，這部分恐怕是最棘手的。

柏：當時也做了消費性電子跟小家電部門合併。這當然會涉及職位改變，簡單講，原來有兩個執行長，但未來只能有一個；還有另一個困難，可以想見，當你要把占營業額三分之一的事業切割掉（飛利浦切割掉電子零組件和半導體事業占總體營收比），從

「營收至上（top line driven）」的事業邏輯，變以利潤為導向。

李：要轉型，你一定要先蹲再後跳，蹲下來這件事情是困難的，就是你敢不敢去承擔銷售額下降的後果。那時如何處理投資方來的壓力呢？

賣多於買，維持現金流

柏：其實飛利浦在轉型時，由於事業組合變健康了，所以它的每股盈餘（EPS）是往上的。

李：但剛轉換那幾年，EPS也不會拉得太快，銷售額卻掉得比較快。

柏：其實從現金流角度來看，因你發股利要錢嘛。賣出的事業大概帶入兩百億歐元左右，當然還有現金流出，買新事業大概花了一百二十億歐元左右（〇六年後，飛利浦展開四十餘個戰略性購併）。當你有子彈，短期在蹲的時候，還是有錢可以發股利。

李：就是賣出一定要多於買進，用多出來的去支持業務下降而出現的獲利減少，所以你就蹲得下來，大家知道你在做改變，先把股東安撫下來。奇異公司在二〇〇一年開始的轉型，也是一樣的邏輯。

飛利浦成功變身的組織改革學

荷蘭皇家飛利浦電子公司已有120年歷史，它是歐洲排行第一的電子巨人，以真空管與DVD等發明聞名於世。然而，1990年代，CNN與《財星》（Fortune）等西方財經媒體批評它的多角化缺乏策略與財務紀律，1996年出現嚴重虧損，終於展開激烈的組織變革。

★變革歷經15年

這場變革從1996年前任CEO彭世創上台開始，到前任CEO柯慈雷共花費15年時間，將飛利浦從高度垂直整合的消費電子廠商，改造為以品牌概念為核心，用水平方式延伸跨足醫療保健、照明與優質生活（下圖）三大事業體的企業。

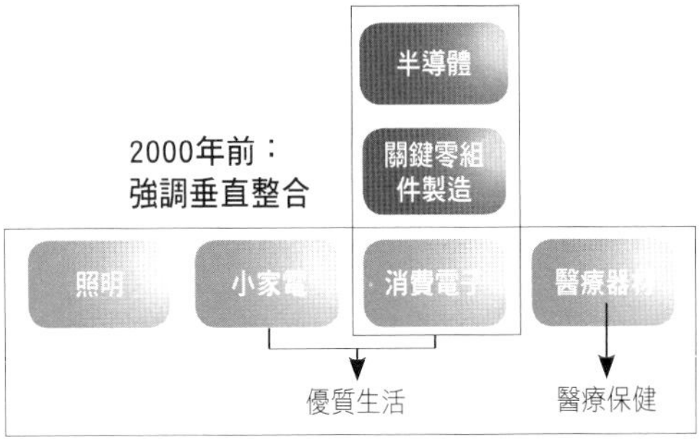

2000年後： 重視整合品牌管理

★品牌價值增加1倍

轉型成效如何？飛利浦集團的營收排名，在2005年《財星》雜誌排名是全球第116，但2011年後已落在277名。然而，雖然營收減少，品牌價值卻上升。2010年，依據Interbrand的評估，飛利浦的全球品牌價值為全球第42名，約87億美元， 與2004年相較，品牌價值成長增加1倍。

企業求成長　變革節奏該**快**或**慢**？

為改造自己，皇家飛利浦集團在一九九六年後，
花五年切割九十七個事業，二〇〇六年後購併四十個新事業，
在除舊立新、追求跨越生命曲線成長的同時，
它如何掌握變革速度？

李吉仁：企業轉型成長猶如開車子轉彎，快慢拿捏重要。快速轉型，企業會擔心組織抗拒，甚至犧牲短期成長；但若是慢慢轉型，恐怕效果不彰，甚至時不我與，例如柯達公司的景況。

飛利浦過去十五年裡，在兩任執行長的掌舵下，依據策略方向，由垂直整合轉型為以品牌管理與解決方案的水平布局，確立新事業組合方向。我們想進一步請教，飛利浦如何掌握企業轉型過程的「節奏」？

台灣飛利浦總經理柏健生（以下簡稱柏）：切割掉流血事業，動作得非常快，但到後面，策略移動則經過很長的考慮。一九九六年，飛利浦的財務狀況非常不好，當時的CEO彭世創五年之內，切割掉大大小小的事業大概有九十七個，不到一個月就一個。

策略名師 李吉仁

彭世創轉型主要在於止血；真正策略轉型（transformation）是從前任CEO柯慈雷開始。最大的改變，是將飛利浦從高度垂直整合的事業結構，改為水平整合，同時，聚焦在醫療、消費電子與照明事業。

切割事業止血要快

現在講起來容易，但當初要把半導體跟零組件切割，是很難的決定，因這些事業占飛利浦總營收近三分之一。但我身為一名員工，所看到的每一個改變，都是有心理準備的。我們分拆舊事業的過程裡，通常不會有很多抗拒。

就員工角度，他最關心，「我工作能不能確保？我的福利會不會變？」所以我們在跟買家談購併時，都必須確保完全承接移過去的員工薪資或者福利。

李：這樣買方成本會較高？

柏：沒錯，那買家會不會把成本算回去給飛利浦？當然。但這是個公平遊戲；接下來很重要是，你要讓員工知道部門到新公司後會更好。舉例來說，我們以前有個部門叫作商業電子

對談CEO **柏健生**

經歷：飛利浦亞太區行銷經理
現職：台灣飛利浦總經理

（business electronics），後來我們把它賣給博世（Bosch），做企業潔淨設備等等，變成那個領域的世界第一。

李：這個是不錯的啟示，一是，你先要讓事業體移轉的策略邏輯先對，對了之後，等於是創造溝通基礎，理性上說服員工，事業的移出不是捨棄掉他們，而可能有更大機會。先將後期溝通衝突降到最低。

但通常大企業想將旗下事業找買家，策略曝光了就很難賣，當然會希望維持一定程度的資訊不對稱，但員工在這過程中卻又是焦慮的。尋找買家與內部溝通，這兩件事的節奏到底應該怎樣搭配？

柏：一開始策略討論只限於核心的少數人，但等到交易談完再執行的時候，是有時間溝通的。譬如說我們要分拆（spin off）半導體事業給私募基金KKR時，大概從公告到實際執行有近兩年的時間。

事業體轉過去之後呢，我們也不是百分之百全部把它賣掉，我們還持有部分股份，然後逐年遞減。譬如，我們的顯示器移出去給冠捷，協議是五年之內飛利浦依然持三分之一的股份，五年後，飛利浦有權決定是不是要繼續持有。

李：這是聰明的做法，同時也對對方有利。一則，初期買主不用一下吃下那麼大的股份，其次，因為反正你也還在裡頭，交易出問題的話，你自己也要吃點虧。

柏：就員工而言，心理上也不會覺得你把它整個切割掉了。

不同事業單位負責統一目標

李：剛講的是拋掉跟調整，還有塊是建構新能力。一定要帶新人、新資源進來，這些人要怎麼被認同？大家又怎麼跟著轉變？

柏：品牌確實引進全新的人進來。二〇〇〇年後，我們在策略上提升了品牌管理的組織位階，設立了品牌資產委員會、設行銷長。

另外，盤點有哪些領域還沒做，但要做的？還有哪些生意方式過去沒辦法做，但現在要做？這部分則多數與購併相關。二〇〇六年後，飛利浦策略性購併的企業就超過四十個。

舉例來說，過去飛利浦做傳統照明，並不理解ＬＥＤ，所以它開始購併一連串的公司，光在照明領域就花了五十億歐元買相關的能力。

李：藉購併買能力，但新舊人馬的企業文化融合，一定是較慢的過程，但我們又希望綜效能比較快產生，要怎麼做？

柏：最挑戰還是組織兼容性。像過去進入ＬＥＤ行業的人幾乎全是工科背景，但提供解決方案，我們找的是建築系、室內設計的，但這些人跟念電機的講求效率想法不一樣，你要怎麼讓他們一起工作？關鍵要讓這群人，保有習慣的工作模式，你不能把他轉成念電機這種人習慣的工作模式。

工作模式的改變還不止這些。例如，過去在垂直整合架構下，上下游存在不低的交易成本（transaction costs），使得管理的複雜度提高。改成水平整合架構後，內部移轉定價將更為透明化。舉例講，假設你是工廠，我是銷售單位，過去你賣我一百塊，不見得所有人知道，但我大概知道價格落點，但現在是完全透明，透明到你的成本我都看得到。

李：這制度強迫你，你的競爭力如果比不上市場就完蛋了！但這有道理，因如果你要做解決方案，組織競爭力來自於資源整合。但前提是拿到訂單才有生意，所以由業務單位主導內部整合較為有效。

柏：沒錯，另外，生產單位也擔心業務單位會一直殺價。沒關係，那就將兩者的工作目標綁在一起，例如這產品我們希望利潤率是三五％，那業務與生產單位目標都一樣。

李：那你們每年事業單位跟全球十七個市場群聚，都需要有一個目標交互對焦（interlocking）的過程？

柏：對，我們叫作握手會（handshake meeting）。

李：台商以前習慣一條鞭的做法，非常單純，反正我做這件事情你就付我這些錢，組織內就是你的業績目標，我算我的，紅利也根據自己的目標來。但這種做法在轉向提供解決方案的服務模式後，就會成為轉型的罩門了。因為如果你的競爭力太差，搞得我賺不了錢，我為什麼要與你合作？而且是你做主還是我做主？可是如果策略上希望做解決方案，客戶沒辦法一塊塊跟你拆解，你自家搞不定就賺不到客戶的錢。

飛利浦兩階段組織改造學

《財星》雜誌稱飛利浦近15年的企業變革為「變革教科書」的典型案例，先快後慢的變革節奏，考慮的不只是企業策略目標，更是人心。

★切割97個非核心事業與虧損部門

第一階段，前兩任的CEO彭世創引領的變革，在5年之間，切掉了非核心事業與流血虧損的部門共97個，包括出售寶麗金唱片公司、中止與美國朗訊公司合作行動電話手機業務之外，更決定2002年底以前關閉全球三分之一的製造工廠。這一階段重點在於為財務止血。

★購併40家新事業

接任彭世創的柯慈雷引領飛利浦重塑策略定位，他對事業單位下「軍令狀」：沒有利潤就賣掉。從2001年到2007年之間，飛利浦賣掉了30個非核心事業，但也大量購併，2006年後買入40家「高成長、高獲利與組織能力」的企業，建構新的事業組合與能耐。

管理相對論：48位CEO集體傳承經營智慧唯一實戰教科書

編撰	湯明哲、李吉仁、黃崇興
圖片提供	《商業周刊》
商周集團執行長	郭奕伶
視覺顧問	陳栩椿
商業周刊出版部	
出版部總編輯	余幸娟
編輯總監	羅惠萍
責任編輯	羅秀如
封面設計	黃聖文
內頁設計排版	小題大作
出版發行	城邦文化事業股份有限公司-商業周刊
地址	104台北市中山區民生東路二段141號4樓
	電話：(02)2505-6789　傳真：(02)2503-6399
讀者服務專線	(02)2510-8888
商周集團網站服務信箱	mailbox@bwnet.com.tw
劃撥帳號	50003033
戶名	英屬蓋曼群島商家庭傳媒股份有限公司城邦分公司
網站	www.businessweekly.com.tw
製版印刷	中原造像股份有限公司
總經銷	高見文化行銷股份有限公司 電話：0800-055365
初版1刷	2014年（民103年）2 月
初版14.5刷	2022年（民111年）10 月
定價	630元
ISBN	978-986-6032-46-2

國家圖書館出版品預行編目資料

管理相對論：48位CEO集體傳承經營智慧唯一實戰教科書/ 湯明哲, 李吉仁, 黃崇興編撰. -- 初版. -- 臺北市 : 城邦商業周刊, 民103.02

面； 公分

ISBN 978-986-6032-46-2 (平裝)

1.企業領導 2.企業管理

494.2 102025057

金商道

The positive thinker sees the invisible, feels the intangible, and achieves the impossible.

惟正向思考者，能察於未見，感於無形，達於人所不能。 —— 佚名